编程技术及应用案例

陈浩　刘振全　王汉芝　编著

化学工业出版社
·北京·

图书在版编目（CIP）数据

台达PLC编程技术及应用案例/陈浩，刘振全，王汉芝编著．—北京：化学工业出版社，2014.6（2023.10重印）
ISBN 978-7-122-20349-6

Ⅰ.①台… Ⅱ.①陈…②刘…③王… Ⅲ.①PLC技术-程序设计 Ⅳ.①TM571.6

中国版本图书馆CIP数据核字（2014）第071581号

责任编辑：宋　辉　　装帧设计：王晓宇
责任校对：宋　玮

出版发行：化学工业出版社（北京市东城区青年湖南街13号　邮政编码100011）
印　　装：北京虎彩文化传播有限公司
787mm×1092mm　1/16　印张17¼　字数414千字　2023年10月北京第1版第12次印刷

购书咨询：010-64518888　　售后服务：010-64518899
网　　址：http://www.cip.com.cn
凡购买本书，如有缺损质量问题，本社销售中心负责调换。

定　　价：49.00元

前言 Foreword

台达公司生产的DVP系列PLC是当今工业自动化领域PLC产品的典型代表，在纺织、机床、印刷、包装、楼宇自动化等众多行业有着广泛的应用，并受到广大工程技术人员的青睐。随着可编程控制器在各行各业的广泛应用，各种有关可编程控制器的书籍大量涌现，但是不少人在看了很多书之后，在真正进行编程的时候还是束手无策，其原因是什么呢？一方面是因为市场上一大部分书籍侧重于理论讲解，对于如何编程、如何在工业设计中使用PLC讲解甚少。另一方面就是读者缺少一定数量的练习。如果只靠自己冥思苦想，结果往往事倍功半，而学习和借鉴别人的编程方法不乏是一条捷径，如果只是理论上的学习和分析而看不到程序运行的结果往往会丧失掉学习的兴趣。

编者编写本书的目的就是通过打造一个立体的、全方位的资源系统，提供一个明确的、可操作的学习PLC编程技术的新途径，使读者在没有PLC硬件设备的情况下，只需一台计算机（台式机或笔记本）和本书，就能够循序渐进地去开启PLC编程之路。本书为读者提供了丰富的电子版资料，下载路径为www.cip.com.cn/资源下载/配书资源，点击“更多”，搜索书名即可获得。通过电子版资料中的仿真软件运行监控功能可看到本书122个案例的运行结果和读者自编PLC程序的运行结果，迅速掌握PLC软件的模拟仿真和运行监控功能，提高学习兴趣，并通过配套的800多页PLC编程手册等电子版资源，使读者学习PLC全过程无论是初步学习还是深入研究都能有一个切实可行资源基础，满足不同层次人员学习掌握PLC技术的需求，另外还通过大量工业可编程控制实例为读者提供一条快速掌握PLC编程方法的学习捷径，达到举一反三的目的。

与众不同的编程方法和编程技巧是本书的核心内容，用实例来展示编程方法和编程技巧是本书的特点。本书共分12章，分别是PLC编程基础、基本程序设计案例、程序设计常用指令示例、三相异步电动机控制PLC程序设计案例、定时器与计数器PLC程序设计案例、抢答器与灯光控制PLC程序设计案例、楼宇自动化PLC程序设计案例、机床控制PLC程序设计案例、送料小车与传送带PLC程序设计案例、工业机械控制PLC程序设计案例、其他应用PLC程序设计案例和PLC、触摸屏实现的恒温恒湿实验室温湿度监控系统设计。另外，我们还为读者提供了文中所有编程实例的源程序，您可以直接移植使用，也可以在编程软件上进行修改和仿真测试，以达到深入理解和灵活运用的目的。

为了方便读者自学，我们还为读者提供了PLC的基本介绍、工作原理、选型规则、编程算法以及梯形图的基本知识和WPLSoft软件的使用说明，内容浅显易懂，便于读者理解。书中还介绍了梯形图编辑常见的错误示例，帮助初学读者快速掌握基本编程方法，避免走入误区。编者还在附录中为读者从众多手册中精选提供了DVP-PLC各装置编号一览表、部分常用特殊辅助继电器一览表、基本指令和步进指令一览表、应用指令一览表，读者在阅读、学习和编程时可以作为简明手册快速自行查阅，并结合附录中给出的指令所在章节进行深入学习和理解。对于在某章节中用到的比较特殊的指令，编者也在该章节的程序说明部分做了着重介绍，篇幅所限，不能一应俱全，如需更多内容，请参阅电子版资料中 PLC 编程技术手册等内容。近年来，PLC 和触摸屏组成的多参数监控系统得到了广泛的应用，第 12 章内容作为一个引例，简要介绍了台达 PLC 和触摸屏实现的温湿度监控系统设计，电子版资料同时也给出了触摸屏编程软件及该例子的触摸屏程序，还给出了触摸屏编程技术手册，供读者参考，也可作为本科生毕业设计的参考案例。

本书由陈浩、刘振全、王汉芝编著。参与本书程序调试和编写工作的还有刘宏颖、刘晓东、刘建、陈凯强、徐亚东、杨坤、张葆璐、刘静、杨世凤、黄华芳、陈晓艳、刘伟、潘泽跃、刘东伟、薛薇、彭一准、保和平、贺庆、孙海霞、王志勇等。白瑞祥教授和台达电子工业股份有限公司技术部工程师审阅了全稿并提出了许多好的建议和意见，在此一并表示感谢。

本书既可作为广大工程技术人员学习 PLC 编程技术的专业用书，也可作为 PLC 程序设计人员或机电类、电子信息与自动化类相关专业相关课程的教学或参考用书。我们衷心希望本书能够帮助大家掌握 PLC 编程技术和编程方法，并通过案例和自编程序的仿真运行监控，达到运用所学解决实际工程技术问题、提高解决实际问题的能力，理解相关理论及程序算法、更好掌握软件编程技巧的目地。尽管绝大部分实例都经过实际应用并在硬件设备和仿真软件中经过检验，但是难免还会有疏漏和不足之处，望各位读者不吝批评指正。

编著者

目录 CONTENTS

第4章 三相异步电动机控制 PLC 程序设计案例/077

第5章 定时器与计数器 PLC 程序设计案例/101

第6章 抢答器与灯光控制PLC程序设计案例 / 123

第7章 楼宇自动化PLC程序设计案例 / 139

第8章 机床控制PLC程序设计案例 / 157

第9章 送料小车与传送带PLC程序设计案例 / 169

第10章 工业机械控制PLC程序设计案例/179

第11章 其他应用PLC程序设计案例/211

第12章 PLC、触摸屏实现的恒温恒湿实验室温湿度监控系统设计／237

索引／247

参考文献／266

台达
PLC

学习引导

在PLC学习过程中您是否遇到以下情况?

1. 就想学习某一特定品牌的PLC编程技术,但是由于受到各种条件和因素的制约,获取同一品牌PLC的技术资料比较困难。——其实这是完全没有必要的,各种品牌的PLC编程技术大同小异,只是在输入输出代码、指令表达形式等有所区别,程序设计的思路是一样的,也是最关键需要领会的。真正学会和掌握一种较为常用PLC编程技术后,其他便可触类旁通,关键是从指令到编程到运行监控到各种应用领域和场合,你所设计的程序能否真正达到控制要求。

2. 不知如何下手去学习PLC编程技术。——本书推荐立体化综合式指令案例加仿真实战学习法,即基于指令——案例——仿真实战——拓展演练——查阅手册——归纳总结为主要内容的“六个一”循环学习法。

3. 认为PLC梯形图编程和继电控制线路就是一对一的对等关系,认为没有任何差异,只要理解了继电控制线路原理就能编写出准确的梯形图并能得到和继电控制一样的运行结果。——大部分情况的确这样,但也有例外,继电控制有时要利用物理的常开常闭触点动作时间差来达到控制要求,但PLC采用的是扫描工作方式,和实际继电控制线路运行结果相比在某些情况下会有差异,比如三相异步电动机的点动连续混合控制线路就是如此,具体请参照书中案例的几种编程方法。

4. 没有典型的PLC案例或案例太少,或者对案例执行结果有疑问无法确认;或者有自己感兴趣的案例但控制要求和自己的应用有差异,不知道自己修改后的程序运行结果,手头没有PLC硬件设备又没有相应的仿真软件。——本书提供122个PLC案例及电子版源程序,无需PLC硬件设备,只要你有1台计算机,安装电子版资料中PLC编程软件(带仿真功能)后可逐个对运行结果进行仿真监控,并可以根据你的控制要求修改源程序的相关参数后任意次数进行仿真和监控运行结果,直至达到控制要求为止。

5. 能仿真了又没有典型例子的源程序不管程序的长短需要自己录入,或者程序中特殊一点的指令又找不到详细的使用方法。——本书所有案例程序均提供PLC梯形图电子版源程序;程序中特殊一点的指令大部分在书中给出了介绍,如需更多内容,可以参见电子版资料:台达PLC应用技术手册——程序与指令篇。

下面介绍“六个一”循环学习法。

针对在PLC学习过程中经常遇到的问题,基于本书典型案例和光盘内容,按照:学一条指令——读一个案例——做一次仿真——查一次手册——编一个程序——解决一个问题的学习顺序，学习和掌握 PLC 编程技术。学习地图如下：

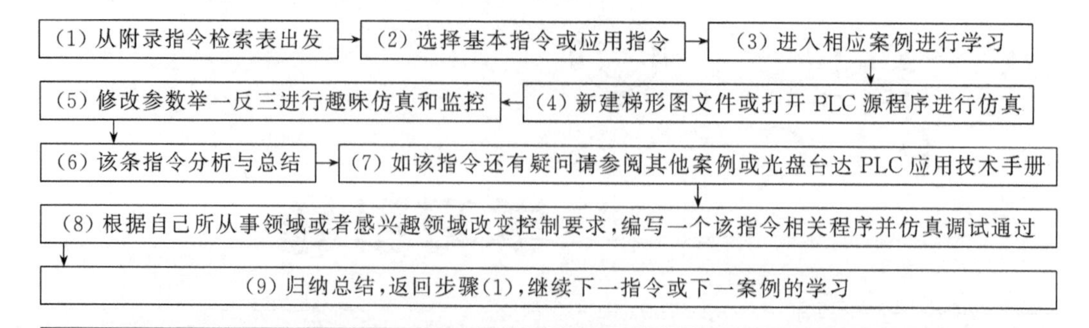

备注：所需资源依托：本书 12 章不同应用领域百余个案例控制要求图表程序及程序解释等＋带仿真的 PLC 编程软件＋122 个 PLC 源程序＋台达 PLC 应用技术手册（电子版 PDF 格式共 800 多页）；带仿真的 PLC 编程软件安装及使用说明参见第 1 章 1.3 节内容。

◆本书为读者提供了丰富的电子版资料，下载路径为：www. cip. com. cn/资源下载/配书资源/点击“更多”，搜索书名即可获得。电子版资料内容包括：

(1) 本书典型案例的 PLC 源程序 122 个，触摸屏程序 1 个。

(2) 带仿真功能的台达 PLC 编程软件 1 个。

(3) 台达 PLC 编程应用技术手册（共 582 页）。包含台达 PLC 所有 300 余条指令的详细解释、使用方法与示例说明。

(4) 台达 PLC 特殊模块技术手册（共 267 页）。包括模拟输入模块、模拟输出模块、模拟输入输出混合模块、温度量测模块、定位控制模块、高速计数模块、数字设定显示器、通信模块、程序复制卡、DeviceNet 从站通信模块、CANopen 从站通信模块等详细的使用说明、应用举例。

(5) 台达 B 系列触摸屏编程软件，安装即可建立文件或打开已有文件进行离线模拟，便于读者对第 12 章综合实例进行研究和仿真。

(6) 台达 B 系列触摸屏技术手册（共 412 页），便于读者对第 12 章综合实例进行研究和仿真时学习触摸屏编程时参考。

由于任何一个实例的编程方法都不是唯一的，为了对比不同的编程特点，在有些案例中给出了几种不同的编程方法，以帮助读者比较不同指令的编程特点。本书编程案例具有较强的工程实践背景和一定的代表性，力求典型新颖独特，编程方法不拘一格，程序设计简明扼要，力求结合实际、突出应用。所有实例都是经过反复推敲、多次修改而精挑细选出来的。绝大部分实例都经过软件仿真和台达 PLC 硬件调试。篇幅所限，案例的程序说明和解释各有侧重，有的程序解释详细到每一个接点的导通和闭合状态以便于初学者理解、有的则简明扼要突出重点内容，便于循序渐进地理解和掌握 PLC 编程技术，也适用于有一定基础的专业技术人员和工程师直接借鉴或参考所需。

Chapter 01

第1章 PLC 编程基础

台达 PLC

1.1 PLC 概述

PLC（Programmable Logic Controller，可编程逻辑控制器）又称可编程控制器，其定义为一种电子装置，主要将外部输入装置（如：按键、感应器、开关及脉冲等）的状态读取后，依据这些输入信号的状态或数值并根据内部储存预先编写的程序，以微处理机执行逻辑、顺序、定时、计数及算式运算，产生相对应的输出信号到输出装置（如：继电器的开关、电磁阀及电机驱动器等），控制机械或程序的操作，达到机械控制自动化或加工程序化的目的，并通过其外围的装置（个人计算机/程序书写器）轻易地编辑/修改程序及监控装置状态，进行现场程序的维护及试机调整。

1.1.1 PLC 的基本结构

可编程逻辑控制器实质是一种专用于工业控制的计算机，其硬件结构基本上与微型计算机相同，基本构成如下。

（1）电源

可编程逻辑控制器的电源在整个系统中起着十分重要的作用。如果没有一个良好的、可靠的电源系统是无法正常工作的，一般交流电压波动在＋10％（＋15％）范围内，可以不采取其他措施而将 PLC 直接连接到交流电网上去。

（2）中央处理单元（CPU）

中央处理单元（CPU）是可编程逻辑控制器的控制中枢。它按照可编程逻辑控制器系统程序赋予的功能接收并存储用户程序和数据；检查电源、存储器、I/O 以及警戒定时器的状态，并能诊断用户程序中的语法错误。当可编程逻辑控制器投入运行时，首先以扫描的方式接收现场各输入装置的状态和数据，并分别存入 I/O 映象区，然后从用户程序存储器中逐条读取用户程序，经过命令解释后按指令的规定执行逻辑或算数运算的结果送入 I/O 映象区或数据寄存器内。等所有的用户程序执行完毕之后，将 I/O 映象区的各输出状态或输出寄存器内的数据传送到相应的输出装置，如此循环运行，直到停止运行。

为了进一步提高可编程逻辑控制器的可靠性，对大型可编程逻辑控制器还采用双 CPU 构成冗余系统，或采用三 CPU 的表决式系统。这样，即使某个 CPU 出现故障，整个系统仍能正常运行。

（3）存储器

存放系统软件的存储器称为系统程序存储器，存放应用软件的存储器称为用户程序存储器。

（4）输入输出接口电路

现场输入接口电路由光耦合电路和微机的输入接口电路组成，作用是可编程逻辑控制器与现场控制的接口界面的输入通道。

现场输出接口电路由输出数据寄存器、选通电路和中断请求电路组成，可编程逻辑控制器通过现场输出接口电路向现场的执行部件输出相应的控制信号。

（5）功能模块

如计数、定位等功能模块。

（6）通信模块

1.1.2 PLC的工作原理

PLC是采用“顺序扫描，不断循环”的方式进行工作的。即在PLC运行时，CPU根据用户按控制要求编制好并存于用户存储器中的程序，按指令步序号（或地址号）作周期性循环扫描，如无跳转指令，则从第一条指令开始逐条顺序执行用户程序，直至程序结束，然后重新返回第一条指令，开始下一轮新的扫描，在每次扫描过程中，还要完成对输入信号的采样和对输出状态的刷新等工作。

PLC的一个扫描周期必经输入采样、程序执行和输出刷新三个阶段。

PLC在输入采样阶段：首先以扫描方式按顺序将所有暂存在输入锁存器中的输入端子的通断状态或输入数据读入，并将其写入各对应的输入状态寄存器中，即刷新输入，随即关闭输入端口，进入程序执行阶段。

PLC在程序执行阶段：按用户程序指令存放的先后顺序扫描执行每条指令，经相应的运算和处理后，其结果再写入输出状态寄存器中，输出状态寄存器中所有的内容随着程序的执行而改变。

输出刷新阶段：当所有指令执行完毕，输出状态寄存器的通断状态在输出刷新阶段送至输出锁存器中，并通过一定的方式（继电器、晶体管或晶闸管）输出，驱动相应输出设备工作。

1.1.3 PLC的功能特点

（1）使用方便，编程简单

采用简明的梯形图、逻辑图或语句表等编程语言，而无需很深的计算机知识，因此系统开发周期短，现场调试容易。另外，可在线修改程序，改变控制方案而不拆动硬件。

（2）功能强，性能价格比高

一台小型PLC内有成百上千个可供用户使用的编程元件，可以实现非常复杂的控制功能。它与相同功能的继电器系统相比，具有很高的性能价格比。PLC可以通过通信联网，实现分散控制，集中管理。

（3）硬件配套齐全，用户使用方便，适应性强

PLC产品已经标准化、系列化、模块化，配备有品种齐全的各种硬件装置供用户选用，用户能灵活方便地进行系统配置，组成不同功能、不同规模的系统。PLC的安装接线也很方便，一般用接线端子连接外部接线。PLC有较强的带负载能力，可以直接驱动一般的电磁阀和小型交流接触器。硬件配置确定后，可以通过修改用户程序，方便快速地适应工艺条件的变化。

（4）可靠性高，抗干扰能力强

传统的继电器控制系统使用了大量的中间继电器、时间继电器，由于触点接触不良，容易出现故障。PLC用软件代替大量的中间继电器和时间继电器，仅剩下与输入和输出有关的少量硬件元件，接线可减少到继电器控制系统的1/100～1/9，因触点接触不良造成的故障大为减少。

PLC采取了一系列硬件和软件抗干扰措施，具有很强的抗干扰能力，平均无故障时间达到数万小时以上，可以直接用于有强烈干扰的工业生产现场，PLC已被广大用户公认为

最可靠的工业控制设备之一。

（5）系统的设计、安装、调试工作量少

PLC 用软件功能取代了继电器控制系统中大量的中间继电器、时间继电器、计数器等器件，使控制柜的设计、安装、接线工作量大大减少。

PLC 的梯形图程序一般采用顺序控制设计法来设计。这种编程方法很有规律，很容易掌握。对于复杂的控制系统，设计梯形图的时间比设计相同功能的继电器系统电路图的时间要少得多。

PLC 的用户程序可以在实验室模拟调试，输入信号用小开关来模拟，通过 PLC 上的发光二极管可观察输出信号的状态。完成了系统的安装和接线后，在现场的统调过程中发现的问题一般通过修改程序就可以解决，系统的调试时间比继电器系统少得多。

（6）维修工作量小，维修方便

PLC 的故障率很低，且有完善的自诊断和显示功能。PLC 或外部的输入装置和执行机构发生故障时，可以根据 PLC 上的发光二极管或编程器提供的信息迅速地查明故障的原因，用更换模块的方法可以迅速地排除故障。

1.1.4 PLC 的选型规则

在可编程逻辑控制器系统设计时，首先应确定控制方案，下一步工作就是可编程逻辑控制器工程设计选型。工艺流程的特点和应用要求是设计选型的主要依据。可编程逻辑控制器及有关设备应是集成的、标准的，按照易于与工业控制系统形成一个整体，易于扩充其功能的原则选型。所选用可编程逻辑控制器应是在相关工业领域有投运业绩、成熟可靠的系统，可编程逻辑控制器的系统硬件、软件配置及功能应与装置规模和控制要求相适应。熟悉可编程序控制器、功能表图及有关的编程语言有利于缩短编程时间，因此，工程设计选型和估算时，应详细分析工艺过程的特点、控制要求，明确控制任务和范围确定所需的操作和动作，然后根据控制要求，估算输入输出点数、所需存储器容量、确定可编程逻辑控制器的功能、外部设备特性等，最后选择有较高性能价格比的可编程逻辑控制器和设计相应的控制系统。

（1）输入输出（I/O）点数的估算

I/O 点数估算时应考虑适当的余量，通常根据统计的输入输出点数，再增加 10%～20%的可扩展余量后，作为输入输出点数估算数据。实际订货时，还需根据制造厂商可编程逻辑控制器的产品特点，对输入输出点数进行调整。

（2）存储器容量的估算

存储器容量是可编程序控制器本身能提供的硬件存储单元大小，程序容量是存储器中用户应用项目使用的存储单元的大小，因此程序容量小于存储器容量。设计阶段，由于用户应用程序还未编制，因此，程序容量在设计阶段是未知的，需在程序调试之后才知道。为了设计选型时能对程序容量有一定估算，通常采用存储器容量的估算来替代。

存储器内存容量的估算没有固定的公式，许多文献资料中给出了不同公式，大体上都是按数字量 I/O 点数的 10～15 倍，加上模拟 I/O 点数的 100 倍，以此数为内存的总字数（16 位为一个字），另外再按此数的 25%考虑余量。

（3）控制功能的选择

该选择包括运算功能、控制功能、通信功能、编程功能、诊断功能和处理速度等特性的选择。

1）运算功能

简单可编程逻辑控制器的运算功能包括逻辑运算、计时和计数功能；普通可编程逻辑控制器的运算功能还包括数据移位、比较等运算功能；较复杂的运算功能有代数运算、数据传送等；大型可编程逻辑控制器中还有模拟量的 PID 运算和其他高级运算功能。随着开放系统的出现，在可编程逻辑控制器中都已具有通信功能，有些产品具有与下位机的通信，有些产品具有与同位机或上位机的通信，有些产品还具有与工厂或企业网进行数据通信的功能。设计选型时应从实际应用的要求出发，合理选用所需的运算功能。大多数应用场合，只需要逻辑运算和计时计数功能，有些应用需要数据传送和比较，当用于模拟量检测和控制时，才使用代数运算，数值转换和 PID 运算等。要显示数据时需要译码和编码等运算。

2）控制功能

控制功能包括 PID 控制运算、前馈补偿控制运算、比值控制运算等，应根据控制要求确定。可编程逻辑控制器主要用于顺序逻辑控制，因此，大多数场合常采用单回路或多回路控制器解决模拟量的控制，有时也采用专用的智能输入输出单元完成所需的控制功能，提高可编程逻辑控制器的处理速度和节省存储器容量。例如采用 PID 控制单元、高速计数器、带速度补偿的模拟单元等。

3）通信功能

大中型可编程逻辑控制器系统应支持多种现场总线和标准通信协议（如 TCP/IP），需要时应能与工厂管理网（TCP/IP）相连接。通信协议应符合 ISO/IEEE 通信标准，应是开放的通信网络。可编程逻辑控制器系统的通信接口应包括串行和并行通信接口、RIO 通信口、常用 DCS 接口等；大中型可编程逻辑控制器通信总线（含接口设备和电缆）应 1∶1 冗余配置，通信总线应符合国际标准，通信距离应满足装置实际要求。

可编程逻辑控制器系统的通信网络中，上级的网络通信速率应大于 1Mbps，通信负荷不大于 60%。可编程逻辑控制器系统的通信网络主要形式有下列几种形式：

①PC 为主站，多台同型号可编程逻辑控制器为从站，组成简易可编程逻辑控制器网络；

②1 台可编程逻辑控制器为主站，其他同型号可编程逻辑控制器为从站，构成主从式可编程逻辑控制器网络；

③可编程逻辑控制器网络通过特定网络接口连接到大型 DCS 中作为 DCS 的子网；

④专用可编程逻辑控制器网络（各厂商的专用可编程逻辑控制器通信网络）。

为减轻 CPU 通信任务，根据网络组成的实际需要，应选择具有不同通信功能的（如点对点、现场总线）通信处理器。

4）编程功能

离线编程方式：可编程逻辑控制器和编程器共用一个 CPU，编程器在编程模式时，CPU 只为编程器提供服务，不对现场设备进行控制。完成编程后，编程器切换到运行模式，CPU 对现场设备进行控制，不能进行编程。离线编程方式可降低系统成本，但使用和调试不方便。

在线编程方式：CPU 和编程器有各自的 CPU，主机 CPU 负责现场控制，并在一个扫描周期内与编程器进行数据交换，编程器把在线编制的程序或数据发送到主机，下一扫描周期，主机就根据新收到的程序运行。这种方式成本较高，但系统调试和操作方便，在大中型可编程逻辑控制器中常采用。

五种标准化编程语言：顺序功能图（SFC）、梯形图（LD）、功能模块图（FBD）三种图形化语言和语句表（IL）、结构文本（ST）两种文本语言。

5）诊断功能

可编程逻辑控制器的诊断功能包括硬件和软件的诊断。硬件诊断通过硬件的逻辑判断确定硬件的故障位置，软件诊断分内诊断和外诊断。通过软件对PLC内部的性能和功能进行诊断是内诊断，通过软件对可编程逻辑控制器的CPU与外部输入输出等部件信息交换功能进行诊断是外诊断。

6）处理速度

可编程逻辑控制器采用扫描方式工作。从实时性要求来看，处理速度应越快越好，如果信号持续时间小于扫描时间，则可编程逻辑控制器将扫描不到该信号，造成信号数据的丢失。

（4）可编程逻辑控制器的类型

可编程逻辑控制器按结构分为整体型和模块型两类，按应用环境分为现场安装和控制室安装两类；按CPU字长分为1位、4位、8位、16位、32位、64位等。从应用角度出发，通常可按控制功能或输入输出点数选型。

整体型可编程逻辑控制器的I/O点数固定，因此用户选择的余地较小，用于小型控制系统；模块型可编程逻辑控制器提供多种I/O卡件或插卡，因此用户可较合理地选择和配置控制系统的I/O点数，功能扩展方便灵活，一般用于大中型控制系统。

1.1.5 PLC的编程算法

（1）开关量的计算

开关量也称逻辑量，指仅有两个取值，1或0、On或Off，它是最常用的控制量，对它进行控制是PLC的优势，也是PLC最基本的应用。

开关量控制的目的是，根据开关量的当前输入组合与历史的输入顺序，使PLC产生相应的开关量输出，以使系统能按一定的顺序工作。所以，有时也称其为顺序控制。而顺序控制又分为手动、半自动或自动。而采用的控制原则有分散、集中与混合控制三种。

（2）模拟量的计算

模拟量是指一些连续变化的物理量，如电压、电流、压力、速度、流量等。由于连续的生产过程常有模拟量，模拟量多是非电量，而PLC只能处理数字量、电量，所有要实现它们之间的转换需要传感器，把模拟量转换成电量。如果这一电量不是标准的，还要经过变送器，把非标准的电量变成标准的电信号，如4～20mA、1～5V、0～10V等。同时还要有模拟量输入单元（A/D），把这些标准的电信号变换成数字信号；模拟量输出单元（D/A）可以把PLC处理后的数字量变换成模拟量（标准的电信号）。标准电信号、数字量之间的转换就要用到各种运算，这就需要搞清楚模拟量单元的分辨率以及标准的电信号。

例如：PLC模拟单元的分辨率是1/32767，对应的标准电量是0～10V，所要检测的是温度值0～100℃。那么0～32767就要对应0～100℃的温度值。然后计算出1℃所对应的数字量是327.67。

模拟量控制包括：反馈控制、前馈控制、比例控制、模糊控制等。这些都是 PLC 内部数字量的计算过程。

(3) 脉冲量的计算

脉冲量是其取值总是不断地在 0（低电平）和 1（高电平）之间交替变化的数字量。每秒钟脉冲交替变化的次数称为频率。

脉冲量的控制多用于步进电机、伺服电机的角度控制、距离控制、位置控制等。下面以步进电机为例来说明各控制方式。

1）步进电机的角度控制。首先要明确步进电机的细分数，然后确定步进电机转一圈所需要的总脉冲数。计算“角度百分比＝设定角度/360°（即一圈）”“角度动作脉冲数＝一圈总脉冲数×角度百分比”。

公式为：角度动作脉冲数＝一圈总脉冲数×(设定角度/360°)。

例如：脉冲数在角度控制中的应用。步进电机驱动器的细分是每圈 10000，要求步进电机旋转 90°。那么所要动作的脉冲数值＝10000/(360/90)＝2500。

2）步进电机的距离控制。首先明确步进电机转一圈所需要的总脉冲数。然后确定步进电机滚轮直径，计算滚轮周长。计算每一脉冲运行距离。最后计算设定距离所要运行的脉冲数。

公式为：设定距离脉冲数＝设定距离/[(滚轮直径×3.14)/一圈总脉冲数]

3）步进电机的位置控制就是角度控制与距离控制的综合。

1.2 梯形图基本知识

1.2.1 梯形图逻辑

传统梯形图和 PLC 梯形图的工作原理相同，只是在符号表示上传统梯形图比较接近实体的符号表示，而 PLC 则采用较简明且易于在计算机或报表上表示的符号。在梯形图逻辑方面可分为组合逻辑和顺序逻辑两种，分述如下。

(1) 组合逻辑

图 1-1 和图 1-2 为分别以传统梯形图和 PLC 梯形图表示组合逻辑的范例。

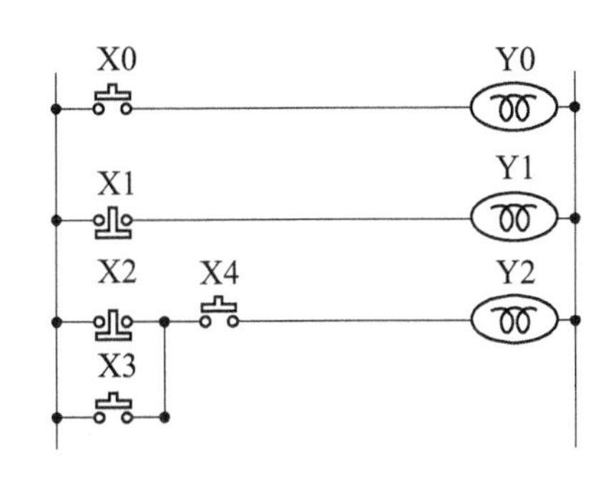

图 1-1　组合逻辑传统梯形图

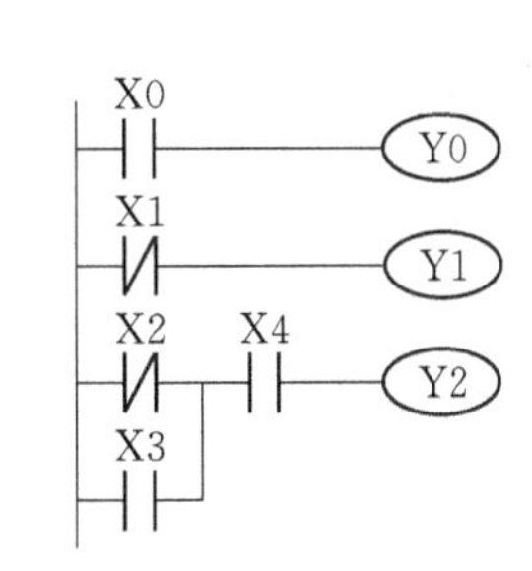

图 1-2　组合逻辑 PLC 梯形图

行 1：使用一常开开关 X0（NO：Normally Open），亦即一般所谓的“A”开关或接点。

其特性是在平常（未按下）时，其接点为开路（Off）状态，故 Y0 不导通，而在开关动作（按下按钮）时，其接点变为导通（On），故 Y0 导通。

行 2：使用一常闭开关 X1（NC：Normally Close）亦即一般所称的“B”开关或接点，其特性是在平常时，其接点为导通，故 Y1 导通，而在开关动作时，其接点反而变成开路，故 Y1 不导通。

行 3：为一个以上输入装置的组合逻辑输出的应用，其输出 Y2 只有在 X2 不动作或 X3 动作且 X4 为动作时才会导通。

(2) 顺序逻辑

顺序逻辑为具有反馈结构的回路，亦即将回路输出结果送回充当输入条件，如此在相同输入条件下，会因前次状态或动作顺序的不同，而得到不同的输出结果。

图 1-3 为传统梯形图，图 1-4 为 PLC 梯形图，表示顺序逻辑的范例。

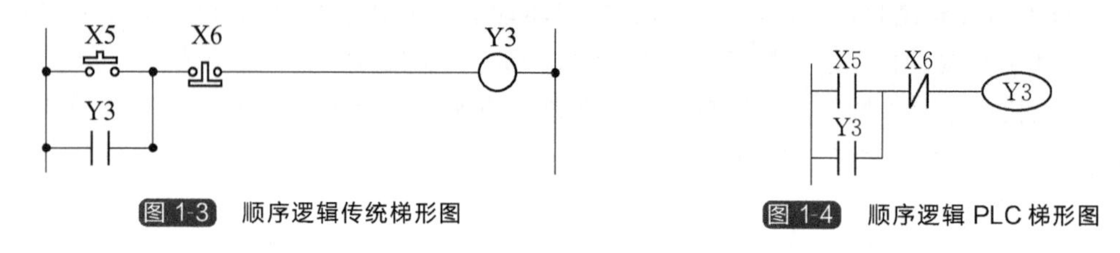

图 1-3 顺序逻辑传统梯形图

图 1-4 顺序逻辑 PLC 梯形图

在此回路刚接上电源时，虽 X6 开关为 On，但 X5 开关为 Off，故 Y3 不动作。在启动开关 X5 按下后，Y3 动作，一旦 Y3 动作后，即使放开启动开关（X5 变成 Off）Y3 因为自身的接点反馈而仍可继续保持动作（此即为自我保持回路，即自锁），其动作过程如表 1-1 所示。

表 1-1 顺序逻辑范例的动作过程

装置状态 动作顺序	X5 开关	X6 开关	Y3 状态
1	不动作	不动作	Off
2	动作	不动作	On
3	不动作	不动作	On
4	不动作	动作	Off
5	不动作	不动作	Off

由表 1-1 可知在不同顺序下，虽然输入状态完全一致，其输出结果也可能不一样，如表中的动作顺序 1 和 3 其 X5 和 X6 开关均为不动作，在状态 1 的条件下 Y3 为 Off，但状态 3 时 Y3 却为 On，此种 Y3 输出状态送回当输入（即所谓的反馈）而使回路具有顺序控制效果是梯形图回路的主要特性。在此仅列举 A、B 接点和输出线圈作说明，其他装置的用法和此类似。

1.2.2 梯形图组成图形及说明

梯形图组成图形及说明见表 1-2。

表 1-2　梯形图组成图形及说明一览

梯形图形结构	指令解说	指令	使用装置
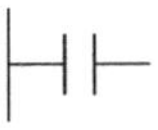	常开开关，A 接点	LD	X、Y、M、S、T、C
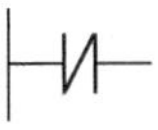	常闭开关，B 接点	LDI	X、Y、M、S、T、C
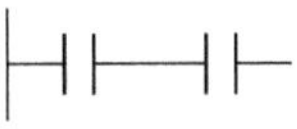	串接常开	AND	X、Y、M、S、T、C
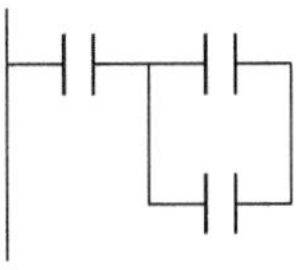	并接常开	OR	X、Y、M、S、T、C
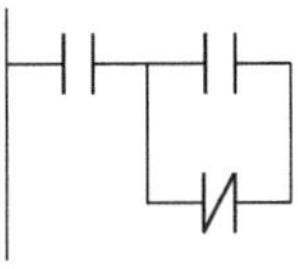	并接常闭	ORI	X、Y、M、S、T、C
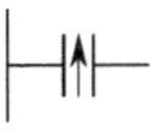	上升沿触发开关	LDP	X、Y、M、S、T、C
	下降沿触发开关	LDF	X、Y、M、S、T、C
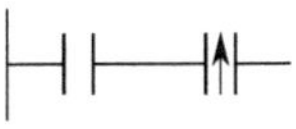	上升沿触发串接	ANDP	X、Y、M、S、T、C
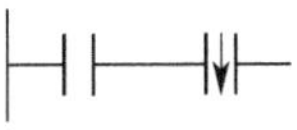	下降沿触发串接	ANDF	X、Y、M、S、T、C
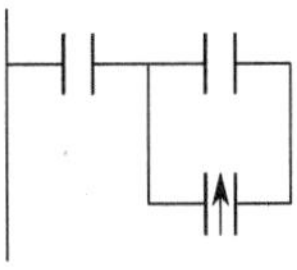	上升沿触发并接	ORP	X、Y、M、S、T、C
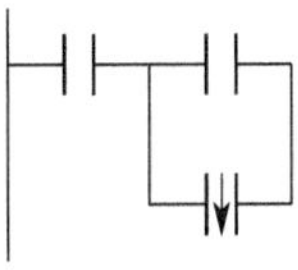	下降沿触发并接	ORF	X、Y、M、S、T、C
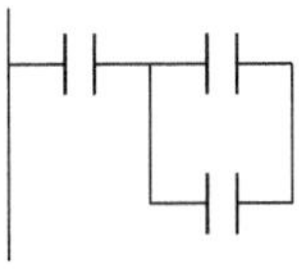	区块串接	ANB	无
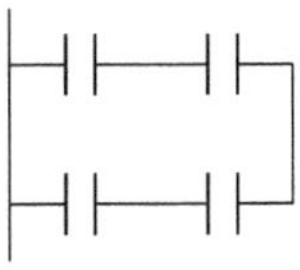	区块并接	ORB	无

续表

梯形图形结构	指令解说	指令	使用装置
	多重输出	MPS MRD MPP	无
	线圈驱动输出指令	OUT	Y、M、S
<S>	步进梯形	STL	S
	基本指令、应用指令	应用指令	无
	反向逻辑	INV	无

1.2.3 梯形图常用术语

① 区块：所谓的区块是指两个以上的装置做串接或并接的运算组合而形成的梯形图形，其运算性质可产生并联区块及串联区块。如表 1-2 中的区块串接和区块并接。

② 分支线及合并线：往下的垂直线一般来说是对装置来区分，对于左边的装置来说是合并线（表示左边至少有两行以上的回路与此垂直线相连接），对于右边的装置及区块来说是分支线（表示此垂直线的右边至少有两行以上的回路相连接）。有时，往下的垂直线既可作为分支线又可作为合并线，如图 1-5 所示。

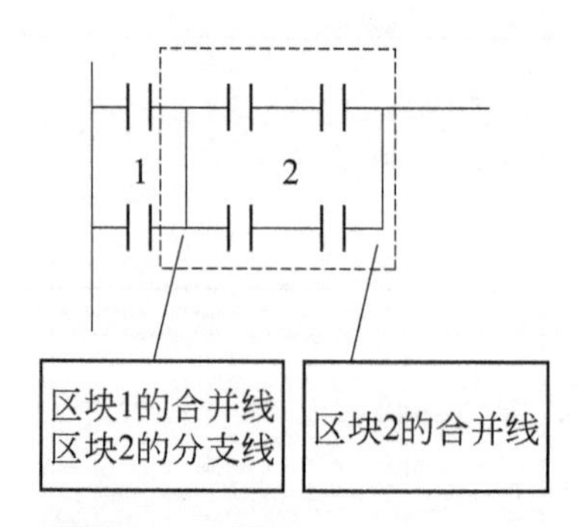

图 1-5 区块分支线及合并线示意

③ 网络：由装置、各种区块所组成的完整区块网络，其垂直线或是连续线所能连接到的区块或是装置均属于同一个网络。图 1-6 中，网络 1 和网络 2 除左边的母线外，并没有其他线的联系，所以是独立的两个网络。而图 1-7 中没有输出线圈，属于不完整的网络。

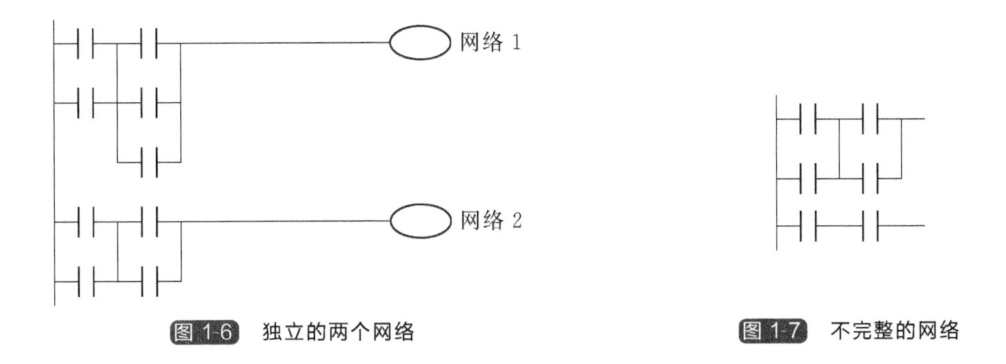

图 1-6 独立的两个网络

图 1-7 不完整的网络

1.2.4 PLC 梯形图的编辑与常见的错误图形

（1）梯形图的编辑及程序运作方式

程序编辑方式是由左母线开始至右母线（在 WPLSoft 编辑省略右母线的绘制）结束，一行编完再换下一行，一行的接点个数最多能有 11 个，若是还不够，会产生连续线继续连接，进而续接更多的装置，连续编号会自动产生，相同的输入点可重复使用。如图 1-8 所示。

图 1-8 连续线继续连接示意

梯形图程序的运作方式是由左上到右下的扫描。线圈及应用指令运算框等属于输出处理，在梯形图形中置于最右边。图 1-9 所示，右上角的编号为其扫描顺序。

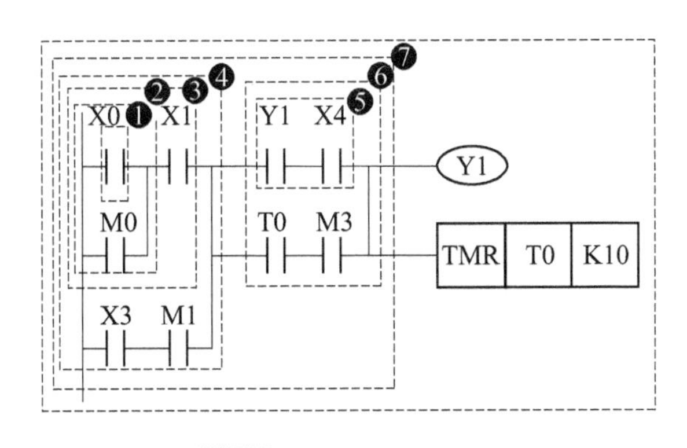

图 1-9 梯形图的流程顺序

（2）常见的梯形图错误图形

在编辑梯形图形时，虽然可以利用各种梯形符号组合成各种图形，由于 PLC 处理图形程序的原则是由上而下，由左至右，因此在绘制时，要以左母线为起点，右母线为终点（WPLSoft 梯形图编辑区将右母线省略），从左向右逐个横向写入。一行写完，自上而下依次再写下一行。表 1-3 给出了常见的各种错误图形及原因。

表 1-3　梯形图的错误图形及原因说明

常见的梯形图错误图形	错误原因	常见的梯形图错误图形	错误原因
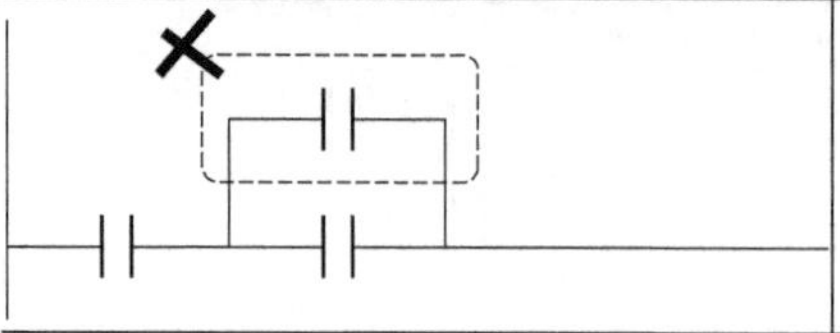	不可往上做 OR 运算	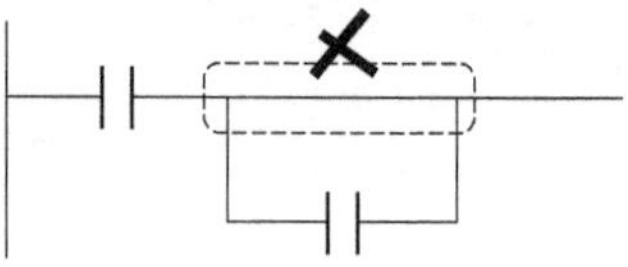	空装置也不可以与别的装置做运算
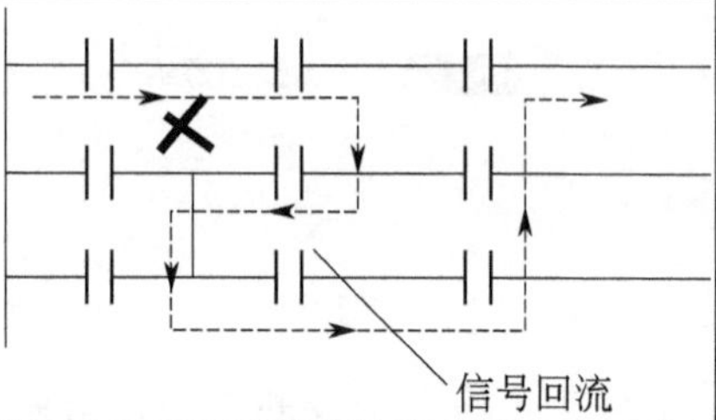 信号回流	输入起始至输出的信号回路有“回流”存在	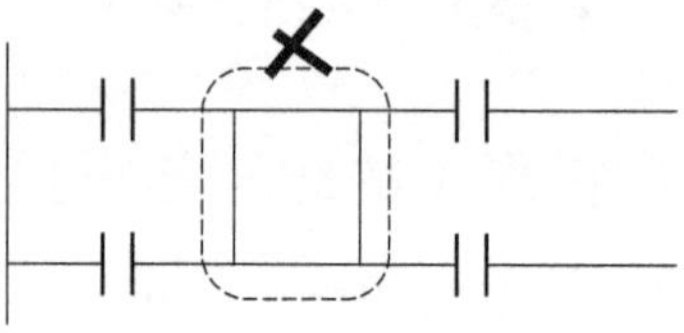	中间的区块没有装置
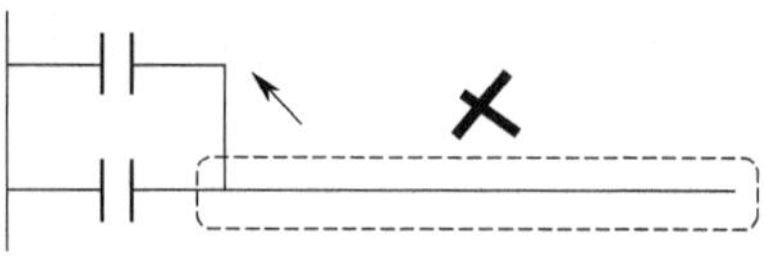	应该先由右上角输出	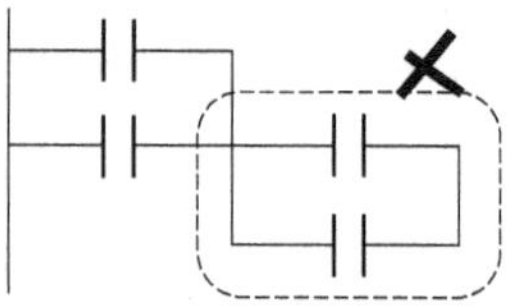	串联装置要与所串联的区块水平方向接齐
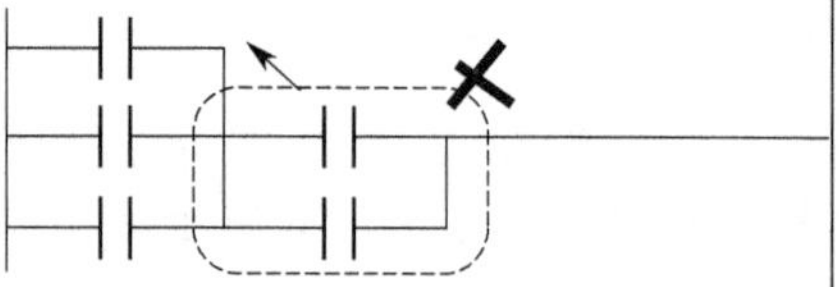	要做合并或编辑应由左上往右下，虚线括处的区块应往上移	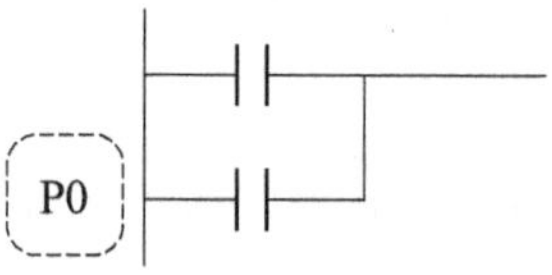 P0	Label P0 的位置要在完整网络的第一行
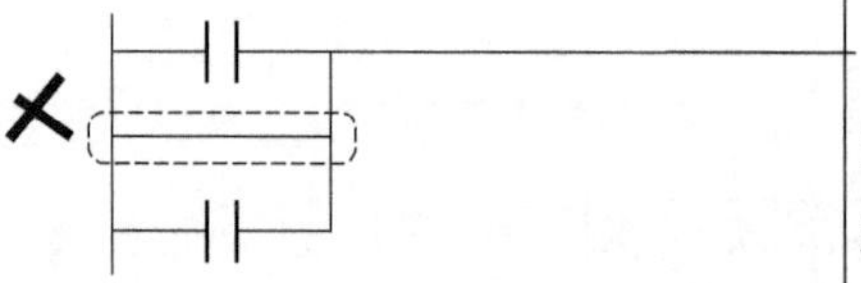	不可与空装置做并接运算	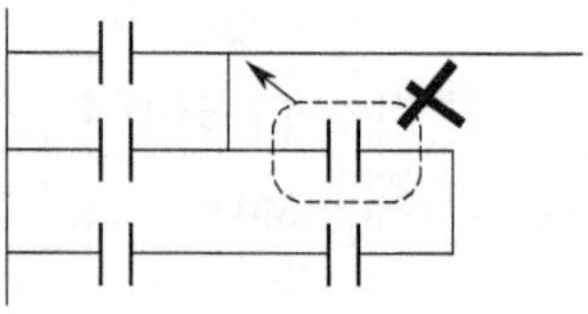	区块串接要与串并左边区块的最上段水平线接齐

1.3　台达 PLC 编程软件安装及使用说明

1.3.1　WPLSoft 简介、安装方法

(1) 简介及系统需求

WPLSoft 为台达电子 DVP 系列 PLC 在 Windows 操作系统环境下所使用的编程软件。WPLSoft 除了一般 PLC 程序的规划及 Windows 的一般编辑功能（例如：剪切、粘贴、复

制、多窗口……）外，另提供多种中/英文批注编程及其他快捷功能（例如：寄存器编程、设置、文件读取、存盘及各接点图标监测与设置等）。操作系统需求：Windows 98/2000/NT/ME/XP/VISTA/Win7。

（2）软件安装

① 激活计算机的操作系统。

② 解压缩程序并存放至指定路径。

③ 解压缩后，双击图 1-10 所示的图标。

④ 安装到此步骤之后的画面为 WPLSoft 软件的版权及系统需求信息窗口，可按下 Next>钮进行之后的安装工作。

⑤ 输入使用者姓名、公司名称后按下 Next>钮进行之后的安装工作。

⑥ 按下 Next>钮，以便进行下一步。

⑦ 按下 Install>钮，开始安装。

⑧ 最后按下 Finish 键，安装完成。

1.3.2 WPLSoft 使用及仿真功能说明

（1）WPLSoft 使用说明

1）安装完成后，此时直接用鼠标点击 WPL 图标按钮（图 1-11）就可以执行编程软件。

图 1-10 软件安装图标

图 1-11 软件快捷图标

2）出现 WPL 编程器窗口如图 1-12 所示，第一次进入 WPLSoft 且尚未执行“开启新文件”时，窗口在功能工具栏中只有“文件（F）”、“视图（V）”、“通信（C）”、“设置（O）”与“帮助（H）”栏。

图 1-12 WPL 编程器窗口

3）当激活 WPLSoft 编程软件之后，即可建立新文件进行 PLC 的程序设计，如图 1-13 所示，在机种设置窗口（图 1-14）中可以指定程序标题、PLC 机种设置、程序容量（请参考所使用 PLC 主机的机种名称及程序容量规格）及文件名称等有关程序的初始设置。

4）当完成上述设置后，便会出现两个子窗口：一为梯形图模式窗口，另一为指令模式窗口。使用者可依熟悉的设计习惯选择编程模式，来编写 PLC 程序。如图 1-15 所示。

① 梯形图模式：如图 1-16 所示，梯形图编程完成须经编译再进行仿真。

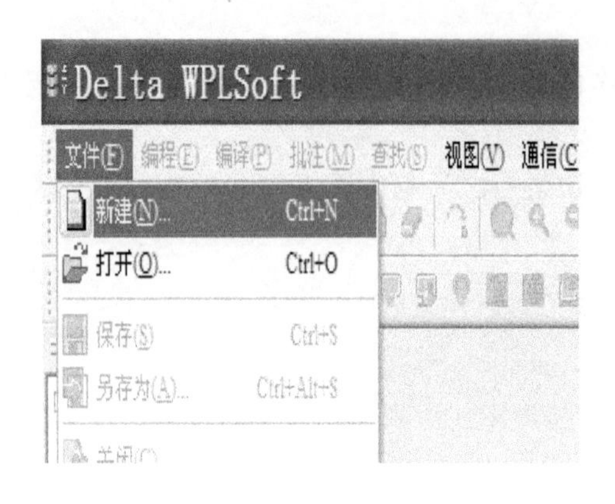

图 1-13 新建文件

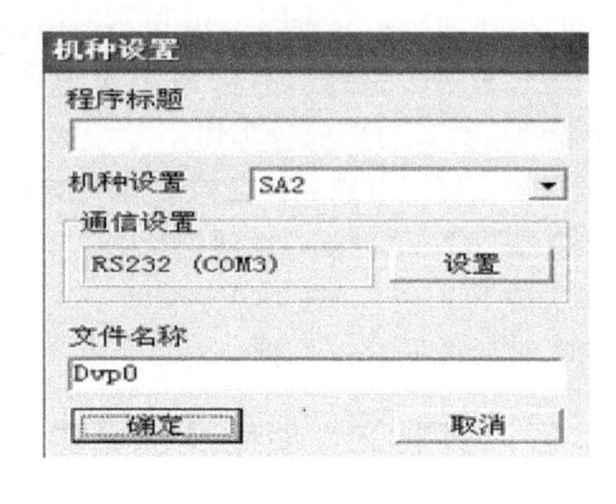

图 1-14 机种选择等

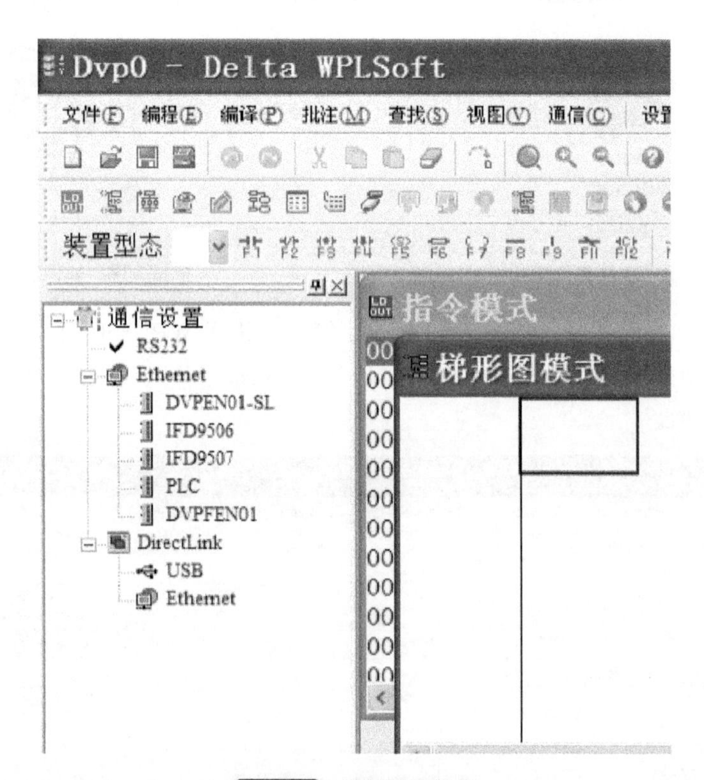

图 1-15 选择编程模式

② 指令模式：如图 1-17 所示。

5）具体使用方法也可参考软件中的“帮助（H）”WPL 使用索引。如图 1-18 所示。

◆帮助中的 PLC 指令及特殊寄存器索引具有极其丰富的内容，基本指令、应用指令、特殊继电器、特殊寄存器及详细用法都有具体说明，是 DVP-PLC 编程的好帮手。

◆WPL 使用索引有编程方法、指令及用法、软件使用方法等详细分析与介绍。

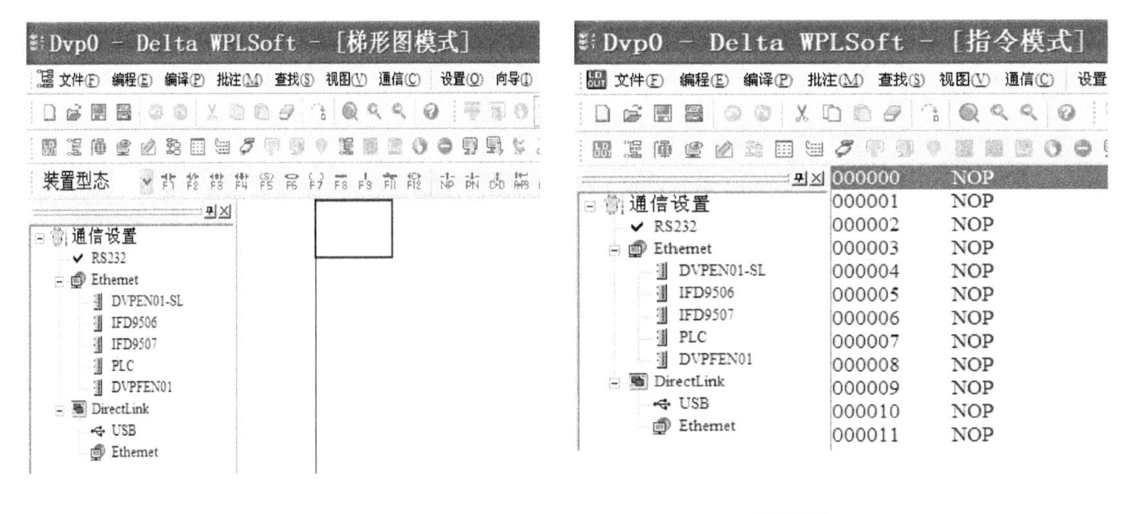

图 1-16 梯形图模式

图 1-17 指令模式

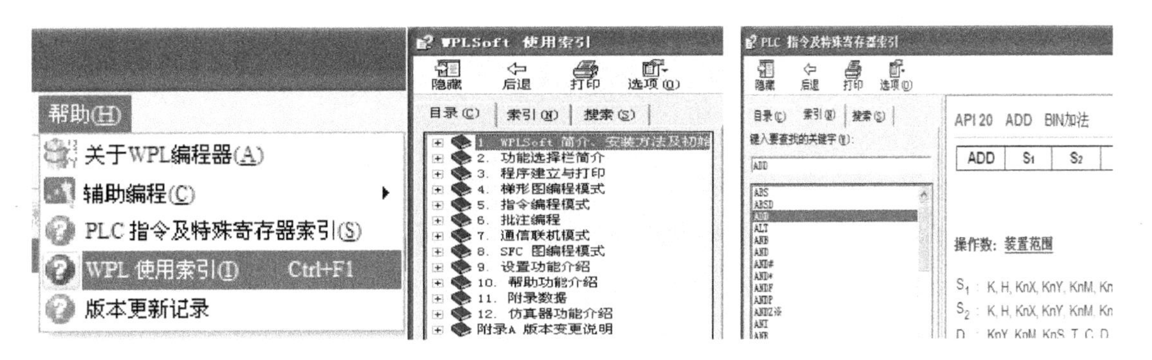

图 1-18 丰富资源（相当于几本手册）在此查找

（2）WPLSoft 仿真说明

1）启动仿真器，画面如图 1-19 所示，框线中为仿真器相关按键如图 1-20 所示。

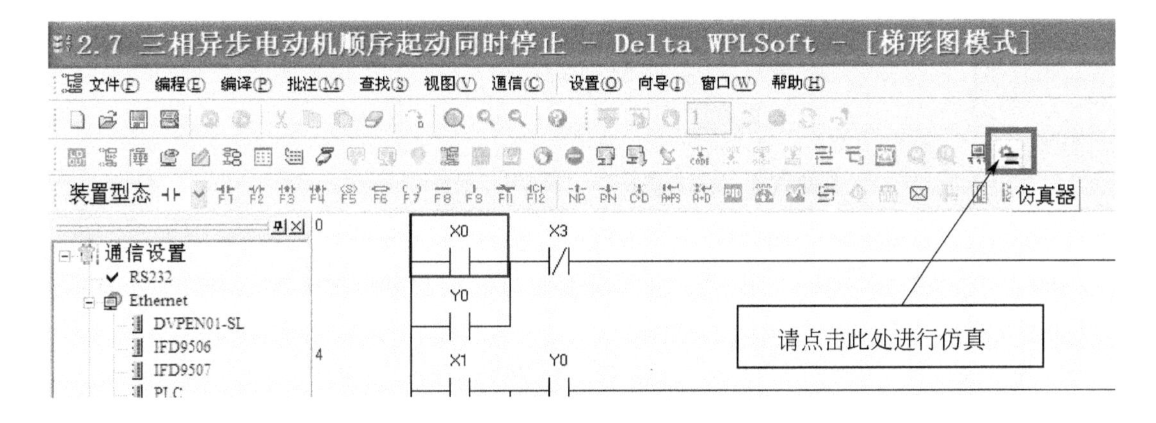

图 1-19 启动仿真器

2）选择新建文件或开启旧文件，点击仿真器图标如图 1-20 所示，然后进行编译→下载→监控→运行，就可以实现对程序的仿真。如果要对程序进行修改，单击仿真器图标，退出仿真即可。

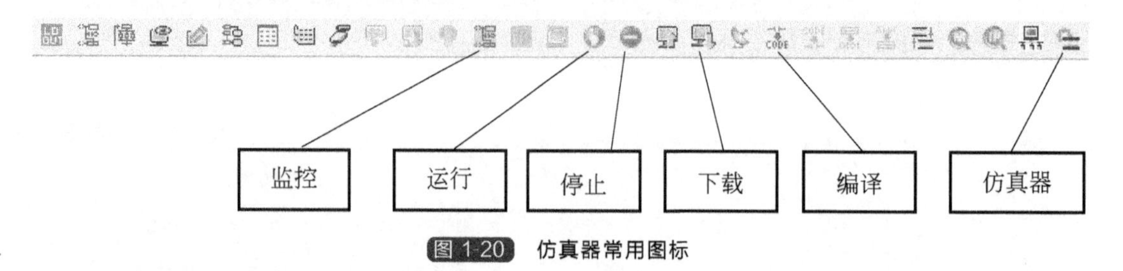

图 1-20 仿真器常用图标

3）启动仿真器之后不必选择通信接口即可进行监控、上下载程序等通信功能，操作方式与实际连接 PLC 相同。

注意事项：

仿真器仅供使用者在没有 PLC 的状况下测试程序，结果与实际 PLC 执行结果基本相同，程序在实际工程应用前请务必先在实机上测试。

1.3.3 WPLSoft 编程软件仿真功能举例

下面以“三相异步电动机正反转控制”为例来说明软件的仿真监控功能。

① 依次点击仿真器→编译→下载→监控→运行图标，将鼠标移至梯形图 X0（正转按钮）上，单击鼠标，然后右击鼠标，点击（设置 On），可以看到 X0、Y0 接通（Y0 为电机正转接触器），如图 1-21、图 1-22 所示。

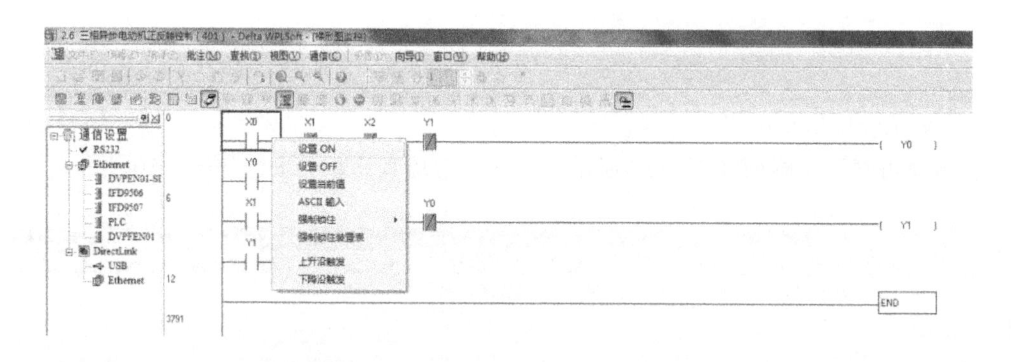

图 1-21 设置按钮为 On（模拟按下启动按钮动作）

② 实际中 X0 为按钮，所以接下来设置 X0 为 Off，此时 X0 断开，Y0 仍然接通，如图 1-23 所示。点击梯形图 X1（反转按钮），然后设置 On，可以看到 X1、Y1 接通（Y1 为电机反转接触线圈），Y0 断开，如图 1-24 所示。

③ 接下来设置 X1 为 Off，此时 X1 断开，Y1 仍然接通。设置 X2（停止按钮）为 On，Y1 断开如图 1-25、图 1-26 所示。

④ 点击图 1-20 所示停止按钮→仿真器按钮退出仿真，如图 1-27 所示。可以进行继续修

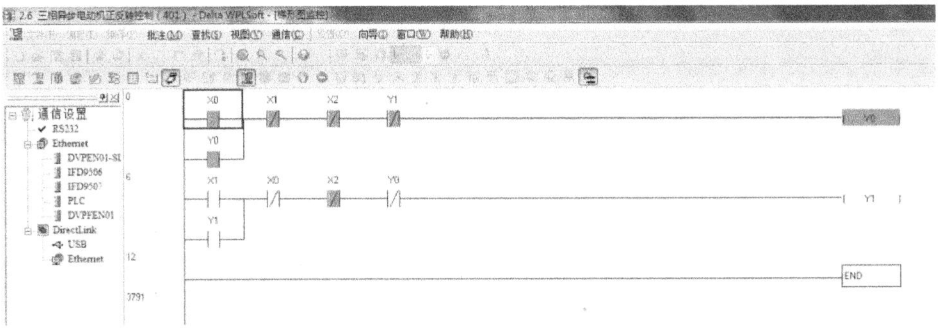

图 1-22　设置按钮为 On 后，Y0 得电了（电机正转）仿真画面

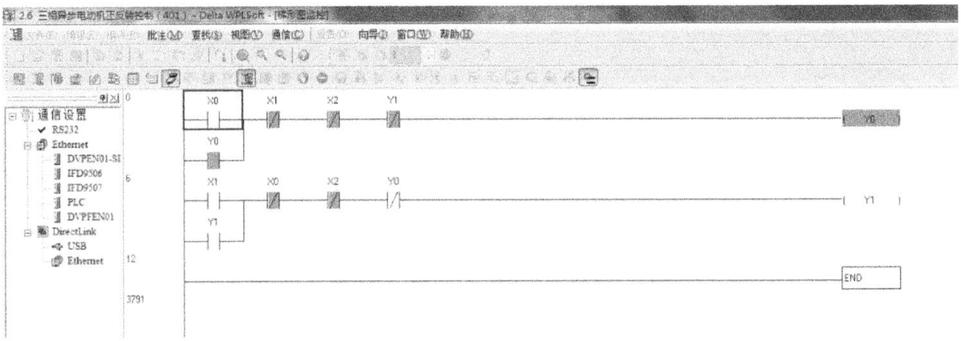

图 1-23　正转运行监控

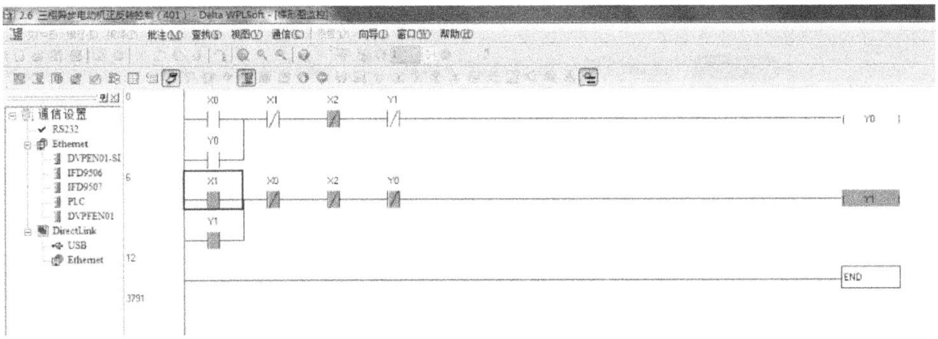

图 1-24　反转运行监控

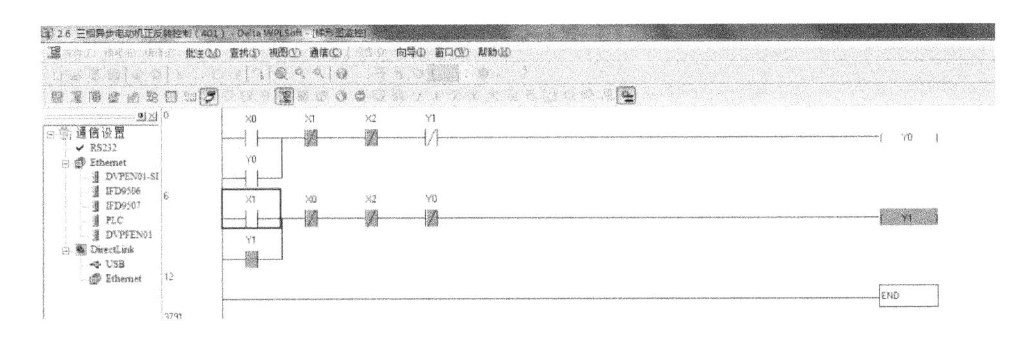

图 1-25　设置 X2 为 On（相当于按下停止按钮）

改等后续工作，可多次仿真，不断完善程序，直至达到控制要求。

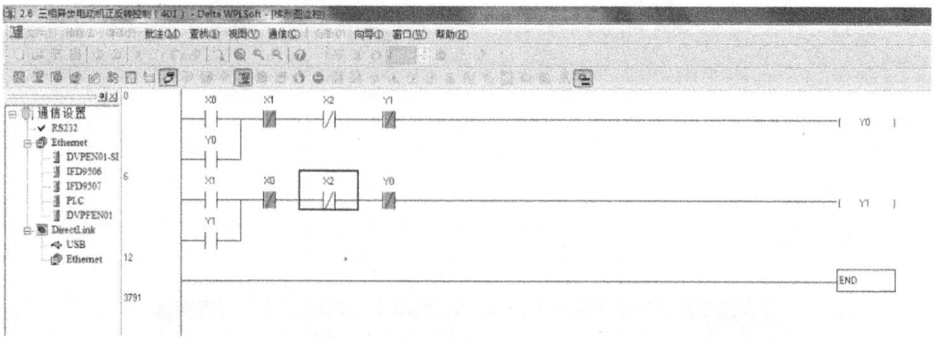

图 1-26 电机运转停止仿真监控画面

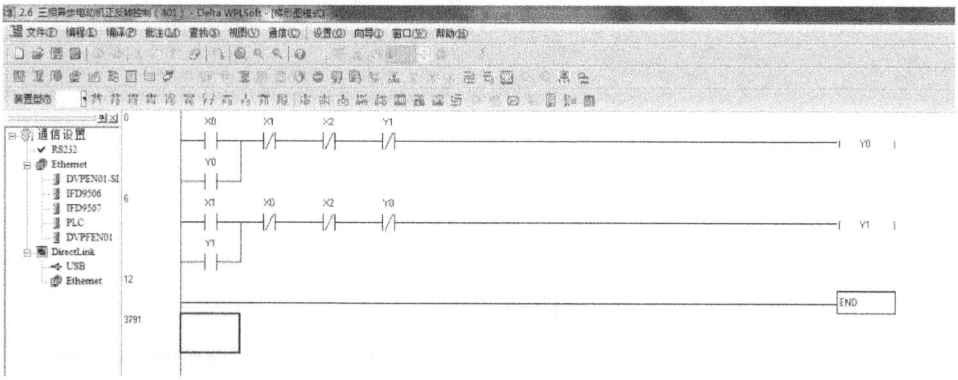

图 1-27 退出仿真，继续修改等后续工作，再仿真同上述步骤

Chapter
02

第2章 基本程序设计案例

台达
PLC

2.1 启动优先程序

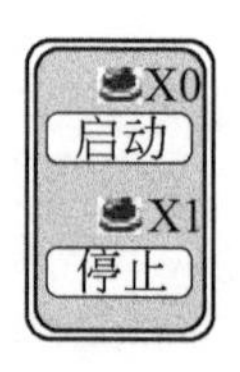

图 2-1 示意

控制要求

在有些控制场合（如消防水泵的启动），需要选用启动优先控制程序。对于该程序，若同时按下启动和停止按钮，则启动优先。无论停止按钮 X1 按下与否，只要按下启动按钮 X0，则负载启动。

元件说明

表 2-1 元件说明

PLC 软元件	控制说明
X0	消防水泵启动按钮，按下时，X0 状态由 Off→On
X1	消防水泵停止按钮，按下时，X1 状态由 Off→On
Y0	消防水泵接触器

控制程序

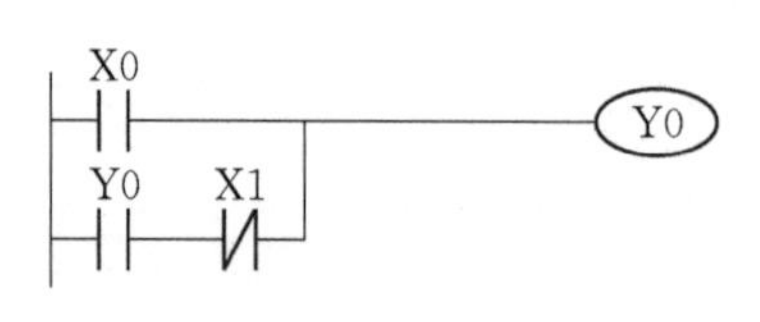

图 2-2 控制程序

程序说明

① 按下启动按钮，X0=On，此时若 X1 没有按下，Y0=On 并自锁，消防水泵正常启动；此时若 X1 同时被按下，Y0=On 但无法完成自锁，消防水泵仍然启动（相当于点动控制）。

② 松开 X0，消防水泵正常启动后，按下 X1，Y0=Off，消防水泵停止。

2.2 停止优先程序

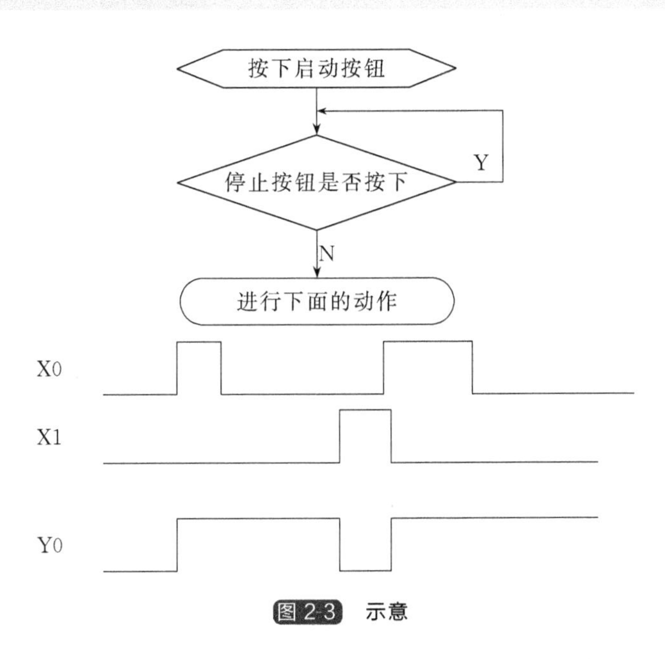

图 2-3 示意

控制要求

本案例属于原理说明，对于实际应用环境中的用电保护进行简单的举例。控制要求是如果按下启动按钮，要先检查停止按钮是否按下，如果按下，则不启动，如果没有按下，则进行下面的动作，停止优先是编程中常用的保护之一，它保证了停止主令信号的有效性和优先性，保证在出现情况时可以按照意愿顺利停止。

元件说明

表 2-2 元件说明

PLC 软元件	控制说明
X0	启动按钮,按下时,X1 状态由 Off→On
X1	停止按钮,按下时,X0 状态由 Off→On
X2	热继电器,电机过载热继电器动作时,X2 状态由 Off→On
Y0	程序规定的输出

控制程序

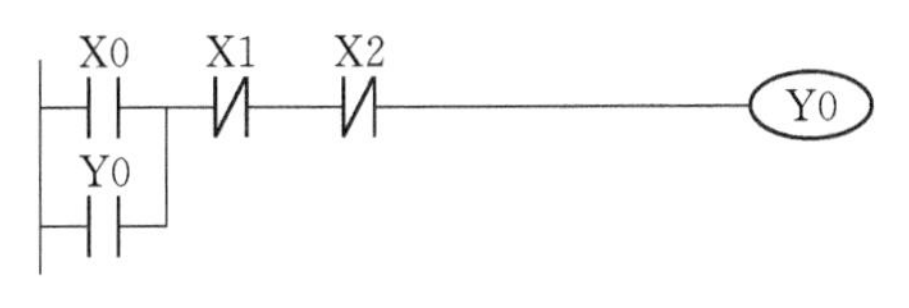

图 2-4 控制程序

程序说明

① 本案例是停止优先程序说明。为了确保安全，通常电动机的启动和停止控制总是选用停止优先程序。对于该程序，若同时按下启动和停止按钮，则停止优先。无论启动按钮X0按下与否，只要按下停止按钮X1，则Y0必然失电，因此，这种电路也被称为失电优先的自锁电路。这种控制方式常用于需要紧急停车的场合。

② 电机发生过载时，热继电器动作，X2状态由Off→On，X2常闭接点断开→输出线圈Y0失电→起自锁作用的常开接点Y0断开→电机失电停转。

③ 若热继电器设定为手动复位，则过载停机后需对热继电器手动复位后方可再次启动电机。这样有利于设备维护人员查清电机过载的原因并排除后再对热继电器进行复位，对于保护电机和维护生产安全有好处。

2.3 互锁联锁控制

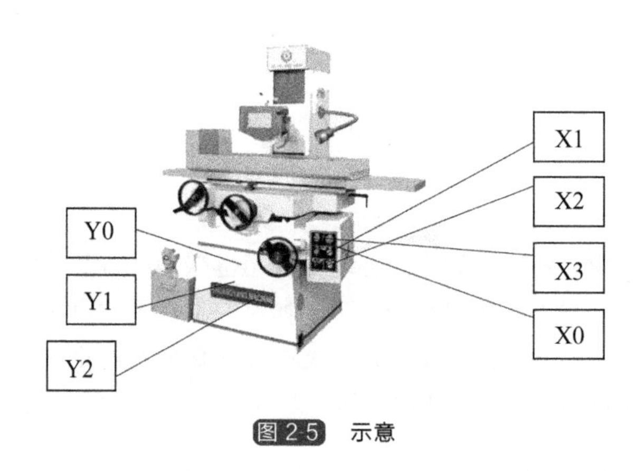

图2-5 示意

控制要求

本案例属于原理说明，对于冲床来讲，为避免因人为疏忽导致的一些机器器件损坏，使用了一系列互锁和联锁结构。

元件说明

表2-3 元件说明

PLC软元件	控制说明
X0	润滑泵启动按钮，按下时，X0状态由Off→On
X1	机头上行启动按钮，按下时，X1状态由Off→On
X2	机头下行启动按钮，按下时，X2状态由Off→On
X3	润滑泵停止按钮，按下时，X3状态由Off→On
Y0	润滑泵接触器
Y1	机头上行接触器
Y2	机头下行接触器

控制程序

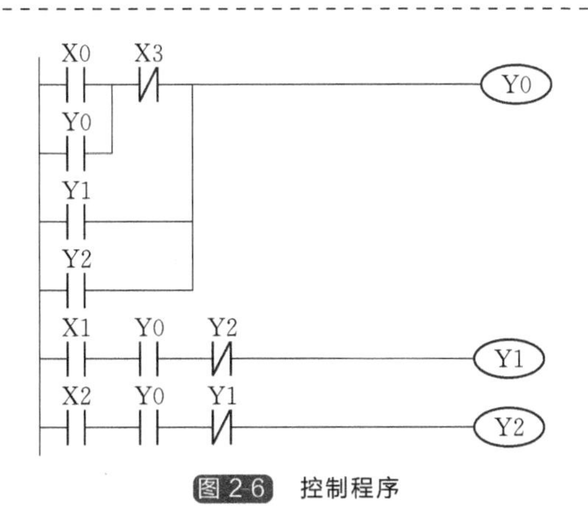

图2-6 控制程序

程序说明

① 本案例讲述联锁与互锁的用法。在启动机床时要求先启动润滑泵，否则不能启动电机，则在此时使用联锁结构编写程序；在机床机头上下行过程中，要求两种情况不能同时发生，以避免短路，则此时可使用互锁结构。

② 先启动润滑泵，当按下启动按钮 X0 时，X0＝On，Y0＝On，润滑泵启动。当需要机头上行时，按下上行按钮 X1，X1＝On，Y0＝On，Y1＝On，上行接触器得电，机头上行。同时，下行回路中 Y1 常闭接点断开，下行无法启动。

③ 当需要机头下行时，需要先停止上行，即松开上行按钮，此时按下下行按钮 X2，X2＝On，Y0＝On，Y2＝On，下行接触器得电，机头下行。同时，上行回路中 Y2 常闭断开，上行无法启动。

④ 停止润滑泵时，需要在机头驱动电机停止的情况下，才能停止润滑泵（假如 Y1 或 Y2 有一个输出线圈得电→第 3～4 行的 Y1 或 Y2 的常开接点闭合→确保输出线圈 Y0 得电→润滑泵停止按钮 X3 无法使得输出线圈 Y0 失电）。满足条件时，按下润滑泵停止按钮 X3，X3＝On，Y0＝Off，润滑泵停止。

⑤ 注意机头的上下行控制实际为电机的点动正反转控制。

2.4 自保持与解除程序

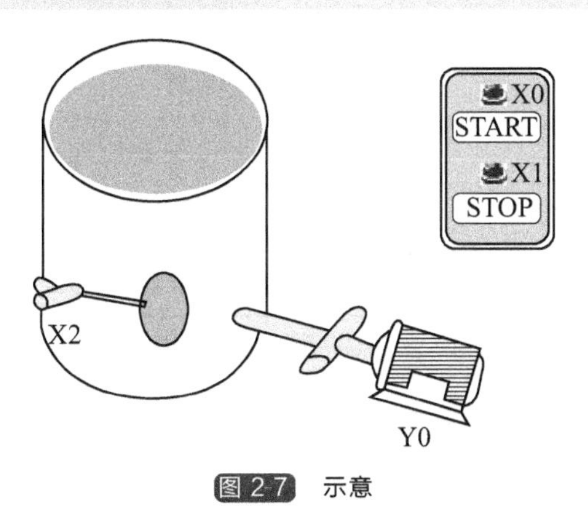

图2-7 示意

控制要求

① 按下 START 按钮，抽水泵运行，开始将容器中水抽出；

② 按下 STOP 按钮或容器中水为空，抽水泵自动停止工作。

2.4.1 自保持与解除回路实现方案 1

元件说明

表 2-4 元件说明

PLC 软元件	控制说明
X0	START 控制按钮:按下时,X0 状态由 Off→On
X1	STOP 控制按钮:按下时,X1 状态由 Off→On
X2	浮标水位检测器,只要容器中有水,X2 状态为 On
Y0	抽水泵电动机

控制程序

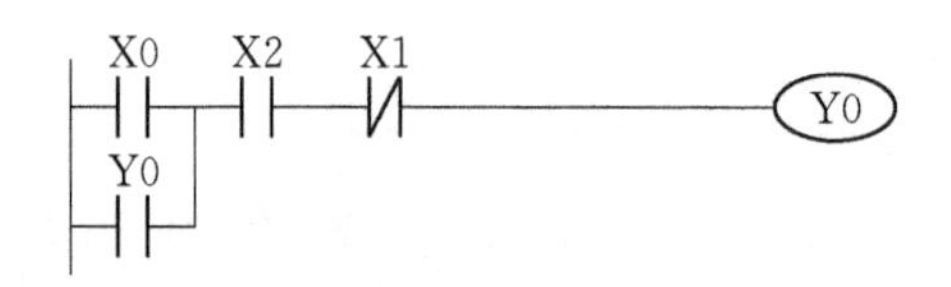

图 2-8 控制程序

程序说明

(1) 只要容器中有水，X2=On，按下 START 按钮时，X0=On，Y0=On 并自锁，抽水泵电动机开始抽水。

(2) 当按下 STOP 按钮，X1=On，水泵电动机停止抽水。

(3) 当容器中水为空时，X2=Off，Y0=Off，水泵电机不启动或停止抽水。

2.4.2 自保持与解除回路实现方案 2

元件说明

表 2-5 元件说明

PLC 软元件	控制说明
X0	START 控制按钮:按下时,X0 状态由 Off→On
X1	STOP 控制按钮:按下时,X1 状态由 Off→On
X2	浮标水位检测器,只要容器中有水,X2 状态为 On
M0	内部辅助继电器
Y0	抽水泵电动机

控制程序

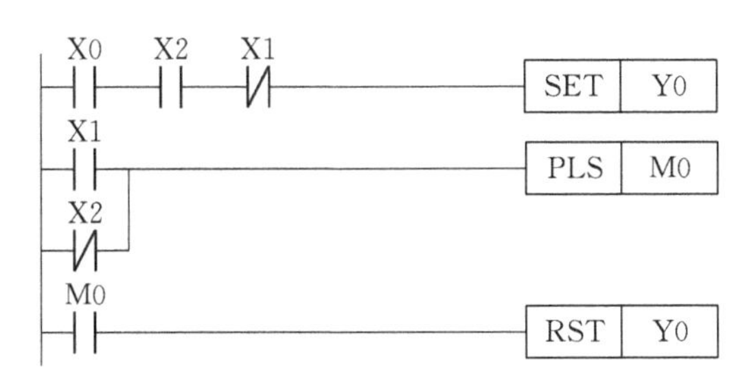

图 2-9 控制程序

程序说明

① 只要容器中有水，X2=On，按下 START 按钮时，X0=On，SET 指令被执行，Y0 被置位，抽水泵电机开始抽水。

② 当按下 STOP 按钮，X1=On，PLS 指令执行，M0 接通一个扫描周期，RST 指令执行，Y0 被复位，抽水泵电机停止抽水。

③ 另外一种停止抽水的情况是：当容器水抽干后，X2=Off，X2 的常闭触点接通，PLS 指令执行，M0 接通一个扫描周期，RST 指令执行，Y0 被复位，抽水泵电机停止抽水。

备注：复位（接点或寄存器清除）RST 指令使用说明 

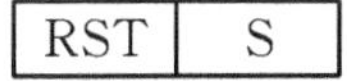

S：接点或寄存器清除装置，类别可为 Y，M，S，T，C，D，E，F。

当 RST 指令被驱动，其指定的元件动作，指定元件的状态被复位。若 RST 指令没有被执行，则其指定元件的状态保持不变。

2.5 单一开关控制启停

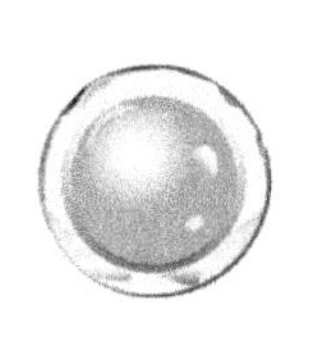

X0

图 2-10 示意

控制要求

上电后，甲灯亮（甲组设备工作），乙灯不亮（乙组设备不工作）；按一次按钮，乙灯亮（乙组设备工作），甲灯不亮（甲组设备不工作）；再按一次按钮，甲灯亮（甲组设备工作），乙灯不亮（乙组设备不工作）；依此类推。

元件说明

表 2-6　元件说明

PLC 软元件	控制说明
X0	开关控制按钮
Y0	灯 L0(甲组设备)
Y1	灯 L1(乙组设备)
M0	内部辅助继电器

控制程序

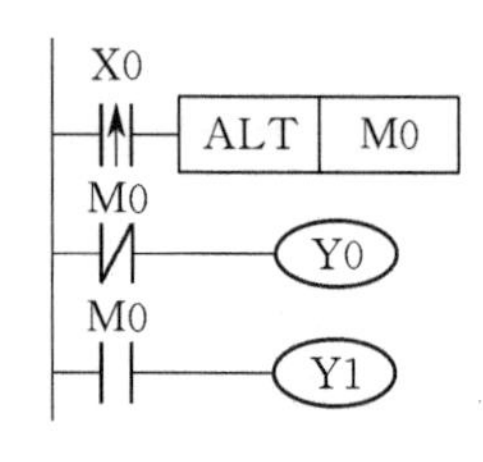

图 2-11　控制程序

程序说明

① 上电后，M0＝Off：

M0＝Off→M0 常闭接点导通→Y0＝On→L0 亮（甲组设备工作）；

M0＝Off→M0 常开接点断开→Y1＝Off→L1 灭（乙组设备不工作）。

② 按一下 X0 按钮，ALT 指令使得 M0 由 Off→On：

M0＝On→M0 常闭接点断开→Y0＝Off→L0 灭（甲组设备不工作）；

M0＝On→M0 常开接点闭合→Y1＝On→L1 亮（乙组设备工作）。

③ 再按一下 X0 按钮，ALT 指令使得 M0 由 On→Off；分析过程同①。

备注 1： ALT　D(D 的类别可为 Y，M，S)

指令说明：ALT 指令执行时，DOn/Off 交换。

备注 2：

本例子可用于两组设备（比如主设备和备用设备）的交替运行，当一组设备由于某种原因需要检修维护或故障时，可通过按操作按钮切换为另一组设备工作。

备注 3：

本例子一上电便有一组设备启动，如果一上电甲乙两组设备都不许自行启动，可加一个总开关。如图 2-12 所示，X1 为总启动开关，X2 为停止开关，X0 为两组设备的切换开关。 需要注意的是每一个独立程序的最后一行为 END 指令，为缩减篇幅，其余程序均略去最后一行的 END 指令。

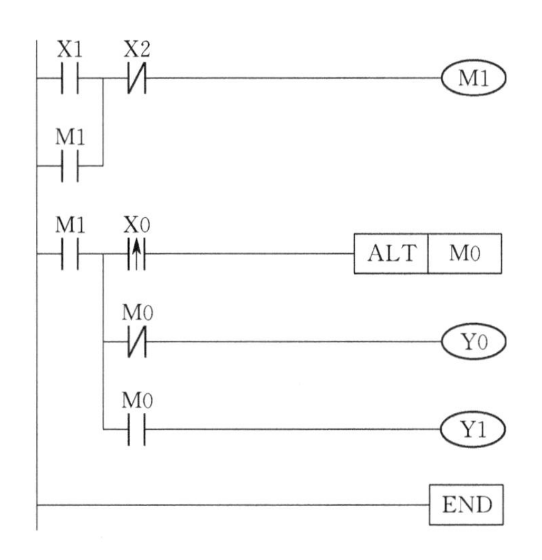

图 2-12 带启动停止开关的两组设备交替运行程序

2.6 按钮控制圆盘旋转一圈

控制要求

一个圆盘在原始位置时，限位开关受压，处于动作状态；按一下控制按钮，电动机带动圆盘转一圈，到原始位置时停止。

元件说明

表 2-7 元件说明

PLC 软元件	控制说明
X0	控制按钮，按下时，X0 状态由 Off→On
X1	圆盘限位开关，当圆盘到达原位时，X1＝On
Y0	电机（接触器）
M0	内部辅助继电器

控制程序

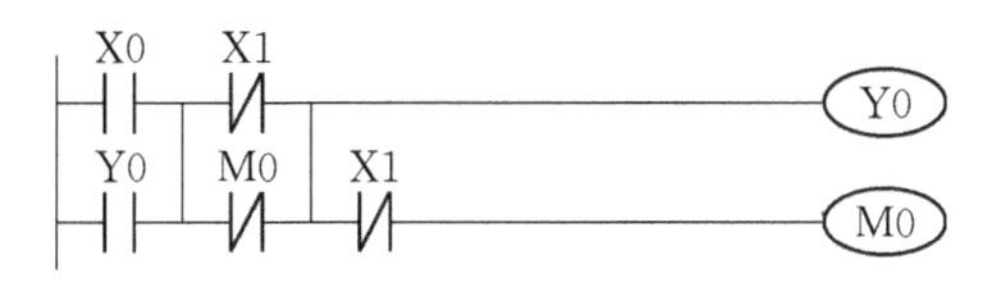

图 2-13 控制程序

程序说明

① 圆盘在原位时，限位开关 X1 常开触点受压闭合：

X1 常闭接点断开→M0 输出线圈为失电状态→M0 常闭接点为闭合状态。

② 当按下控制按钮时，X0＝On，X0 常开接点闭合：

X0 常开接点闭合且 M0 常闭接点为闭合状态→输出线圈 Y0 得电并自锁，电机启动运转，带动圆盘转动。

③ 圆盘转动→限位开关复位→X1 常闭触点闭合→M0 输出线圈得电→M0 常闭接点断开；

Y0 线圈当前得电路径为：Y0 常开接点闭合→X1 常闭接点闭合→Y0 输出线圈；

当圆盘转一圈后又碰到限位开关 X1：

X1 常闭接点断开→Y0 输出线圈失电，电动机停止转动。

④ 若想再旋转一圈，再按按钮 X0，过程同上不再赘述。

2.7 三地控制一盏灯

示意如图 2-14 所示，图(a) 要求由三个普通开关实现灯的三地控制。图(b) 为由两个单刀双掷和一个双刀双掷开关实现灯的三地控制原理接线图。

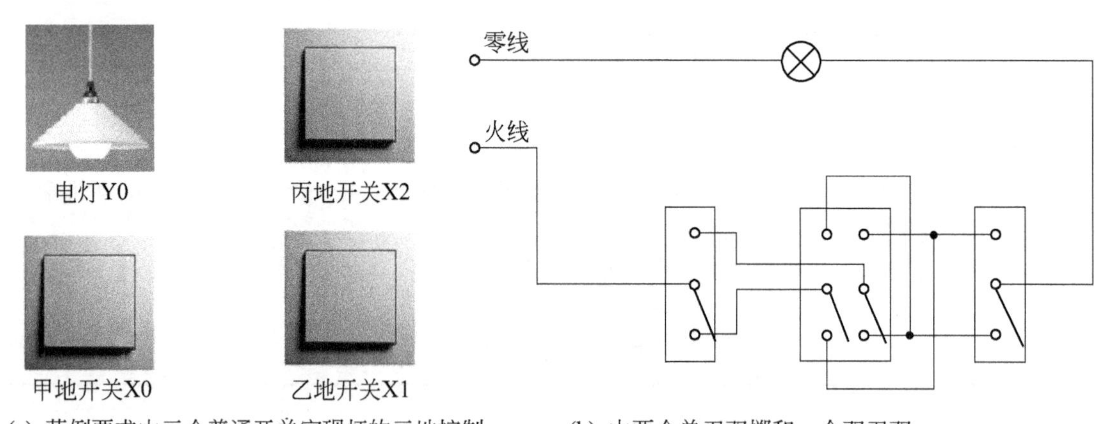

(a) 范例要求由三个普通开关实现灯的三地控制

(b) 由两个单刀双掷和一个双刀双掷开关实现灯的三地控制接线图

图 2-14 示意

控制要求

一盏灯可以由三个地方的普通开关共同控制，按下任一个开关，都可以控制电灯的点亮和熄灭。

元件说明

表 2-8 元件说明

PLC 软元件	控制说明
X0	甲地普通开关,上方按下时,X0 状态由 Off→On;下方按下时,X0 状态由 On→Off
X1	乙地普通开关,上方按下时,X1 状态由 Off→On;下方按下时,X1 状态由 On→Off
X2	丙地普通开关,上方按下时,X2 状态由 Off→On;下方按下时,X2 状态由 On→Off
Y0	电灯

控制程序

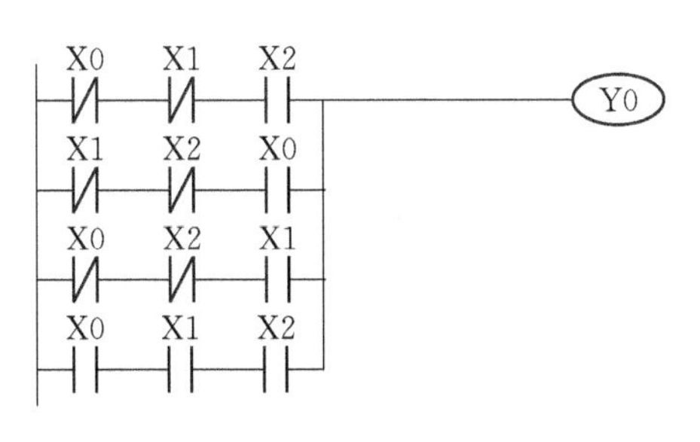

图 2-15 控制程序

程序说明

(1) 假定三个开关原始状态均为 Off 状态

仅操作甲地开关情况：

操作甲地开关 X0 为 On→X0 常开接点闭合→梯形图第 2 行全导通→Y0 得电灯亮；

再按甲地开关 X0 为 Off→X0 常开接点断开→梯形图第 2 行 X0 处断开→Y0 失电灯灭；

仅操作乙地或丙地开关情况类似。

(2) 假定三个开关原始状态均为 On 状态

X0 常开接点闭合、X1 常开接点闭合、X2 常开接点闭合→梯形图第 4 行全导通→Y0 得电灯亮；

若仅操作乙地开关 X1 为 Off→X1 常开接点断开→梯形图第 4 行 X1 处断开→Y0 失电灯灭；再按一下乙地开关 X1 为 On→X1 常开接点闭合→梯形图第 4 行全导通→Y0 得电灯亮；其余两地操作类似。

(3) 甲地为 On、乙地、丙地为 Off 情况

X0 为 On、X1 为 Off、X2 为 Off→X0 常开接点闭合、X1 常闭接点闭合、X2 常闭接点闭合→梯形图第 2 行全导通→Y0 得电灯亮。

1) 在甲地操作

操作甲地开关 X0 为 Off：

X0 为 Off、X1 为 Off、X2 为 Off→X0 常开接点断开、X1 常闭接点闭合、X2 常闭接点闭合→梯形图第 2 行 X0 常开接点处断开→Y0 失电灯灭；再按一次灯亮。

2) 在乙地操作

操作乙地开关 X1 为 On：

X0 为 On、X1 为 On、X2 为 Off→X0 常开接点闭合、X1 常闭接点断开、X2 常闭接点闭合→梯形图第 2 行 X1 常闭接点处断开→Y0 失电灯灭；再按一次灯亮。

(4) 其余情况类似

(5) 用实际开关连线来实现灯的控制

两地控制较容易，三地控制如图 2-14(b) 所示，需要用到双刀双掷开关，实现起来较为麻烦。

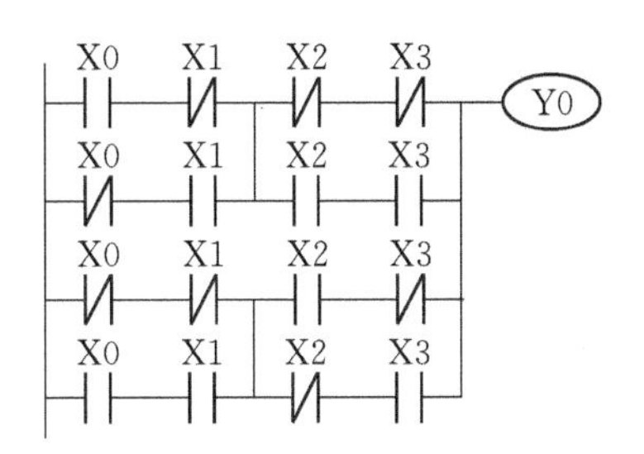

图 2-16 控制程序

用 PLC 编程可以很容易地实现多地控制，比如四个开关控制一盏照明灯程序如图 2-16 所示，具体原理读者可自行分析。

应用拓展提示

若将灯泡改为其他设备，比如某重要仓库的灭火设备，甲乙丙三处为三个监控中心，均对该仓库进行监控，在甲乙丙三处三个监控中心安装灭火设备的控制开关，那么出现险情时，任一个监控中心均可启动或关闭灭火装置。

2.8 信号分频简易程序

2.8.1 控制信号的二分频

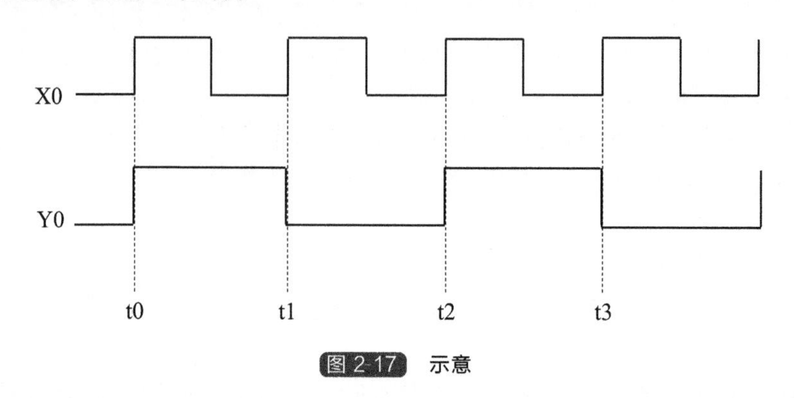

图 2-17 示意

控制要求

本案例要求通过一定的 PLC 程序完成对控制信号的多分频操作，本案例以比较常见的二分频需求为例说明该类控制程序。

元件说明

表 2-9 元件说明

PLC 软元件	控制说明
X0	信号产生按钮,按下时,X0 状态由 Off→On
M0-M2	内部辅助继电器
Y0	某个终端设备

控制程序

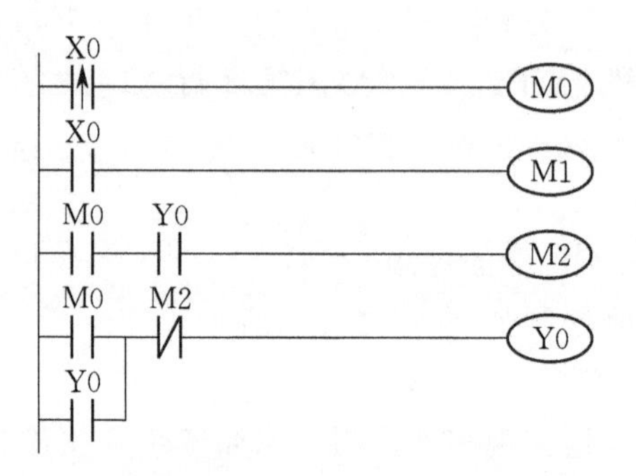

图 2-18 二分频控制程序

程序说明

① Y0 产生的脉冲信号是 X0 脉冲信号的二分频。程序设计用了三个辅助继电器 M0、M1 和 M2。

② 当输入 X0 在 t1 时刻接通（On），M0 产生脉宽为一个扫描周期的单脉冲，Y0 线圈在此之前并未得电，其对应的常开接点处于断开状态，因此执行至第 3 行程序时，尽管 M0 得电，但 M2 仍不得电，M2 的常闭接点处于闭合状态。执行至第 4 行，Y0 得电（On）并自锁。此后，多次循环扫描执行这部分程序，但由于 M0 仅接通一个扫描周期，M2 不可能得电。由于 Y0 已接通，对应的常开接点闭合，为 M2 的得电做好了准备。

③ 等到 t2 时刻，输入 X0 再次接通（On），M0 上再次产生单脉冲。此时在执行第 3 行时，M2 条件满足得电，M2 对应的常闭接点断开。执行第 4 行程序时，Y0 线圈失电（Off）。之后虽然 X0 继续存在，由于 M0 是单脉冲信号，虽多次扫描执行第 4 行程序，Y0 也不可能得电。

④ 在 t3 时刻，X0 第三次 On，M0 上又产生单脉冲，输出 Y0 再次接通（On）。

⑤ t4 时刻，Y0 再次失电（Off），循环往复。这样 Y0 正好是 X0 脉冲信号的二分频。

2.8.2 控制信号的三分频

（1）三分频示意如图 2-19 所示。

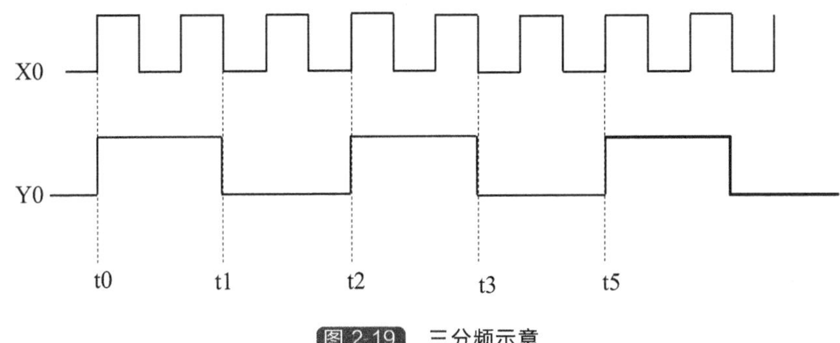

图 2-19 三分频示意

（2）实现三分频的 PLC 程序如图 2-20 所示。

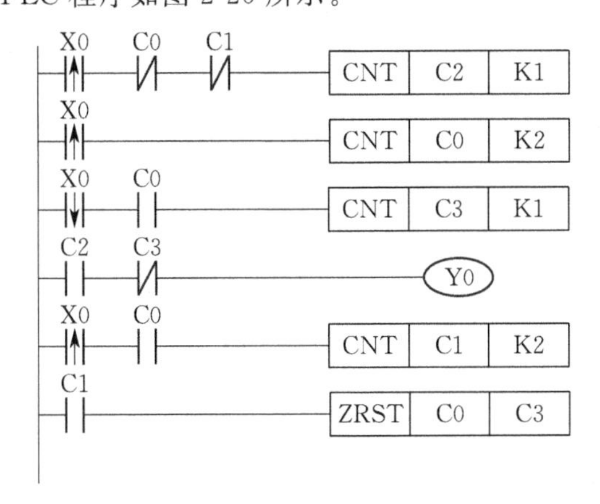

图 2-20 三分频 PLC 程序

（3）程序说明

1）Y0 产生的脉冲信号是 X0 脉冲信号的 3 分频。程序设计用了四个计数器 C0、C1、C2 和 C3。

2）当输入 X0 在 t0 时刻接通（On）时，C2＝On，Y0 得电（On）。

3）t1 时刻，当输入 X0 第 2 次接通后断开时，C3＝On，其对应的常闭接点断开，Y0 失电（Off）。

4）等到 t2 时刻，当输入 X0 第 4 次接通（On）时，输出 Y0 再次接通（On），循环往复。这样 Y0 正好是 X0 脉冲信号的 3 分频。

应用拓展提示

◆本程序适当修改计数器计数值可实现 5 分频、7 分频、9 分频……

◆去掉下降沿并适当修改计数值可实现 2 分频、4 分频、6 分频……

2.9 停止操作保护和接触器故障处理程序

控制要求

本案例要求通过一定的 PLC 程序完成对停止操作的保护和对接触器不吸合故障的处理保护。当电动机正在运行时，若在启动按钮没有弹起时，按下停止按钮电动机可以停止运行，但松开停止按钮后，电动机又会重新运行。这时就需要运用程序对停止操作做出保护，以避免松开停止按钮后电机自动重新启动带来的不良后果。

此外，当接触器线圈得电后，由于接触器卡阻等原因可能会出现接触器常开触点不闭合的情况，这时需要对此故障做出报警和电路保护处理。

元件说明

表 2-10 元件说明

PLC 软元件	控制说明
X0	电动机启动按钮，按下时，X0 状态由 Off→On
X1	电动机停止按钮，按下时，X1 状态由 Off→On
X2	接触器辅助触点，闭合时，X2 状态由 Off→On
T0	计时 0.5s 定时器，时基为 100ms 的定时器
Y0	电动机（接触器）
Y1	报警蜂鸣器

控制程序

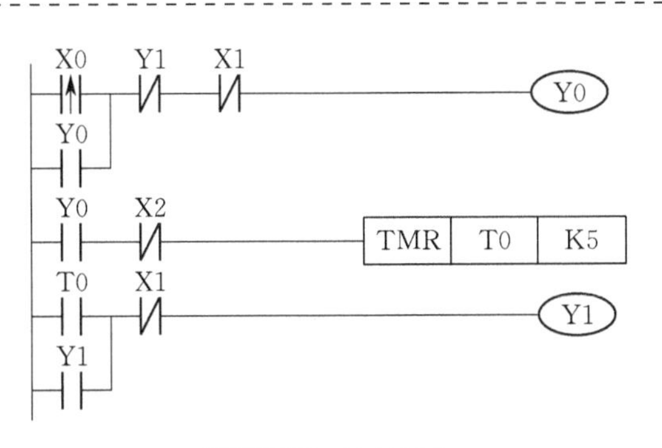

图 2-21 控制程序

程序说明

① 当按下 X0 时，X0＝On，Y0＝On，接触器线圈得电，其常开触点闭合，电动机启动运转，此时若控制电路无故障，则在按下停止按钮 X1 时，X1＝On，X1 常闭接点断开，Y0＝Off，电动机停止运行。

② 若有启动按钮不能正常弹起的故障

按下停止按钮 X1→X1 状态为 On→X1 常闭接点断开→Y0 输出线圈失电→梯形图第 2 行 Y0 常开接点断开自锁解除→电机停转。

a. 第 1 行 X0 为普通常开接点

松开停止按钮 X1→X1 状态为 Off→X1 常闭接点闭合→若第 1 行 X0 为普通常开接点且启动按钮不能正常弹起→梯形图第 1 行导通→电机会重新启动。

b. 本例分析（第 1 行 X0 为上升沿触发）

松开停止按钮 X1→X1 状态为 Off→X1 常闭接点闭合→由于第 1 行 X0 为上升沿触发接点且启动按钮不能正常弹起→梯形图第 1 行 X0 上升沿触发处为断开状态→电机不会重新启动仍然处于停转状态。

这样就通过程序（将启动按钮 X0 常开接点用上升沿触发来代替）避免了特殊情况（启动按钮不能正常弹起）下停止按钮失效（按下停止按钮松开后电机的重新自启动）的问题。

③ 对于接触器不能正常吸合的故障：若接触器 Y0 已经得电，而接触器未正常吸合，则其辅助触点同样不能闭合：

X2 为 Off→X2 常闭接点闭合，且 Y0＝On→Y0 常开接点闭合，→定时器 T0 开始计时，0.5 秒后→T0＝On→梯形图第 4 行 T0 常开接点闭合→Y1＝On→报警蜂鸣器启动（并自锁）提醒维护人员进行处理。

按下停止按钮 X1 时，Y0 失电，Y1 失电，报警器停止报警，可进行后续维护检修等工作。

备注：

在某些特定工业场合下，接触器卡阻不能吸合、接触器触点熔焊、按钮按下不能启动等故障不再是小概率事件，这就需要在设计控制程序时要考虑到相关因素，能够在发生相关故障时避免设备无法停止等情况，或者给予现场维护人员以不同形式的声光报警等提示，以便于设备维护人员进行相应的处理，这在实际应用中是相当重要的。

2.10 停电系统保护程序

控制要求

本案例要求使用PLC达成对突发停电状况的处理程序。在发生突发的停电状况后，电力突然恢复时，生产装置有可能会处于原来的工作状态，在立即恢复工作时，会使得设备产生混乱，从而引发严重事故。为了避免此类情况，使用PLC编程来对停电进行保护。

元件说明

表 2-11 元件说明

PLC 软元件	控制说明
X0	停电保护复位按钮，按下时，X0 的状态由 Off→On
X1	启动按钮，按下时，X1 的状态由 Off→On
X2	启动按钮，按下时，X2 的状态由 Off→On
M0	内部辅助继电器
M1002	开机接通一个扫描周期的触发脉冲
Y0	输出设备 1
Y1	输出设备 2

控制程序

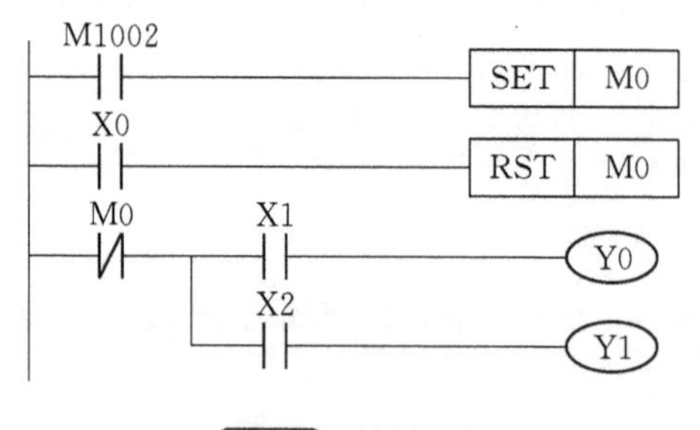

图 2-22 控制程序

程序说明

为应对各种不可预知的突发情况，该程序被设定为：无论是否为突发的停电事故，该程序都会发生作用，以保证生产设备的安全。

在断电后重新通电时，M1002 会接通并且仅接通一个扫描周期，M1002＝On，M0 被置位，M0 常闭接点断开，那么此时，无论 1 号和 2 号输出信号的启动按钮 X1、X2 处于什么状态，Y0、Y1 都会处于失电状态，来保护设备。

若需要启动设备，只需要按下停电保护复位按钮 X0，X0＝On，M0 被复位，此时，梯形图第 3 行 M0 常闭触点恢复闭合状态，这时就可以进行设备的后续操作（正常通过 X1 或 X2 来控制输出设备 Y0 或 Y1 等）了。

2.11 卷帘门控制

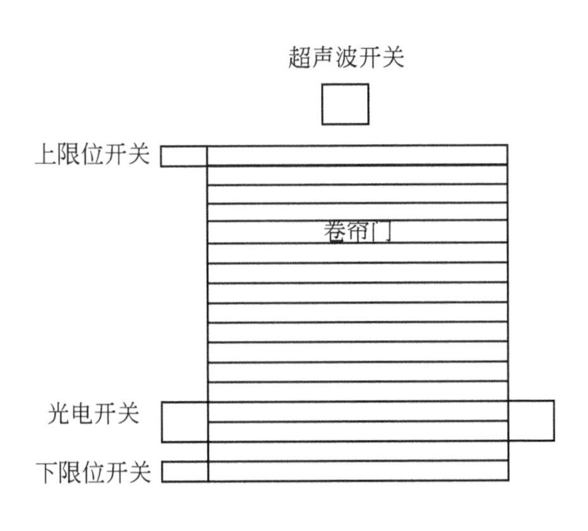

图 2-23 示意

控制要求

用钥匙开关选择大门的控制方式：停止、手动、自动。在停止位置时不能对大门进行控制；在手动位置时，可以用按钮进行开门、关门控制；在自动位置时，可由汽车驾驶员控制，当汽车到达大门前时，由驾驶员发出超声波，通过 PLC 控制大门开启。当光电开关检测到有车辆进入大门时，输出逻辑 1 信号，当车辆进入大门后，红外线不受遮挡，输出逻辑 0 信号，关闭大门。

元件说明

表 2-12 元件说明

PLC 软元件	控制说明
X0	手动控制方式开关，按下时，X0 的状态由 Off→On
X1	自动控制方式开关，按下时，X1 的状态由 Off→On
X2	手动控制开门按钮，按下时，X2 的状态由 Off→On
X3	手动控制关门按钮，按下时，X3 的状态由 Off→On
X4	开门上限位开关，接触时，X4 的状态由 Off→On

续表

PLC 软元件	控制说明
X5	关门下限位开关，接触时，X5 的状态由 Off→On
X6	超声波开关
X7	光电开关
Y0	开门接触器
Y1	关门接触器

控制程序

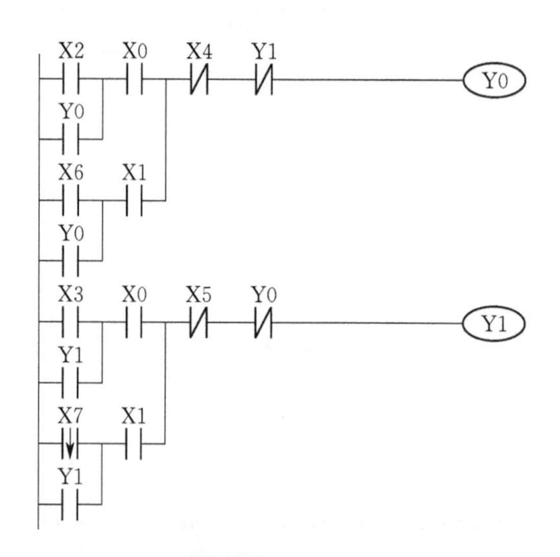

图 2-24 控制程序

程序说明

(1) 手动控制方式

将钥匙开关扳向手动控制位置，X0＝On

按下开门按钮 X2→X2＝On→Y0 得电自锁→卷帘门上升→碰到上限开关→X4＝On→梯形图第 1 行 X4 常闭接点断开→Y0 失电，卷帘门停止。

按下关门按钮 X3→X3＝On→Y1 得电自锁→卷帘门下降→碰到下限开关→X5＝On→梯形图第 5 行 X5 常闭接点断开→Y1 失电，卷帘门停止。

(2) 自动控制方式

将钥匙开关扳向自动控制位置，X1＝On

车辆到达大门前司机发出开门超声波→X6＝On→Y0 得电自锁→卷帘门上升→碰到上限开关→X4＝On→梯形图第 1 行 X4 常闭接点断开→Y0 失电，卷帘门停止。

当车辆进入大门时，光电开关发出红外线被挡住，X7 动作但不起作用，当车辆进入大门后，红外线不受遮挡时，X7 产生一个下降沿→Y1 得电自锁→卷帘门下降→碰到下限开关→X5＝On→梯形图第 5 行 X5 常闭接点断开→Y1 失电，卷帘门停止。

备注：下降沿检出动作开始 LDF 指令使用说明 

操作数：X，Y，M，S，T，C 。

LDF 指令用法上与 LD 相同，但动作不同，它的作用是指当前内容保存，同时把取来的接点下降沿检出状态存入累加器内。

2.12 仓库大门控制程序

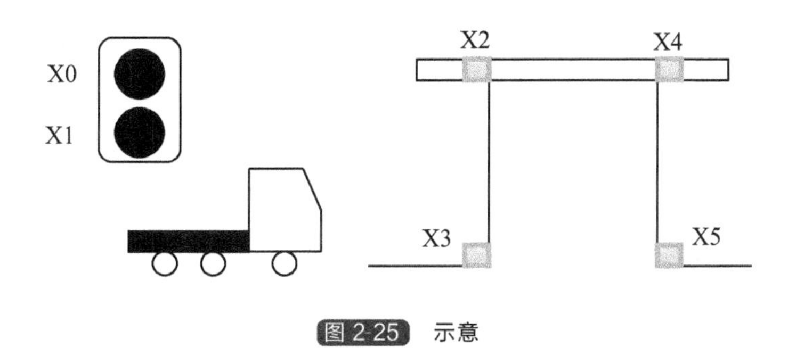

图 2-25 示意

控制要求

本案例要求使用 PLC 控制仓库大门的自动打开和关闭，使用超声波传感器检测是否有车辆需要进入仓库，由光电传感器检测车辆是否已经进入大门。

元件说明

表 2-13 元件说明

PLC 软元件	控制说明
X0	大门自动控制系统启动按钮，按下时，X0 的状态由 Off→On
X1	大门自动控制系统关闭按钮，按下时，X1 的状态由 Off→On
X2	超声波传感器，接受到车辆信号时，X2 的状态由 Off→On
X3	光电传感器，当有车辆经过时，X3 的状态由 Off→On
X4	大门上限位开关
X5	大门下限位开关
Y0	电机开门接触器
Y1	电机关门接触器
M0-M1	内部辅助继电器

控制程序

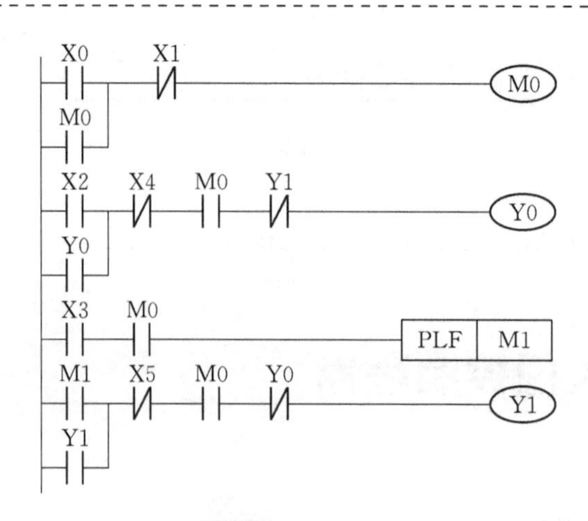

图 2-26 控制程序

程序说明

① 启动时，按下大门自动控制系统按钮 X0，X0＝On，M0＝On 并自锁，大门控制系统得电启动。

② 当有车辆接近大门时，超声波传感器接收到识别信号，X2＝On，Y0＝On 并自锁，大门打开。同时，Y1 被互锁不能启动。当大门接触到门上限位开关时，X4＝On，Y0 失电，大门驱动电机停止运行，Y1 解除互锁。

③ 当车辆前端进入大门时，光电开关 X3 得电，X3＝On，当车辆后端进入大门时，光电开关 X3 失电，此时，X3 信号的下降沿使 M1 得电一个扫描周期，M1＝On，Y1＝On 并自锁，大门关闭，且 Y0 被互锁不能启动。当大门接触到门下限位开关时，X5＝On，大门驱动电机停止运行。

④ 停止时，按下大门自动控制系统停止按钮 X1，X1＝On，M0 失电，控制系统停止。

2.13 水塔水位监测与报警

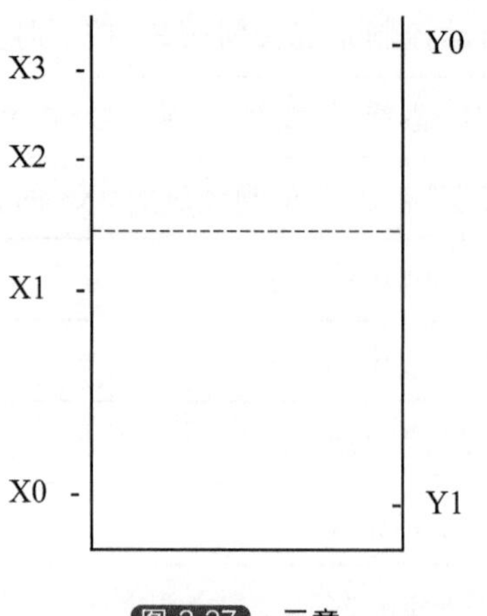

图 2-27 示意

控制要求

当水塔中的水不在正常水位时，自动启动给水或排水，并且当水位处于警戒水位时，除了开启给水和排水装置外还要触发警报。

元件说明

表 2-14　元件说明

PLC 软元件	控制说明
X0	最低水位传感器，处于最低水位时，X0 状态为 On
X1	正常水位的下限传感器，处于正常水位下限时，X1 状态为 On
X2	正常水位的上限传感器，处于正常水位上限时，X2 状态为 On
X3	最高水位传感器，处于最高水位时，X3 状态为 On
X4	复位按钮，按下时，X4 状态由 Off→On
T1	计时 1s 定时器，时基为 100ms 的定时器
Y0	给水阀门
Y1	排水阀门
Y2	报警器

控制程序

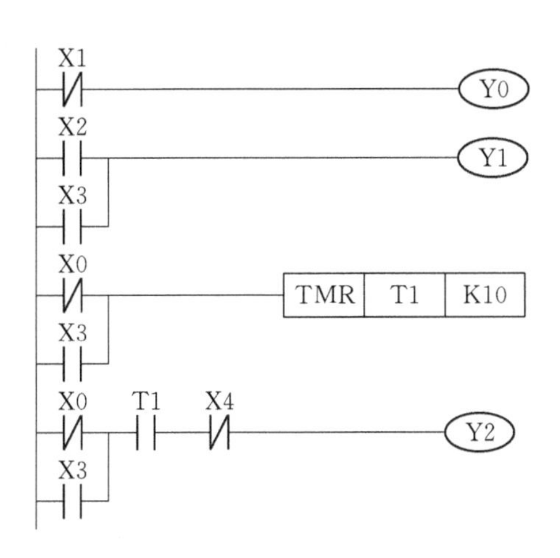

图 2-28　控制程序

程序说明

(1) 正常水位时

水位处在X1与X2之间，此时X0=On，X1=On，X2=Off，X3=Off。X1=On→X1常闭接点断开→输出Y0为失电状态→进水阀门为关闭状态；

X2=Off，X3=Off→X2常开接点断开、X3常开接点断开→输出Y1为失电状态→排水阀门为关闭状态。

(2) 当水位高于X2时

X2=On→Y1=On→排水阀门开始向外排水。

(3) 若水位高于X3

X3为On→Y1=On→排水阀门向外排水→T1开始计时→计时时间1秒到，若水位还高于X3，Y2=On，发出警报；直到水位恢复正常，Y2=Off，报警装置复位，按下复位按钮X4，使报警装置复位。

(4) 当水位低于X1时

X1=Off→X1常闭接点闭合→Y0=On→给水阀门开始向水塔内供水，若水位低于X0，给水阀门同样向内供水，同时开始计时，当计时时间到后Y2=On，并且发出警报，直到水位恢复正常，Y2=Off，报警装置复位，或按下复位按钮X4，使报警装置复位。

2.14 一个按钮控制三组灯

控制要求

用PLC组成一个控制器，每按下一次按钮增加一组灯亮；三组灯全亮后，每按下一次按钮灭一组灯，要求先亮的灯先灭；如果按下按钮的时间超过2s，则灯全灭。

元件说明

表2-15 元件说明

PLC软元件	控制说明
X0	控制按钮,按下时,X0的状态由Off→On
T0	计时2s定时器,时基为100ms的定时器
Y0	照明灯1
Y1	照明灯2
Y2	照明灯3
M0-M2	内部辅助继电器

控制程序

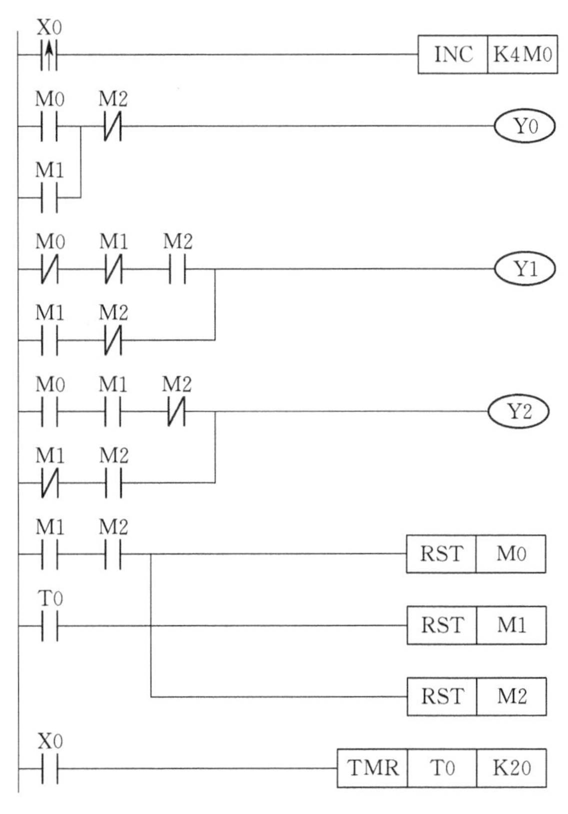

图 2-29　控制程序

程序说明

根据要求，可用字节加一指令 INC 计数，计数值用 M0～M2 表示(M2M1M0)，用计数结果控制三个灯的组合状态。

① 第一次按下控制按钮，X0＝On，产生一个上升沿触发，INC 计数为 1(001)，M0＝On，Y0＝On，照明灯 1 亮。

② 第二次按下控制按钮，X0＝On，产生一个上升沿触发，INC 计数为 2(010)，M0＝Off，M1＝On，Y0＝On，Y1＝On，照明灯 1 亮，照明灯 2 亮。

③ 第三次按下控制按钮，X0＝On，产生一个上升沿触发，INC 计数为 3(011)，M0＝On，M1＝On，M2＝Off，Y0＝On，Y1＝On，Y2＝On，照明灯 1 亮，照明灯 2 亮，照明灯 3 亮。

④ 第四次按下控制按钮，X0＝On，产生一个上升沿触发，INC 计数为 4(100)，M0＝Off，M1＝Off，M2＝On，Y0＝Off，Y1＝On，Y2＝On，照明灯 1 灭，照明灯 2 亮，照明灯 3 亮。

⑤ 第五次按下控制按钮，X0＝1，产生一个上升沿触发，INC 计数为 5(101)，M0＝On，M1＝Off，M2＝On，Y0＝Off，Y1＝Off，Y2＝On，照明灯 1 灭，照明灯 2 灭，照明灯 3 亮。

⑥ 第六次按下控制按钮，X0＝1，产生一个上升沿触发，INC 计数为 6(110)，M0＝Off，

M1＝On，M2＝On，Y0＝Off，Y1＝Off，Y2＝Off，照明灯 1 灭，照明灯 2 灭，照明灯 3 灭，同时复位 M0-M2。

在中间任何时候长按控制按钮，T0 开始计时，计时到达 2s 后，T0＝On，M0-M2 复位，所有灯熄灭。

2.15 电机正反转自动循环程序

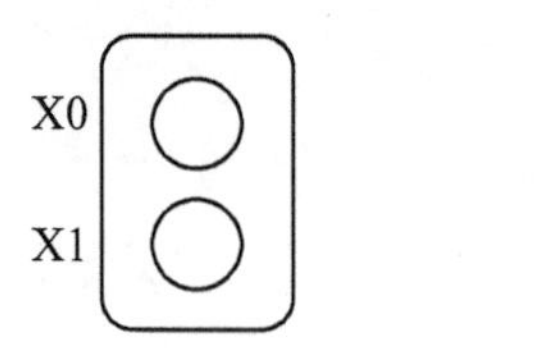

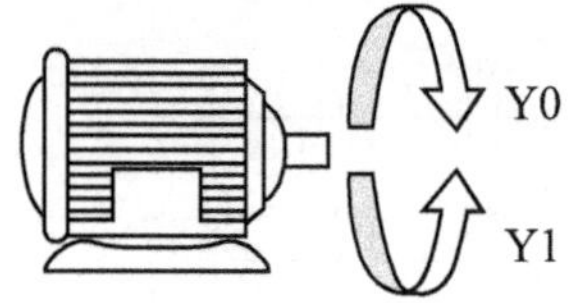

图 2-30 示意

控制要求

当按下启动按钮时，电动机开始正转，运行 5s 后停止。停止 1s 后电机自动切换为反转状态，同样，运行 5s 后停止。停止 1s 后再自动切换至正转，以此循环。

元件说明

表 2-16 元件说明

PLC 软元件	控制说明
X0	电机启动和初始化按钮,按下时,X0 状态由 Off→On
X1	电机停止按钮,按下时,X1 状态由 Off→On
T0	计时 5s 定时器,时基为 100ms 的定时器
T1	计时 1s 定时器,时基为 100ms 的定时器
T2	计时 5s 定时器,时基为 100ms 的定时器
T3	计时 12s 定时器,时基为 100ms 的定时器
T4	计时 1s 定时器,时基为 100ms 的定时器
M0	内部辅助继电器
Y1	电机正转接触器
Y2	电机反转接触器

控制程序

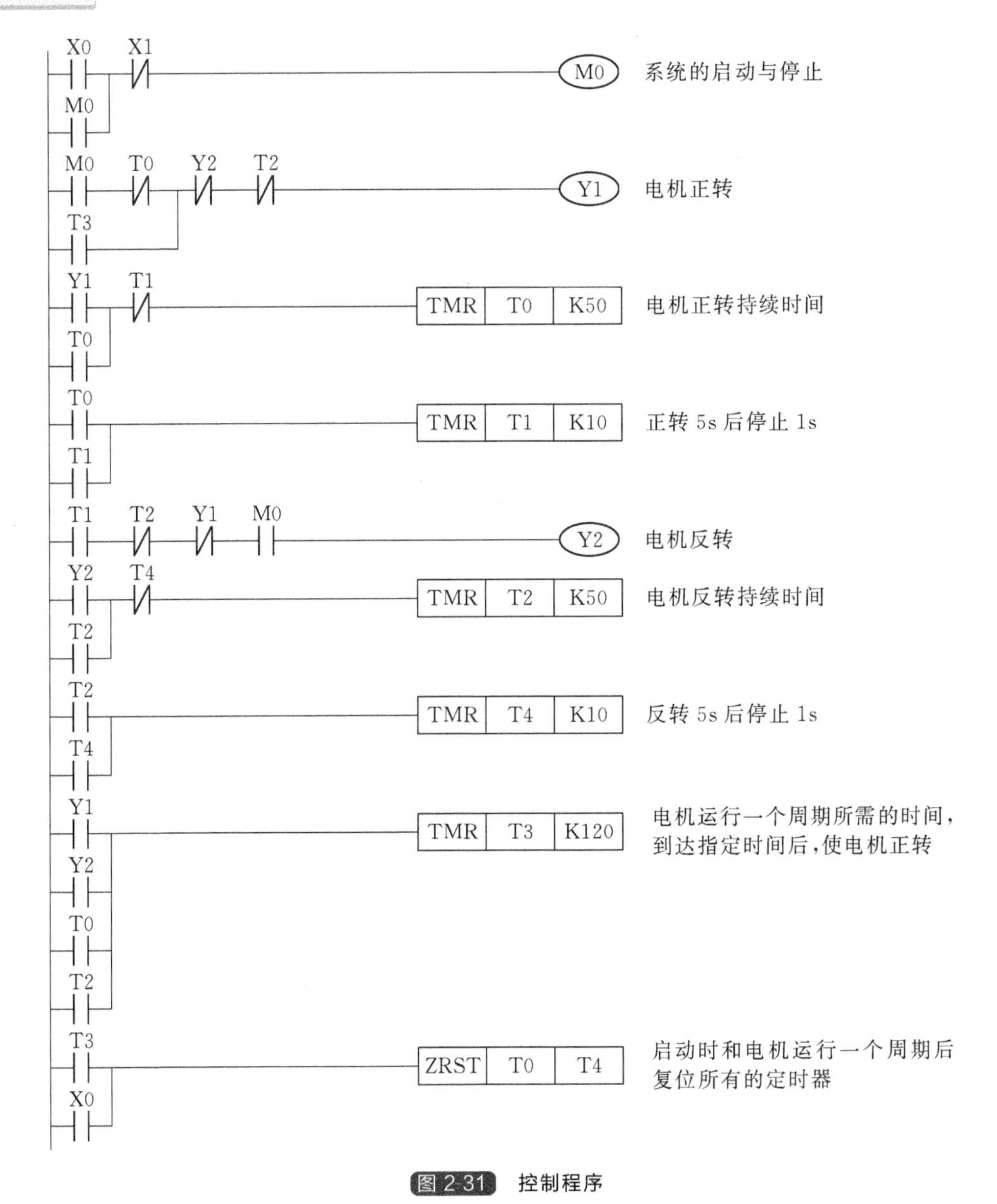

图2-31 控制程序

程序说明

① 按下启动按钮X0时，X0=On，M0=On并自锁，程序开始运行。

② 当M0=On时，Y1=On，电机正转运行，且电机正转运行计时开始，经5s后，T0=On，Y1=Off，电机停止正转运行。同时，间歇计时开始，1s后，T1=On，Y2=On，电机反转运行，同时反转计时开始，5s后，T2=On，电机停止反转运行。同时，间歇计时开始，1s后，T4=On，定时器T2失电，T3=On，ZRST指令被执行，T0、T1、T2、T3，T4被复位，且Y1=On，电机正转运行再次开始，并以此步骤循环运行。

③ X0既为启动开关，也为初始化开关，按下后，ZRST指令被执行，T0、T1、T2、T3、T4被复位。

2.16 双储液罐单水位控制

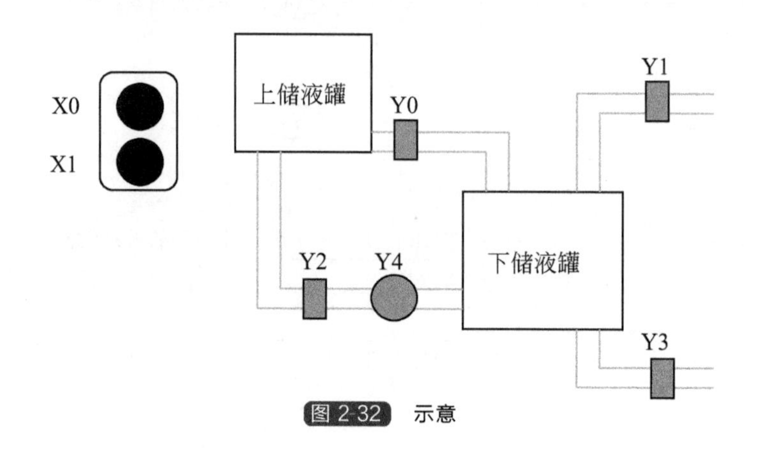

图 2-32 示意

控制要求

储液罐是一些工业、农业场所经常会用到的设备，对其内部水位的控制也是产品制造流程中不可或缺的一部分。目前，储液罐的水位控制多包含在大型的控制工程中，这里仅仅是取其中一个比较简单的双储液罐联动的单水位控制进行说明。其中的一些要求如下。

① 储液罐分为上下两罐，两罐都有各自的进水管和排水管，上水罐的排水管和进水管连接下水罐。

② 上灌进水的顺序为：先打开进水阀门 Y2，然后延时 2s 启动压水泵 Y4。停止时，先关闭压水泵 Y4，再关闭阀门 Y2。

③ 下罐水位超高时，两罐都排水；下罐水位较高时，下罐排水，即上灌进水；下罐水位正常时，阀门都不启动；下罐水位较低时，上罐排水，即下罐进水；下罐水位超低时，双进水，即下罐进水，上罐同时向下罐排水。

元件说明

表 2-17 元件说明

PLC 软元件	控制说明
X0	启动按钮，按下时，X0 的状态由 Off→On
X1	停止按钮，按下时，X1 的状态由 Off→On
X2	下罐超低水位传感器，检测到信号时，X2 的状态由 Off→On
X3	下罐低水位传感器，检测到信号时，X3 的状态由 Off→On
X4	下罐正常水位传感器，检测到信号时，X4 的状态由 Off→On
X5	下罐高水位传感器，检测到信号时，X5 状态由 Off→On
X6	下罐超高水位传感器，检测到信号时，X6 的状态由 Off→On
X7	压水泵保护传感器(位置比高水位传感器略低)，检测到信号时，X7 的状态由 Off→On
M0-M1	内部辅助继电器
T0	计时 2s 定时器，时基为 100ms 的定时器
T1	计时 2s 定时器，时基为 100ms 的定时器

续表

PLC 软元件	控制说明
Y0	上罐排水阀
Y1	下罐进水阀
Y2	上罐进水阀
Y3	下罐排水阀
Y4	压水泵接触器

控制程序

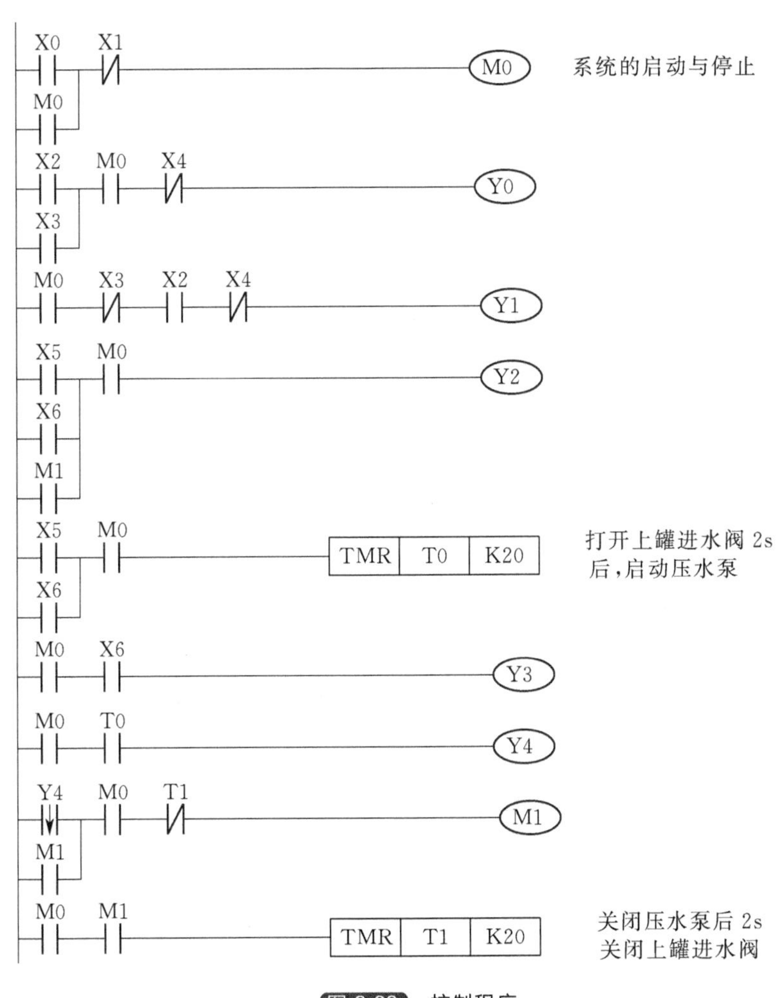

图 2-33 控制程序

程序说明

① 启动时，按下启动按钮 X0，X0＝On，M0＝On 并自锁，控制系统启动。

② 系统维持水位恒定时，有以下几种情况。

a. 当下罐水位超低，位于超低水位传感器以下时，X2＝Off，Y0＝On，Y1＝On，上罐排水阀和下罐进水阀打开，下罐水位上升。当水位到达低水位时，低水位传感器发出信号，X3＝On，下罐进水阀关闭，上罐排水阀继续打开，水位继续上升。当水位上升到正常水位时，X4=On，所有阀门均关闭。

b. 当下罐水位超高时，超高水位传感器发出信号，X6=On，Y2=On，Y3=On，定时器开始计时，下罐排水阀和上罐进水阀打开，2s后，T0=On，压水泵启动，水位开始下降。当水位到达高水位时，X6失电，高水位传感器发出信号，X5=On，下罐排水阀关闭，上罐进水阀继续打开，水位继续下降。当水位到达正常水位时，X4=On，X5失电，则Y4失电，压水泵停止，Y4输出一个下降沿，M1=On，计时2s定时器开始计时，2s后，T1=On，M1失电，Y2失电，上罐进水阀关闭。

③ 关闭时，按下停止按钮X1，X1=On，M0失电，控制系统停止。

2.17 产品批量包装与产量统计

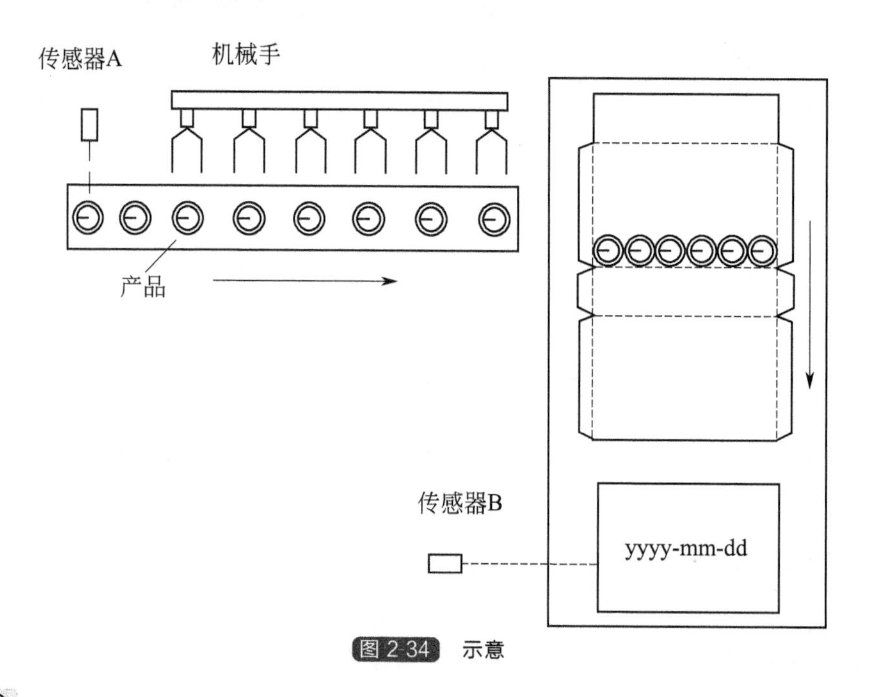

图 2-34 示意

控制要求

在产品包装线上，光电传感器每检测到6个产品，机械手动作1次，将6个产品转移到包装箱中，机械手复位，当24个产品装满后，进行打包，打印生产日期，日产量统计，最后下线。图2-34为产品的批量包装与产量统计示意图，光电传感器A用于检测产品，6个产品通过后，向机械手发出动作信号，机械手将这6个产品转移至包装箱内，转移4次后，开始打包，打包完成后，打印生产日期；传感器B用于检测包装箱，统计产量，下线。

元件说明

表 2-18 元件说明

PLC软元件	控制说明
X0	产品光电传感器，感应到产品时，X0状态由Off→On
X1	机械手完成，完成时，X1状态由Off→On

续表

PLC 软元件	控制说明
X2	打包完成,完成时,X2 状态由 Off→On
X3	产量光电传感器,感应到产品时,X3 状态由 Off→On
X4	产量计数复位,按下时,X4 状态由 Off→On
Y0	机械手
Y1	打包机
Y2	打号机
C0	16 位计数器
C1	16 位计数器
C112	16 位计数器

控制程序

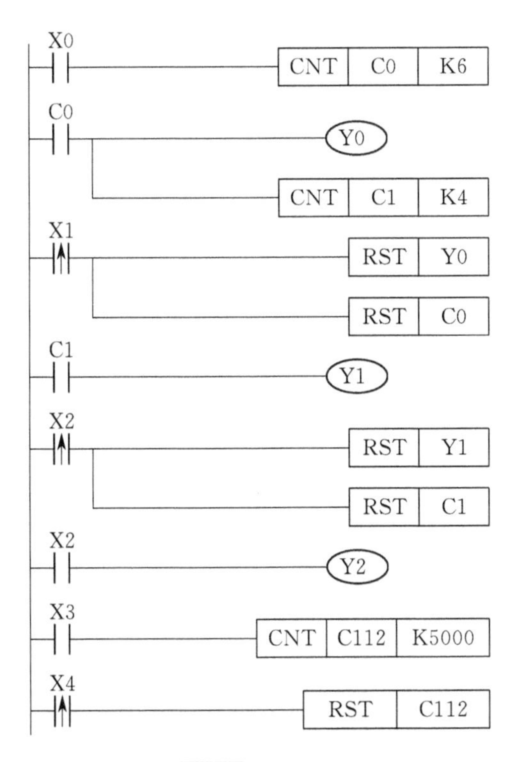

图 2.35 控制程序

程序说明

① 光电传感器每检测到 1 个产品时，X0 就触发 1 次（Off→On），C0 计数 1 次。

② 当 C0 计数达到 6 次时，C0 的常开触点闭合，Y0=On，机械手执行移动动作，同时 C1 计数 1 次。

③ 当机械手移动动作完成后，机械手完成传感器接通，X1 由 Off→On 变化 1 次，RST 指令被执行，Y0 和 C0 均被复位，等待下次移动。

④ 当 C1 计数达 4 次时，C1 的常开触点闭合，Y1=On，打包机将纸箱折叠并封口，完

成打包后，X2 由 Off→On 变化 1 次，RST 指令被执行，Y1 和 C1 均被复位，同时 Y2＝On，打号器将生产日期打印在包装箱表面。

⑤ 光电传感器检测到包装箱时，X3 就触发 1 次（Off→On），C112 计数 1 次。按下清零按钮 X4 可将产品产量记录清零，又可对产品数从 0 开始进行计数。

2.18 家用普通洗衣机

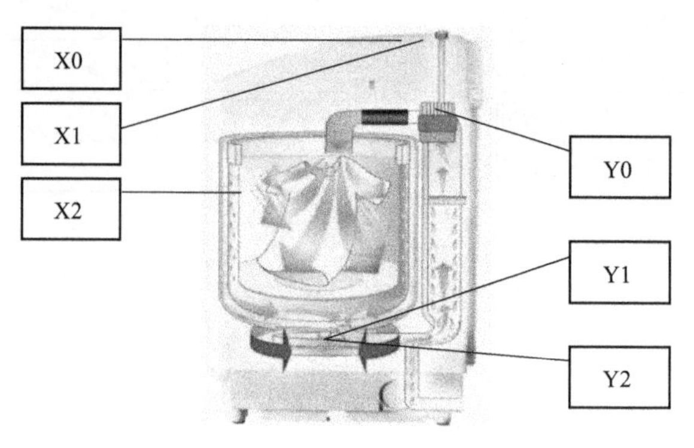

图 2-36 示意

控制要求

当按下启动按钮时，洗衣机启动运转；当按下停止按钮时，洗衣机停止运转。

元件说明

表 2-19 元件说明

PLC 软元件	控制说明
X0	洗衣机启动和初始化按钮，按下启动时，X0 状态由 Off→On
X1	洗衣机停止按钮按下停止时，X1 状态由 Off→On
X2	高水位传感器，当水位到达高水位时，X2 的状态由 Off→On
T0	计时 10s 定时器，时基为 100ms 的定时器
T1	计时 2s 定时器，时基为 100ms 的定时器
T2	计时 10s 定时器，时基为 100ms 的定时器
T3	计时 24s 定时器，时基为 100ms 的定时器
T5	计时 48s 定时器，时基为 100ms 的定时器
T6	计时 2s 定时器，时基为 100ms 的定时器
M0	内部辅助继电器
Y0	电磁进水阀
Y1	电机正转接触器
Y2	电机反转接触器

控制程序

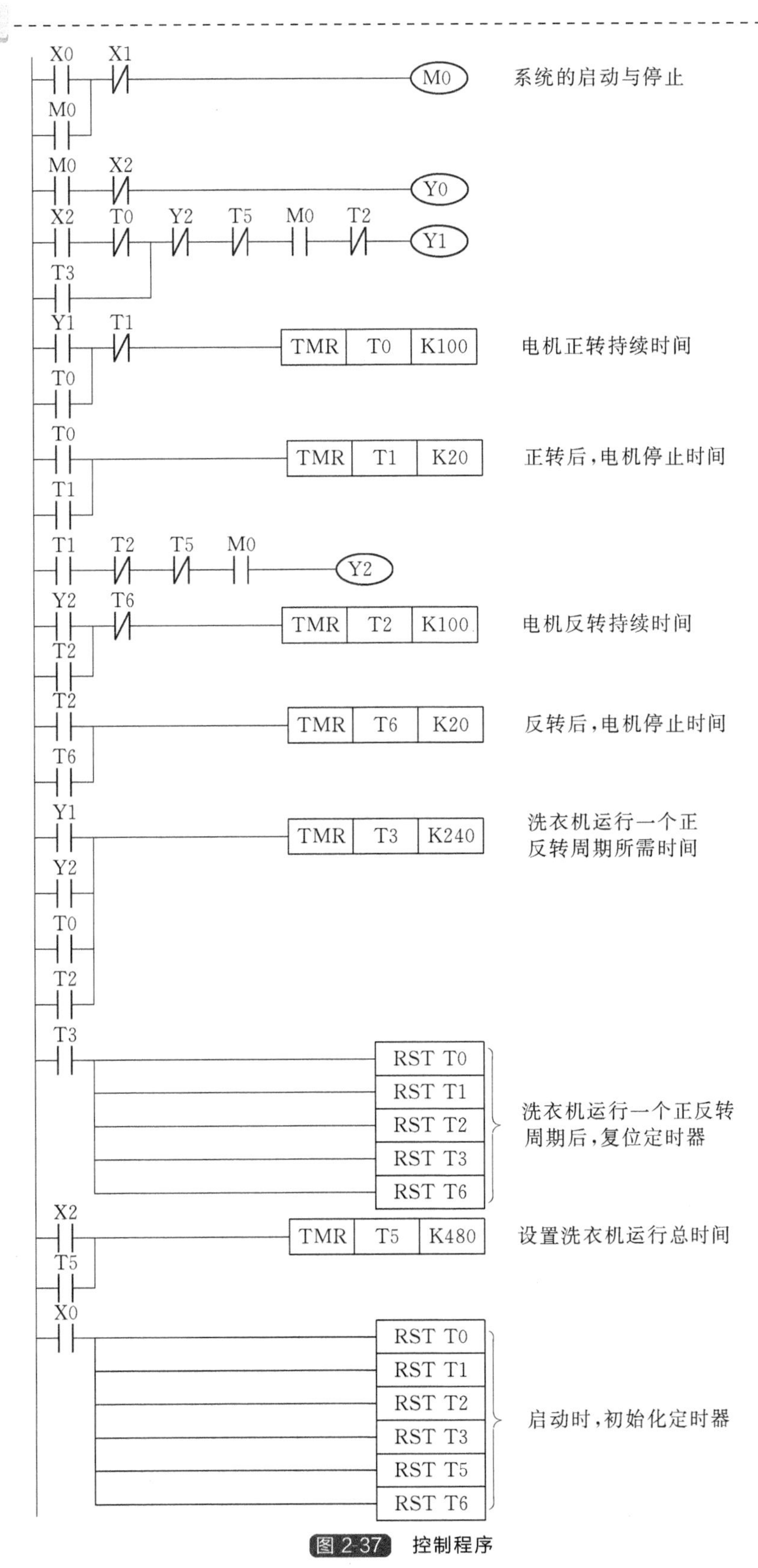

图 2-37 控制程序

程序说明

① 按下启动按钮 X0 时，X0=On，X1=Off，M0=On，洗衣机自动运行。此时，进水阀门 Y0=On，洗衣机开始进水。

② 当洗衣机内水位达到高水位后，X2=On，Y1=On，洗衣机电机正转运行，同时，进水阀门闭合。由于 Y1=On，则电机运行计时开始，经 10s 后，T0=On，Y1=Off，电机停止正转运行。同时，间歇计时开始，2s 后，T1=On，Y2=On，电机反转运行，同时反转计时开始，10s 后，T2=On，电机停止反转运行。同时，间歇计时开始，2s 后，T6=On，定时器 T2 失电，T3=On，RST 指令被执行，T0、T1、T2、T3、T6 被复位，且 Y1=On，洗衣机正转运行再次开始，并以此步骤循环运行。

③ 循环时间为用户自行设定的洗涤时间，梯形图中以 T5 中的时间表示，本案例假设为 48s。当洗衣机到达高水位后，开始计时，达到设定的时间后，T5=On，电机停转。

④ X0 既为启动开关，也为初始化开关，按下后，RST 指令被执行，T0、T1、T2、T3、T5、T6 被复位。

2.19 全自动洗衣机

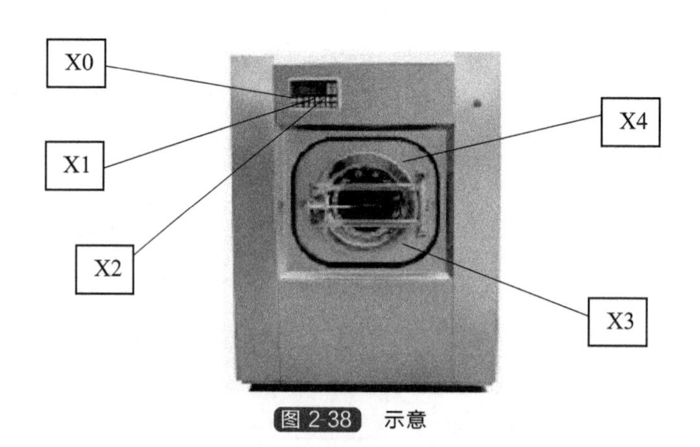

图 2-38 示意

控制要求

该种洗衣机的进水和排水分别由进水电磁阀和排水电磁阀来执行。进水时，通过电控系统使进水阀打开，经过水管将水注入洗衣机。排水时，通过电控系统使排水电磁阀打开，将水排出机外。洗涤正转、反转由洗涤电动机驱动波盘正、反转来实现。脱水时，通过电控系统将脱水电磁阀离合器合上，由电动机带动内桶正转进行甩干。高、低水位开关分别用来检测高、低水位。启动按钮用来启动洗衣机工作。停止按钮用来实现手动停止进水、排水、脱水。排水按钮用来实现手动排水。

PLC 投入运行，启动时开始进水，水位达到高水位时停止进水并开始洗涤正转。正转 20s 后暂停，暂停 3s 后开始反转洗涤，反转洗涤 20s 后暂停。3s 后若正、反转未满 3 次，则返回正转洗涤开始；若正反转满三次，则开始排水。水位下降到低水位时开始脱水并继续排水。脱水后即完成一次从进水到脱水的大循环过程。若未完成三次大循环，则返回从进水开始的全部动作，进行下一次大循环；若完成三次大循环，完成指示灯亮。

元件说明

表 2-20　元件说明

PLC 软元件	控制说明
X0	洗衣机启动和初始化按钮，按下启动按钮时，X0 状态由 Off→On
X1	洗衣机停止按钮，按下停止按钮时，X1 状态由 Off→On
X2	手动排水按钮，按下时，X2 状态由 Off→On
X3	低水位传感器，当水位到达低水位时，X3 的状态由 Off→On
X4	高水位传感器，当水位到达高水位时，X4 的状态由 Off→On
T0	计时 20s 定时器，时基为 100ms 的定时器
T1	计时 3s 定时器，时基为 100ms 的定时器
T2	计时 20s 定时器，时基为 100ms 的定时器
T3	计时 3s 定时器，时基为 100ms 的定时器
T4	计时 46s 定时器，时基为 100ms 的定时器
T6	计时 40s 定时器，时基为 100ms 的定时器
C5	16 位计数器
C6	16 位计数器
M0	内部辅助继电器
Y0	进水电磁阀
Y1	洗涤电机正转接触器
Y2	洗涤电机反转接触器
Y3	排水电磁阀
Y4	脱水电磁离合器
Y5	完成指示灯

控制程序

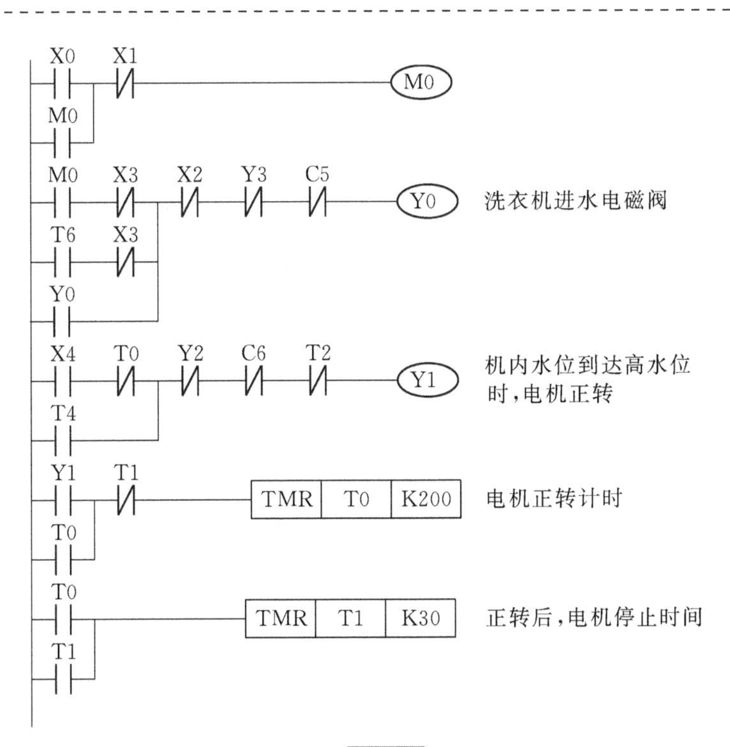

图 2-39

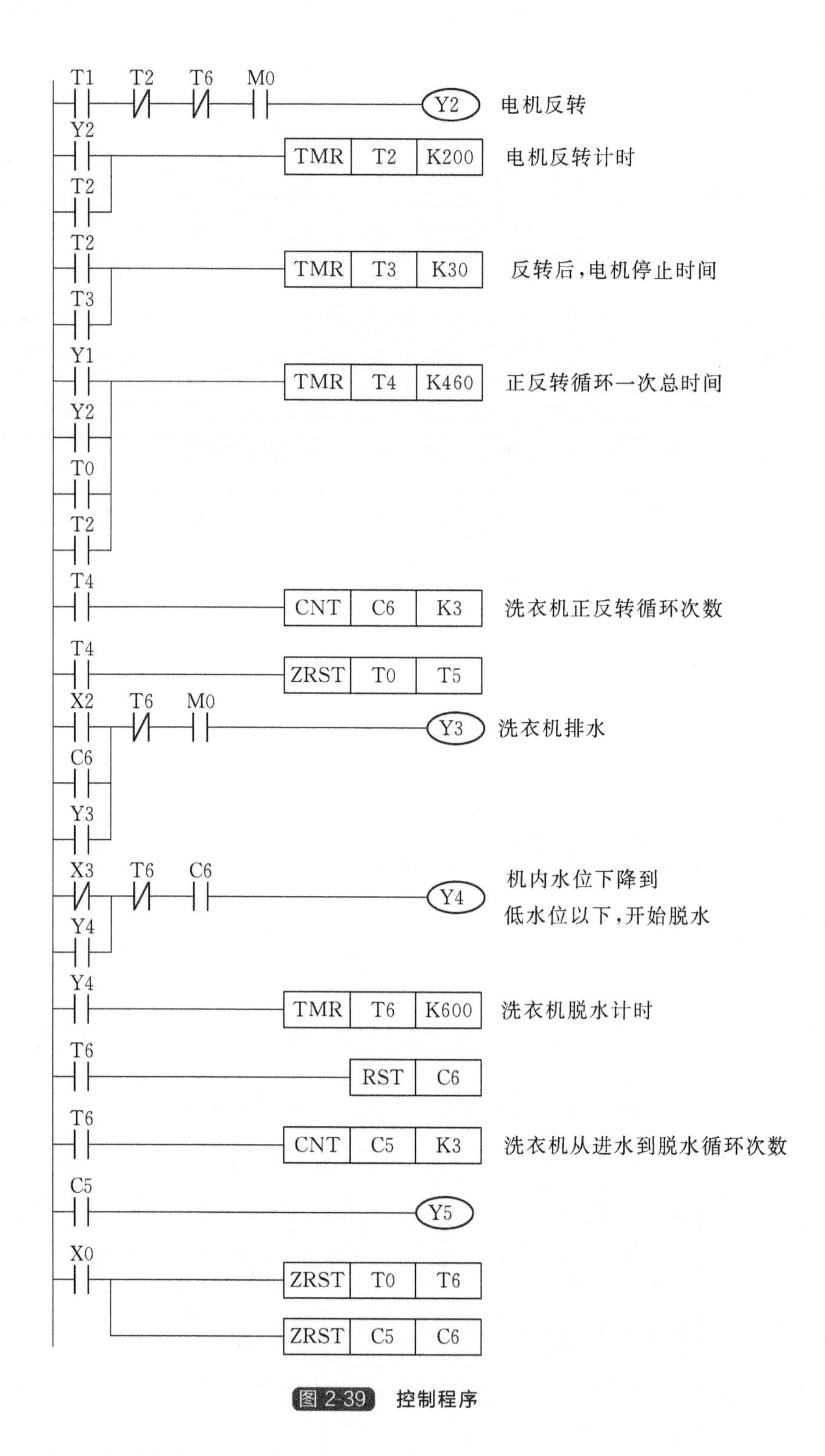

图 2-39 控制程序

程序说明

① 按下启动按钮 X0 时，X0＝On，M0＝On 并自锁，洗衣机开始运行。若洗衣机内水位低于低水位，此时，进水阀门 Y0＝On，洗衣机开始进水。

② 当洗衣机内水位达到高水位后，X4＝On，Y1＝On，洗衣机电机正转运行，正转计时开始，经 20s 后，T0＝On，Y1＝Off，电机停止正转运行。同时，间歇计时开始，3s 后，

T1＝On，Y2＝On，电机开始反转运行，反转计时开始，20s 后，T2＝On，Y2＝Off 电机停止反转运行。同时，间歇计时开始，3s 后，T3＝On，T4＝On，小循环计数器 C6 加 1，ZRST 指令被执行，T0、T1、T2、T3、T4、T5 被复位，且 Y1＝On，重复进行以上从正转洗涤开始的全部动作。直到 C6 计满 3 次时，小循环结束。

③ 当 C6 计满 3 次时，C6＝On，Y3＝On，排水电磁阀打开，开始排水。排水低于低水位时，X3＝On，Y4＝On，脱水电磁离合器闭合开始进行脱水，同时开始脱水计时（此时 Y3 仍得电，继续进行排水）脱水 40s 后，T6＝On，Y4＝Off，Y3＝Off，停止脱水和排水，大循环计数 C5 加 1。到此完成一次从进水到脱水的大循环过程。若未完成 3 次大循环，则返回从进水开始的全部动作（T6＝On，Y0＝On，进水电磁阀打开，开始进水）。

④ 若完成 3 次大循环，C5＝On，Y5＝On，完成指示灯亮。

⑤ X0 既为启动开关，也为初始化开关，按下后，RST 指令被执行，T0、T1、T2、T3、T5、T6 被复位。若洗衣中途出现故障，按下 X2 按钮可实现手动排水。

Chapter 03

第3章 程序设计常用指令示例

台达 PLC

3.1 特殊传送指令说明

控制要求

本案例属于原理说明，介绍 PLC 编程中常用到的传送指令家族，帮助读者学会运用这类指令。

3.1.1 数据传送指令 MOV/DMOV

元件说明

表 3-1 元件说明

PLC 软元件	控制说明
X0	16 位传送指令按钮,按下时,X0 的状态由 Off→On
X1	32 位传送指令按钮,按下时,X1 的状态由 Off→On

控制程序

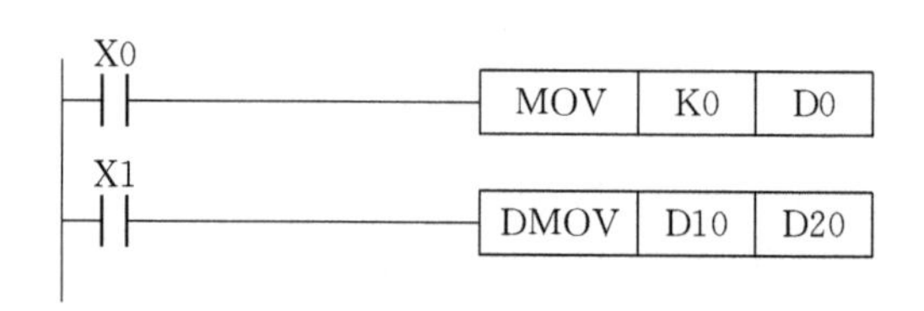

图 3-1 控制程序

程序说明

当按下 16 位传送指令按钮 X0 时，X0＝On，MOV 指令执行将 K0 传送到 D0 中，当按下 32 位传送指令按钮 X1 时，X1＝On，DMOV 指令执行，将 D10 传送到 D20 中。

3.1.2 反转传送指令 CML

元件说明

表 3-2 元件说明

PLC 软元件	控制说明
X0	反转传送指令按钮,按下时,X0 的状态由 Off→On

控制程序

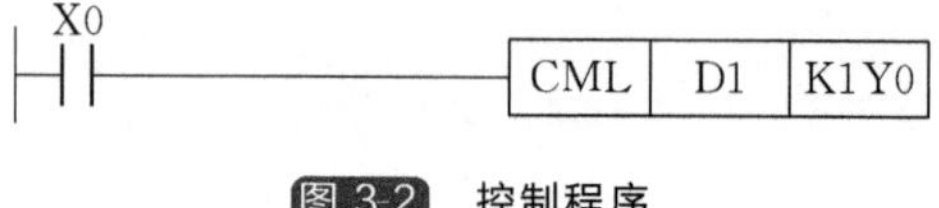

图 3-2 控制程序

程序说明

当按下反转传送指令按钮 X0 时，X0＝On，CML 指令执行将 D1 中 b0～b3 的内容反相后（即 0-1，1-0），传送到 Y0～Y3 中。

3.1.3 全部传送指令 BMOV

元件说明

表 3-3 元件说明

PLC 软元件	控制说明
X0	全部传送指令按钮，按下时，X0 的状态由 Off→On

控制程序

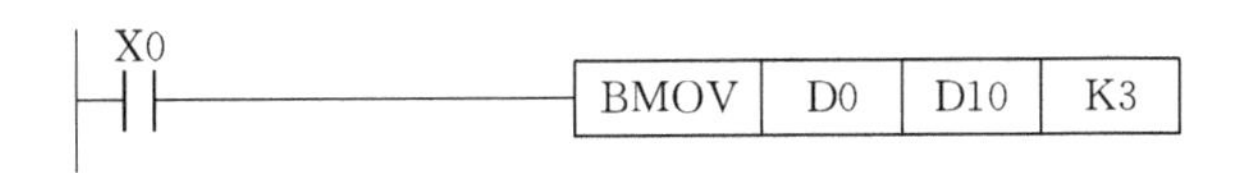

图 3-3 控制程序

程序说明

① 当按下全部传送指令按钮 X0 时，X0＝On，BMOV 指令执行将 D0～D2 这三个寄存器中的内容传送到 D10～D12 这三个目标寄存器中。

② 在全部传送中有两点需要注意。

a. 当参数设置为 D3-D2-K3，即源操作数起始地址大于目的操作数起始地址时，遵循按顺序传送的原则，D3 传送到 D2，D4 传送到 D3，D5 传送到 D4。

b. 当参数设置为源操作数起始地址小于目的操作数起始地址时，一般情况下应避免其编号相差为 1，如 D2-D3-K3，这样会导致执行后目的地址中的内容都变为源操作数起始地址中所存储的内容。

备注：全部传送 BMOV 指令使用说明 

BMOV	S	D	n

S：来源装置起始，类别可为：KnX，KnY，KnM，KnS，T，C，D。

D：目的地装置起始，类别可为：KnY，KnM，KnS，T，C，D。

n：传送区块长度，类别可为：K，H，T，C，D。

S 所指定的装置起始号码开始算 n 个寄存器的内容被传送至 D 所指定的装置起始号码开始算 n 个寄存器当中，如果 n 所指定点数超过该装置的使用范围时，只有有效范围被传送。

3.1.4 多点传送指令 FMOV

元件说明

表 3-4 元件说明

PLC 软元件	控制说明
X0	多点传送指令按钮，按下时，X0 的状态由 Off→On

控制程序

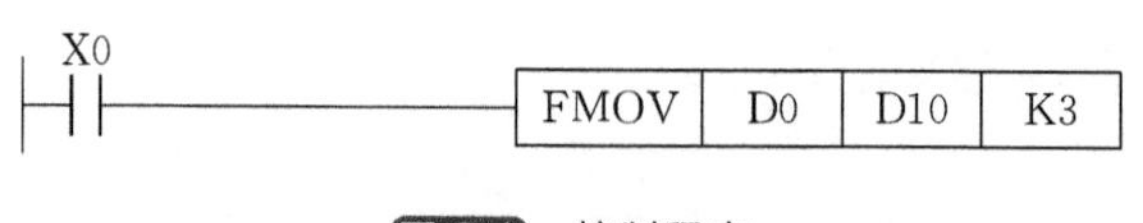

图3-4 控制程序

程序说明

① 当按下多点传送指令按钮 X0 时，X0=On，FMOV 指令执行将 D0 中的内容传送到 D10 起始的 3 个寄存器中。

② 若所指定的点数即 K 后的数字，超过有效范围时，只在有效范围内传送。

3.2 三角函数指令说明

控制要求

本案例属于原理说明，介绍 PLC 编程中会用到的浮点运算三角函数指令家族，帮助读者学会简单运用这类指令。

3.2.1 SIN 浮点运算指令

元件说明

表 3-5 元件说明

PLC 软元件	控制说明
X0	SIN 浮点运算指令按钮，按下时，X0 的状态由 Off→On

控制程序

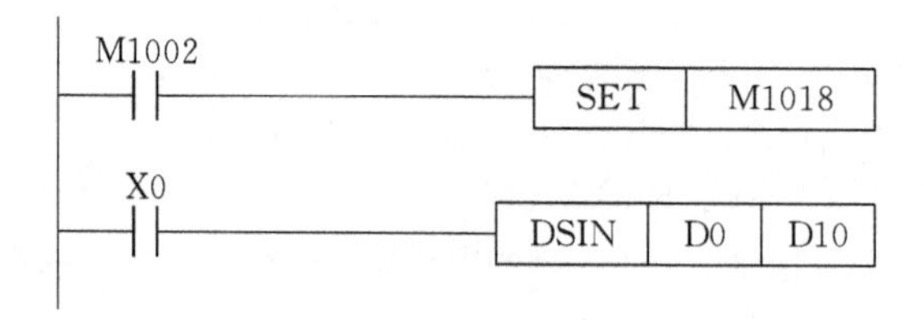

图3-5 控制程序

程序说明

① 在程序中规定辅助继电器 M1018 为弧度/角度使用标志，M1020 为零标志。当 M1018=On 时，为角度模式，角度范围为 0°≤角度≤360°；当 M1018=Off 时，为弧度模式。当计算结果为 0 时，M1020=On。

② 该程序中 M1018=On，此时为角度模式。当 X0=On 时，指定（D1，D0）中的角度值，求取 SIN 值后存于（D11，D10）中，内容为二进制浮点数。

3.2.2 COS浮点运算指令

元件说明

表 3-6 元件说明

PLC 软元件	控制说明
X0	COS 浮点运算指令按钮,按下时,X0 的状态由 Off→On

控制程序

M1002
RST M1018
X0
DCOS D0 D10

图 3-6 控制程序

程序说明

由于 M1018=Off，此时为弧度模式。当 X0=On 时，指定（D1，D0）中的弧度值，求取 COS 值后存于（D11，D10）中，内容为二进制浮点数。

3.2.3 TAN浮点运算指令

元件说明

表 3-7 元件说明

PLC 软元件	控制说明
X0	TAN 浮点运算按钮,按下时,X0 的状态由 Off→On

控制程序

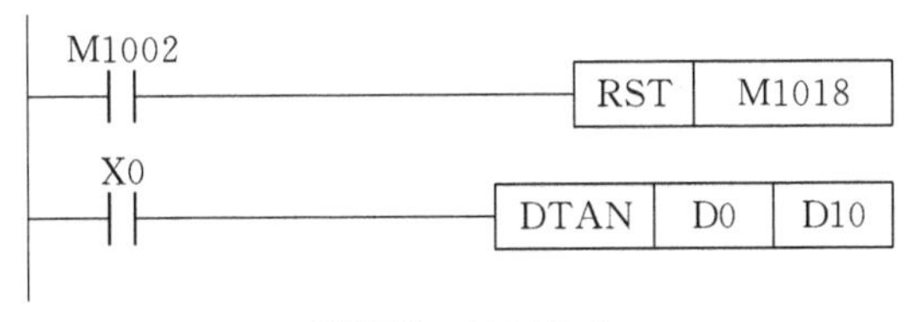

图 3-7 控制程序

程序说明

由于 M1018=Off，此时为弧度模式。当 X0=On 时，指定（D1，D0）中的弧度值，求取 TAN 值后存于（D11，D10）中，结果为二进制浮点数。

3.3 逻辑运算（与或非）指令说明

控制要求

本案例属于原理说明，介绍 PLC 编程中会用到的逻辑运算指令家族，帮助读者学会简单运用这类指令。

3.3.1 AND逻辑与指令

元件说明

表 3-8 元件说明

PLC 软元件	控制说明
X0	WAND16 位逻辑与运算指令按钮,按下时,X0 的状态由 Off→On
X1	DAND32 位逻辑与运算指令按钮,按下时,X1 的状态由 Off→On

控制程序

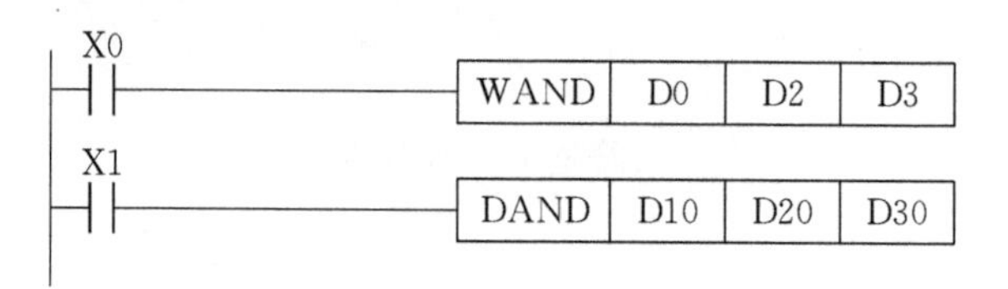

图 3-8 控制程序

程序说明

① 逻辑与的运算规则为两数中有一个为 0，结果便为 0；两数同为 1 时，结果为 1。

② 当 X0=On 时，WAND 指令执行，16 位寄存器 D0、D2 中的内容，做逻辑与运算，并将运算结果存于 D3 中。

③ 当 X1=On 时，DAND 指令执行，32 位寄存器（D11，D10）与（D21，D20）中的内容，做逻辑与运算，并将运算结果存于（D31，D30）中。

3.3.2 OR逻辑或指令

元件说明

表 3-9 元件说明

PLC 软元件	控制说明
X0	WOR16 位逻辑或运算指令按钮,按下时,X0 的状态由 Off→On
X1	DOR32 位逻辑或运算指令按钮,按下时,X1 的状态由 Off→On

控制程序

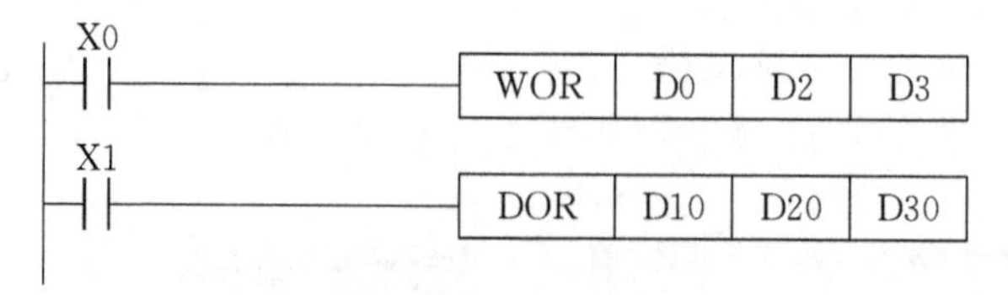

图 3-9 控制程序

程序说明

① 逻辑或的运算规则为两数中有一个为 1，结果为 1；两数同为 0，结果为 0。

② 当 X0=On 时，WOR 指令执行，16 位寄存器 D0、D2 中的内容，做逻辑或运算，并将运算结果存于 D3 中。

③ 当 X1=On 时，DOR 指令执行，32 位寄存器（D11，D10）与（D21，D20）中的内容，做逻辑或运算，并将运算结果存于（D31，D30）中。

3.3.3 XOR 异或指令

元件说明

表 3-10 元件说明

PLC 软元件	控制说明
X0	WXOR16 位逻辑异或运算按钮，按下时，X0 的状态由 Off→On
X1	DXOR32 位逻辑异或运算按钮，按下时，X1 的状态由 Off→On

控制程序

X0
WXOR D0 D2 D3
X1
DXOR D10 D20 D30

图 3-10 控制程序

程序说明

① 逻辑异或的运算规则为两数相同，结果为 0；两数不同，结果为 1。

② 当 X0=On 时，WXOR 指令执行，16 位寄存器 D0、D2 中的内容，做逻辑异或运算，并将运算结果存于 D3 中。

③ 当 X1=On 时，DXOR 指令执行，32 位寄存器（D11，D10）与（D21，D20）中的内容，做逻辑异或运算，并将运算结果存于（D31，D30）中。

3.3.4 NEG 求补码指令

元件说明

表 3-11 元件说明

PLC 软元件	控制说明
X0	NEG 求补码运算按钮，按下时，X0 的状态由 Off→On

控制程序

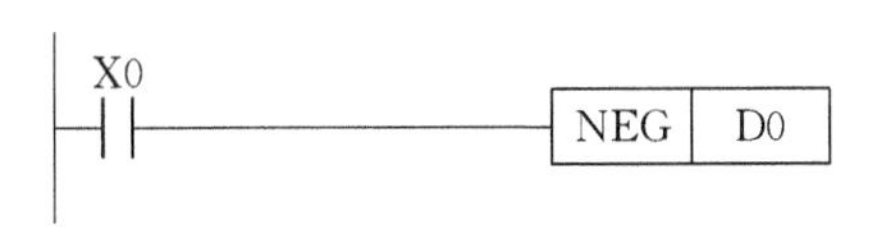

图 3-11 控制程序

程序说明

当 X0=On 时，NEG 指令执行，16 位寄存器 D0 中的内容的每一位全部反相后（1→0，0→1），结果再加 1，最终运算结果存于 D0 中。

3.4 条件启动

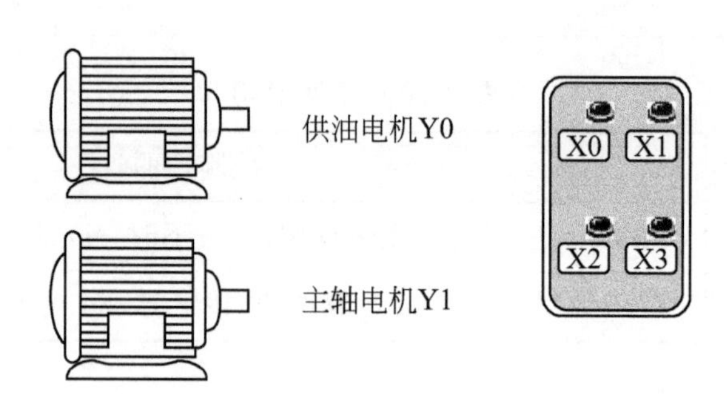

图 3-12 示意

控制要求

车床主轴转动时要求先给齿轮箱供润滑油，即保证供油电机启动后才允许启动主轴电机。

元件说明

表 3-12 元件说明

PLC 软元件	控制说明
X0	供油电机启动按钮，按下时，X0 状态为由 Off→On
X1	主轴电机启动按钮，按下时，X1 状态为由 Off→On
X2	供油电机停止按钮，按下时，X2 状态为由 Off→On
X3	主轴电机停止按钮，按下时，X3 状态为由 Off→On
Y0	供油电机
Y1	主轴电机

控制程序

```
   X0     X2
|--| |--+--|/|-------------------------( Y0 )
|  Y0   |
|--| |--+
|  X1     X3     Y0
|--| |--+--|/|----| |------------------( Y1 )
|  Y1   |
|--| |--+
|
```

图 3-13 控制程序

程序说明

① 按下供油电机启动按钮时，Y0=On，供油泵启动，开始给齿轮箱供润滑油。

② 在供油电机启动的前提下，按下主轴电机启动按钮时，Y1=On，主轴电机启动。

③ 主轴电机 Y1 运行过程中，供油电机 Y0 要持续地给主轴电机 Y1 提供润滑油。

④ 按下供油电机停止按钮 X2 时，X2=On，Y0=Off，停止供油。

按下主轴电机停止按钮 X3 时，X3=On，Y1=Off，主轴电机停止。

3.5 程序跳转

控制要求

当条件 X0 执行时，直接跳过一些程序后继续执行，当条件 X0 不执行时，程序按顺序进行。

元件说明

表 3-13 元件说明

PLC 软元件	控制说明
X0	条件转移按钮,按下时,X0 状态由 Off→On
X1	按钮,按下时,X1 状态由 Off→On
X2	按钮,按下时,X2 状态由 Off→On
Y1	指示灯 1 点亮
Y2	指示灯 2 点亮

控制程序

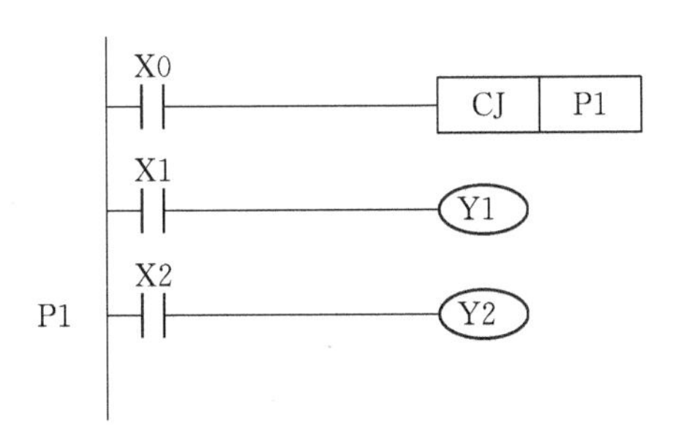

图 3-14 控制程序

程序说明

① 按下跳转按钮时，X0=On，程序跳转到 P1 处继续向下执行，按下按钮 X2，X2=On，指示灯 Y2=On 点亮。

② 未按下跳转按钮时，X0=Off，程序按顺序向下执行，按下按钮 X1，X1=On，指示灯 Y1=On 点亮。

备注：条件转移 CJ 指令使用说明 

CJ	S

S：条件跳转目的指针，类别可为 P。

当使用者希望 PLC 程序中的某一部分不需要执行，以缩短扫描周期时，以及使用于双重输出时，可使用 CJ 或 CJP 指令。

若指针 P 所指的程序在 CJ 指令之前，需注意会发生 WDT 逾时错误，PLC 停止运转，请注意使用。

CJ 指令可重复指定同一指针 P，但 CJ 与 CALL 不可指定同一指针 P，否则会产生错误。

3.6 呼叫子程序

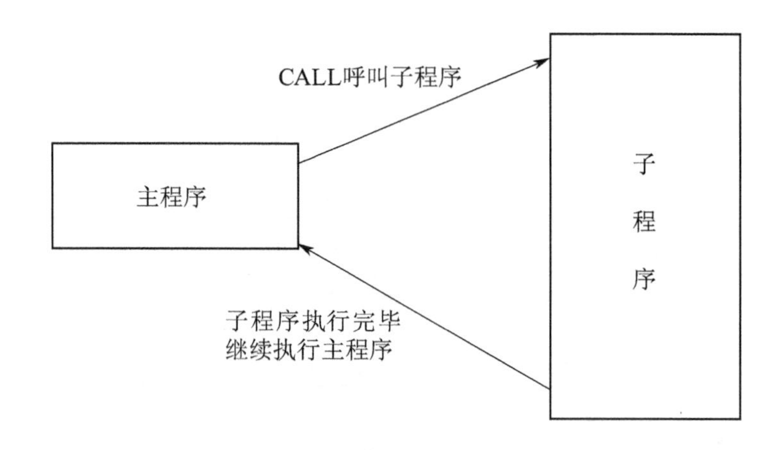

图 3-15 示意

控制要求

本案例介绍 CALL 呼叫子程序命令，主程序执行过程中呼叫子程序，直到子程序执行完毕后返回继续执行主程序。

元件说明

表 3-14 元件说明

PLC 软元件	控制说明
X0	呼叫子程序启动按钮，按下时，X0 状态由 Off→On
X1	启动按钮，按下启动时，X1 状态由 Off→On
X2	启动按钮，按下启动时，X2 状态由 Off→On
Y0	指示灯 1
Y1	指示灯 2

控制程序

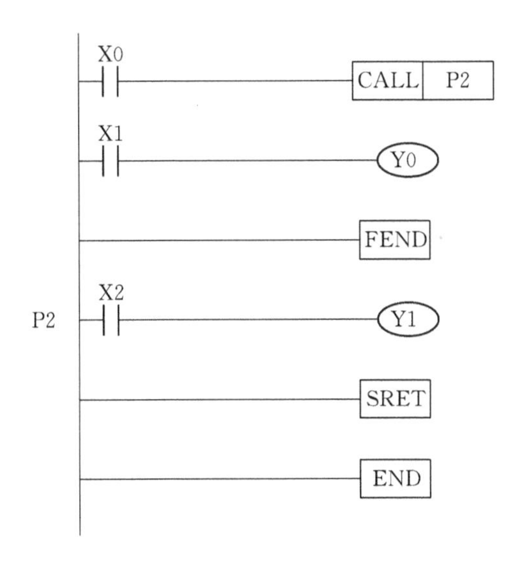

图 3-16 控制程序

程序说明

① 按下启动按钮 X0 时，X0＝On，程序跳转到 P2 处。

② 按下启动按钮 X2 时，X2＝On，Y1＝On，指示灯 2 点亮。

③ 未按下启动按钮 X0 时，X0＝Off，此时按下按钮 X1，X1＝On，Y0＝On，指示灯 1 点亮。

3.7 逾时监视定时器

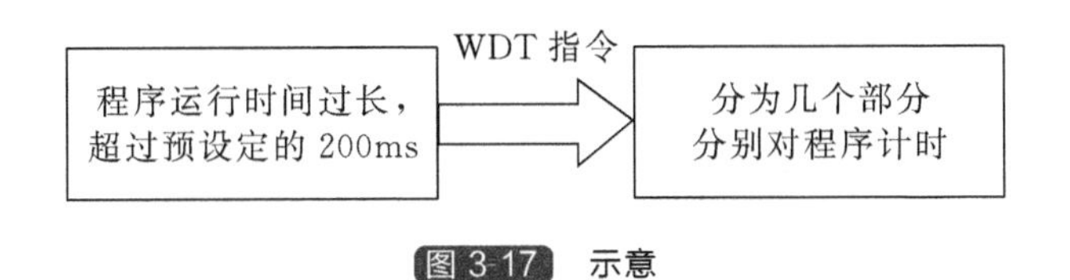

图 3-17 示意

控制要求

当 PLC 的扫描（由地址 0 至 END 或 FEND 指令执行时间）超过 200ms 时，PLC ERROR 的指示灯会亮，现应用 WDT 指令清除 PLC 中监视定时器的计时时间。

元件说明

表 3-15 元件说明

PLC 软元件	控制说明
X0	WDT 启动按钮,按下时,X0 状态由 Off→On

控制程序

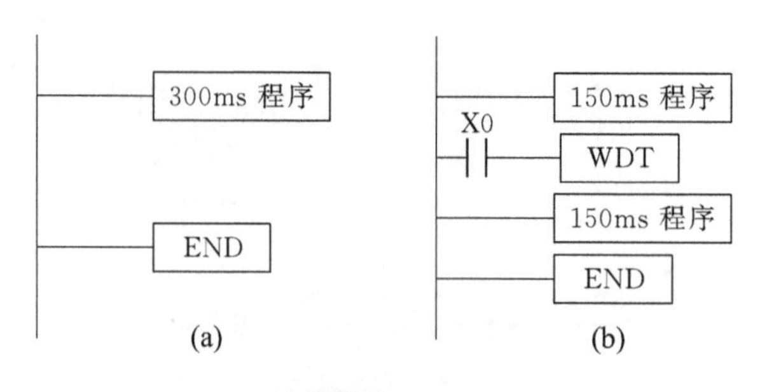

图 3-18 控制程序

程序说明

① 本案例说明逾时监视定时器 WDT 用法。按下 X0，X0＝On，WDT 指令执行清除 PLC 中监视定时器的计时时间。

② WDT 指令介绍：WDT 指令可用来清除 PLC 中监视定时器的计时时间。当 PLC 的扫描（由地址 0 至 END 或 FEND 指令执行时间）超过 200ms 时，如图 3-18(a) 所示，PLC ERROR 的指示灯会亮，使用者必须将 PLC 电源 Off 再 On，PLC 会依据 RUN/STOP 开关来判断 RUN/STOP 状态，若无 RUN/STOP 开关，则 PLC 会自动回到 STOP 状态。

③ 超时监视定时器动作的情况：

a. PLC 系统发生异常。

b. 程序执行时间太长，造成扫描周期大于 D1000 的内容值。此时，有两种方法进行调整：

ⓐ 使用 WDT 指令如图 3-18(b) 所示，将图 3-18(a) 中的程序分割为两部分，并在中间放入 WDT 指令，使得前一半和后一半程序都在 200ms 以下。

ⓑ 可对 D1000（出厂设定值为 200ms）的设定值进行改变实现变更逾时监视时间。

3.8 区域比较指令

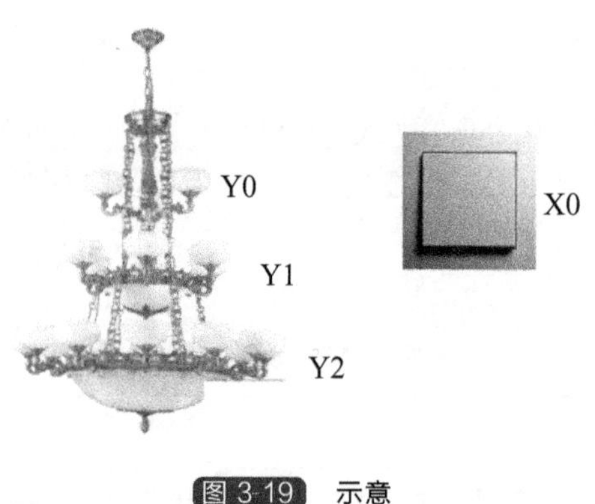

图 3-19 示意

控制要求

本案例应用区域比较指令，实现在不同情况下时亮不同灯的目的。

元件说明

表 3-16　元件说明

PLC 软元件	控制说明
X0	开关，按下时，X0 状态由 Off→On
Y0	灯 1
Y1	灯 2
Y2	灯 3
M0～M2	内部辅助继电器

控制程序

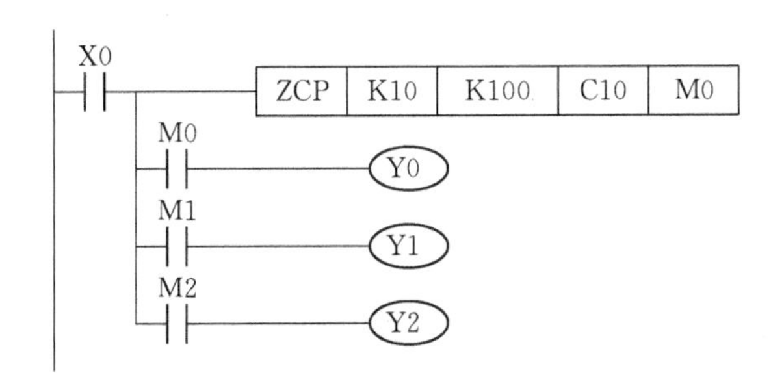

图 3-20　控制程序

程序说明

① 本案例讲区域比较指令的用法。按下 X0 开关，X0=On，比较指令启动。

② 当 C10＜K10 时，M0=On，Y0=On；当 K10≤C10≤K100 时，M1=On，Y1=On；当 C10＞K100 时，M2=On，Y2=On。

备注：ZCP　区间比较指令介绍 

ZCP	S1	S2	D

S1：区间比较下限值，类别可为 K，H，KnX，KnY，KnM，KnS，T，C，D，E，F。

S2：区间比较上限值，类别可为 K，H，KnX，KnY，KnM，KnS，T，C，D，E，F。

D：比较结果，类别可为 Y，M，S。

① 比较值 S 与下限 S1 及上限 S2 作比较，其比较结果在 D 作表示。

② 当下限 S1＞上限 S2 时，则指令以下限 S1 作为上下限值进行比较。

③ 大小比较以代数来进行，全部的数据以有符号数二进制数值来作比较。因此 16 位指令，b15 为 1 时，表示为负数，32 位指令，则 b31 为 1 时，表示为负数。

3.9 加减乘除四则运算的使用

控制要求

PLC 可通过一些指令进行简单的运算，本案例介绍十进制加减乘除四则运算指令的使用。

元件说明

表 3-17 元件说明

PLC 软元件	控制说明
X0	16 位加法启动按钮，按下时，X0 状态由 Off→On
X1	32 位加法启动按钮，按下时，X1 状态由 Off→On
X2	16 位减法启动按钮，按下时，X2 状态由 Off→On
X3	32 位减法启动按钮，按下时，X3 状态由 Off→On
X4	乘法启动按钮，按下时，X4 状态由 Off→On
X5	除法启动按钮，按下时，X5 状态由 Off→On

控制程序

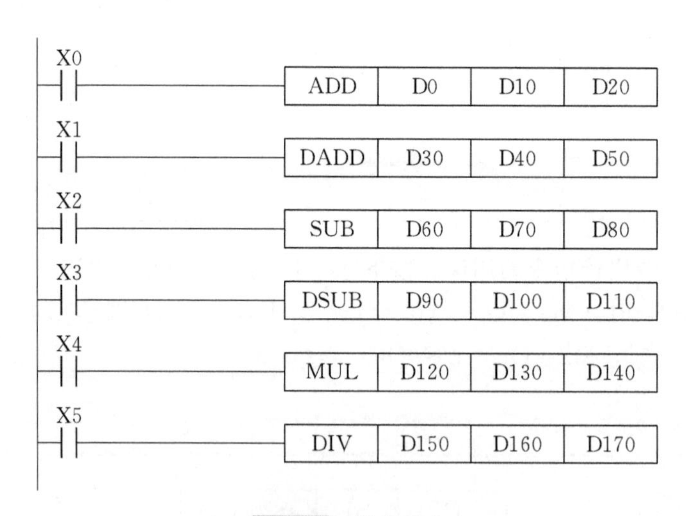

图 3-21 控制程序

程序说明

① 16 位 BIN 加法：当 X0＝On 时，被加数 D0 内容加上加数 D10 的内容将结果存在 D20 的内容当中。

② 32 位 BIN 加法：当 X1＝On 时，被加数（D31、D30）内容加上加数（D41、D40）的内容将结果存在（D51、D50）中。其中 D30、D40、D50 为低 16 位数据，D31、D41、D51 为高 16 位数据。

③ 16 位 BIN 减法：当 X2＝On 时，将 D60 内容减掉 D70 内容将差存在 D80 的内容中。

④ 32 位 BIN 减法：当 X3＝On 时，（D91、D90）内容减掉（D101、D100）的内容将差存在（D111、D110）中。其中 D90、D100、D110 为低 16 位数据，D91、D101、D111 为高 16 位数据。

⑤ 当 X4＝On 时，16 位 D120 乘上 16 位 D130 其结果是 32 位之积，上 16 位存于 D141，下 16 位存于 D140 内，结果的正负由最左边位 Off/On 来代表正或负值。

⑥ 当 X5＝On 时，16 位 D150 除以 16 位 D160 其结果为 32 位，上 16 位存于 D171，下 16 位存于 D170 内，结果的正负由最左边位的 Off/On 来代表正或负值。

备注： BIN 加法 ADD 指令使用说明 

ADD	S1	S2	D

S1：被加数，类别可为 K，H，KnX，KnY，KnM，KnS，T，C，D，E，F。

S2：加数，类别可为 K，H，KnX，KnY，KnM，KnS，T，C，D，E，F。

D：和，类别可为 KnY，KnM，KnS，T，C，D，E，F。

① 将两个数据源 S_1 及 S_2 以 BIN 方式相加，结果存于 D。

② 各数据的最高位位为符号位 0 表（正）/ 1 表（负），因此可做代数加法运算。例如：3＋(－9)＝－6。

3.10 中断程序说明

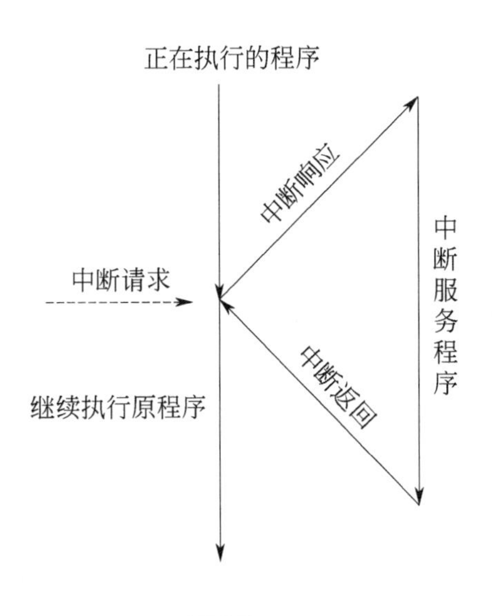

图 3-22 示意

控制要求

本案例介绍中断程序的应用，即在运行主程序时，传来一个中断请求，先去执行中断程序，中断程序执行完后，返回执行系统原程序。

元件说明

表 3-18 元件说明

PLC 软元件	控制说明
X0	启动按钮,按下时,X0 状态由 Off→On
X1	中断启动按钮,按下时,X1 状态由 Off→On
Y0	主程序指示灯
Y1	中断程序指示灯

控制程序

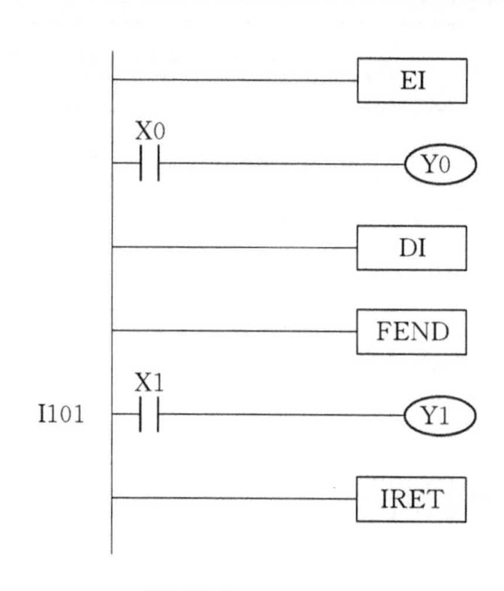

图 3-23 控制程序

程序说明

PLC 运行中，当程序扫描到 EI 命令和 DI 命令间，若 X1＝On 时，则执行中断服务程序 I101，而当执行至 IRET 时，则返回主程序。

3.11 水管流量精确计算

控制要求

水管直径以 mm 为单位，水的流速以 dm/s 为单位，水流量以 cm^3/s 为单位。水管横截面积$=\pi r^2=\pi(d/2)^2$，水流量＝水管横截面积×流速。要求水流量的计算结果精确到小数后的第 2 位。

元件说明

表 3-19 元件说明

PLC 软元件	控制说明
X0	启动计算按钮,按下时,X0 状态由 Off→On

控制程序

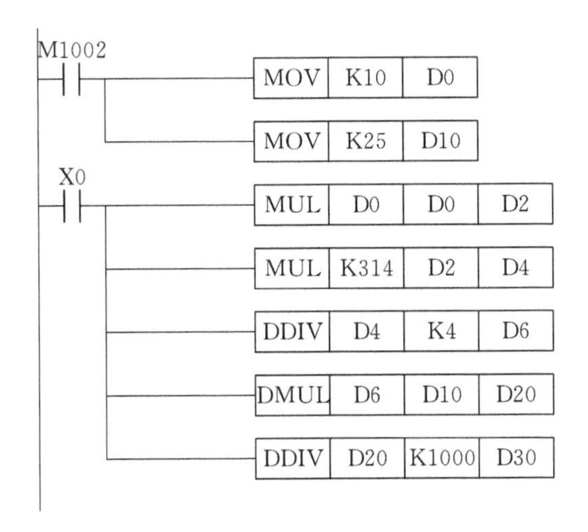

图 3-24 控制程序

程序说明

① 计算水管横截面积时需要用到 π，π≈3.14，在程序中没有将 dm/s（分米/秒）扩大 100 倍，变成 mm 单位，而却把 π 扩大了 100 倍，变为 K314，这样做的目的可以使运算精确到小数后 2 位。

② 最后将运算结果 mm^3/s 除以 1000 变成 cm^3/s。

③ 假设水管直径 D0 为 10mm，水流速 D10 为 25dm/s，则水管水流量运算结果为 $196cm^3/s$。

3.12 整数与浮点数混合的四则运算在流水线中的应用

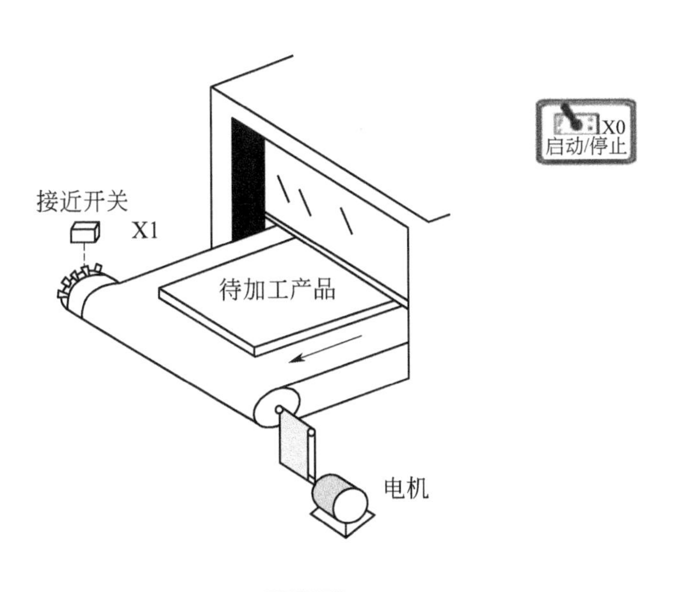

图 3-25 示意

控制要求

基于 PLC 的流水线作业的时间控制通常应用整数与浮点混合运算，本例将详细讲述如何应用整数与浮点混合运算计算时间。

流水线作业中，生产管理人员需要对流水线的速度进行实时监控，流水线正常运行目标速度为 1.8m/s。

电动机与多齿凸轮同轴传动，凸轮上有 10 个凸齿，电动机每旋转一周，接近开关接收到 10 个脉冲信号，流水线前进 0.325m。电机转速（r/min）＝每分钟内测得的脉冲数目/10，流水线速度＝电动机每秒旋转圈数×0.325＝(电动机转速/60)×0.325。

流水线速度低于 0.8m/s 时，速度偏低灯亮；当流水线速度在 0.8～1.8m/s 之间时，速度正常灯亮；当流水线速度高于 1.8m/s 时，速度偏高灯亮。

元件说明

表 3-20　元件说明

PLC 软元件	控制说明
X0	脉冲频率检测启动按钮，按下时，X0 状态由 Off→On
X1	接近开关，产品接近时，X1 状态由 Off→On
M0	内部辅助继电器，电机控制 0
M1	内部辅助继电器，电机控制 1
M2	内部辅助继电器，电机控制 2
D0	接近开关的脉冲频率
D50	流水线当前速度

控制程序

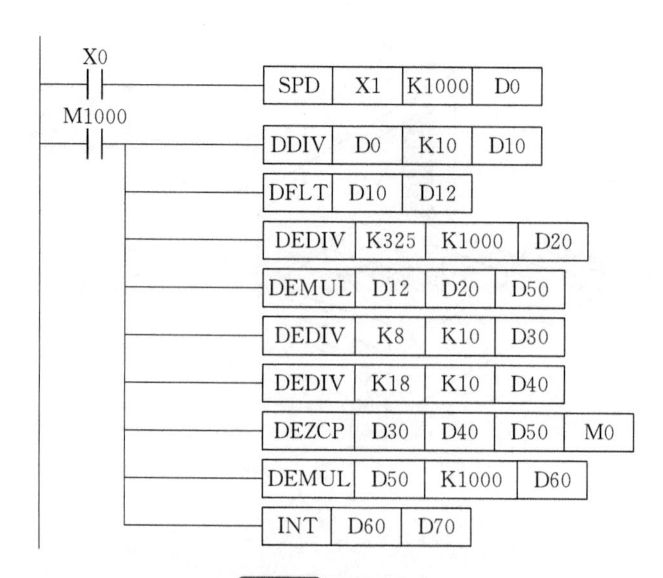

图 3-26　控制程序

程序说明

① 当按下启动按钮 X0 时，X0＝On，利用 SPD 指令测得的接近开关的脉冲频率（D0）来计算出电机的转速。

电机转速(r/min)＝每分钟内测得的脉冲数目/10＝(脉冲频率×60)/10＝(D0×60)/10。

② 利用测得的频率 D0 计算出流水线速度：

$$v=\frac{N}{60}\times 0.325=\frac{\text{D0}\times 60/10}{60}\times 0.325=\frac{\text{D0}}{10}\times 0.325(\text{m/s})$$

式中，v 为流水线速度，m/s；N 为电机转速，r/min；D0 为脉冲频率。

假设 SPD 指令测得的脉冲频率 D0＝K50，则根据上式可计算出流水线速度为 1.625m/s。

③ 计算流水线当前速度时运算参数含有小数点，所以需用二进制浮点数运算指令来实现。

④ 通过 DEZCP 指令来判断流水线当前速度与上下限速度的关系，判断结果反应在M0～M2。

⑤ 程序中计算流水线速度涉及到整型数和浮点型数的混合运算，在执行二进制浮点数运算指令之前，各运算参数均需转换成二进制浮点数，若不是，需用 FLT 指令转换，然后才能用二进制浮点数指令进行运算。

⑥ 程序最后将当前速度扩大 1000 倍后再取整，目的是方便监控。

Chapter
04

第4章 三相异步电动机控制PLC 程序设计案例

台达
PLC

4.1 三相异步电动机的点动控制

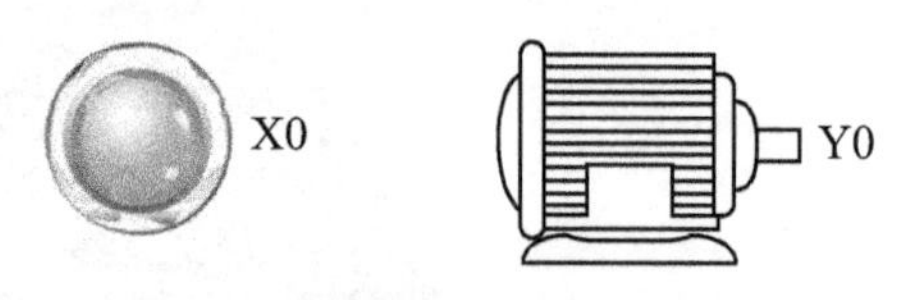

图 4-1 示意

控制要求

当按下按钮时，电机转动；松开按钮，电机停转。

元件说明

表 4-1 元件说明

PLC 软元件	控制说明
X0	按钮，按下时，X0 状态由 Off→On
Y0	电机（接触器）

控制程序

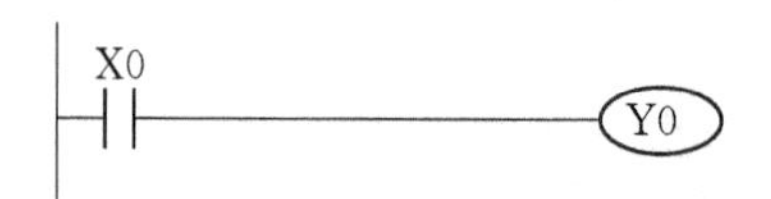

图 4-2 控制程序

程序说明

当按下按钮时，X0 处导通，Y0 得电（即接触器线圈得电，接触器主触点闭合），电机得电启动运转。

松开按钮时，X0 处不导通，Y0 失电（即接触器线圈失电，接触器主触点断开），电机失电停止运转。

备注：

◆点动控制多用于机床刀架、横梁、立柱等快速移动和机床对刀等场合。

◆在常态（不通电）的情况下处于断开状态的触点叫常开触点。在常态（不通电、无电流流过）的情况下处于闭合状态的触点叫常闭触点。

◆在读 PLC 梯形图时，看到常开接点或常闭接点，当按钮（在 PLC 外部接线式，通常接实际按钮的常开触点）状态为 On 时，梯行图中常开接点闭合（导通），梯行图中常闭接点断开（不导通）。如当 X0＝On 时，梯形图中 X0 常开接点闭合，X0 常闭接点断开。

◆Y0 也可以是电磁阀、灯等其他设备。

4.2 三相异步电动机的连续控制

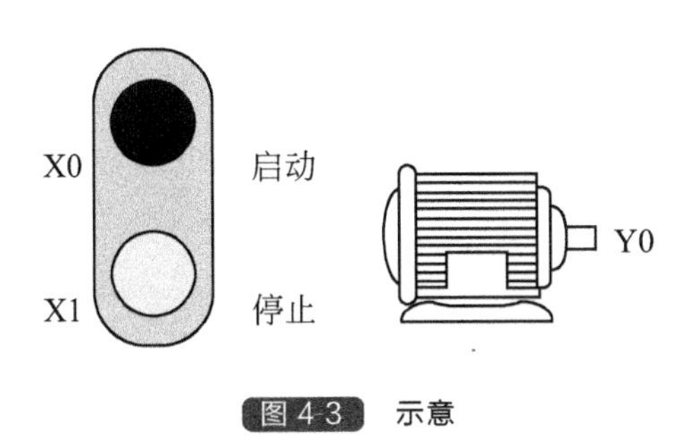

图 4-3 示意

控制要求

当按下启动按钮时，电动机开始运转，松开启动按钮后电机仍保持运转状态。

当按下停止按钮时，电动机停止运转。

元件说明

表 4-2 元件说明

PLC 软元件	控制说明
X0	按下启动时,X0 状态由 Off→On
X1	按下停止时,X1 状态由 Off→On
Y0	电机(接触器)

控制程序

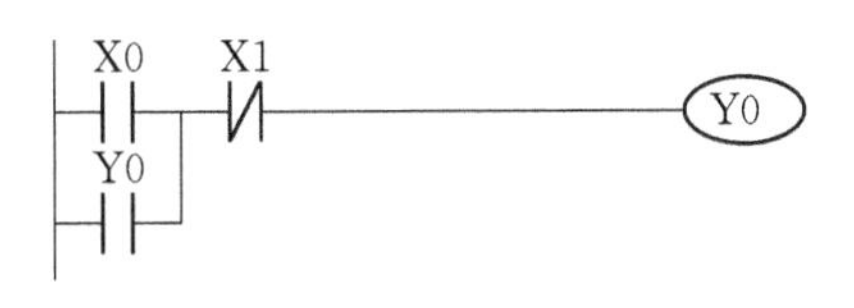

图 4-4 控制程序

程序说明

① 按下启动按钮，X0=On，X1=Off，Y0=On 并保持，电动机开始运转。与 X0 并联的常开接点闭合，保证 Y0 持续得电，这就相当于继电控制线路中的自锁。松开启动按钮后，由于自锁的作用，电机仍保持运转状态。

② 按下停止按钮时，X1=On，X1 常闭处断开，电机失电停止运转。

③ 要想再次启动，重复步骤①。

4.3 三相异步电动机点动、连续混合控制

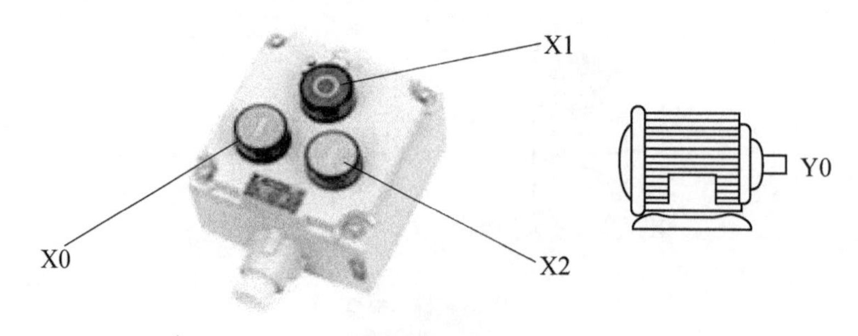

图 4-5 示意

控制要求

① 当按下 X0 时，电动机启动运转，松开时，电动机保持运转状态。
② 当按下 X1 时，电动机停止运转。
③ 当按下 X2 时，电动机运转（无论此前处于何状态），松开时，电动机停止运转。

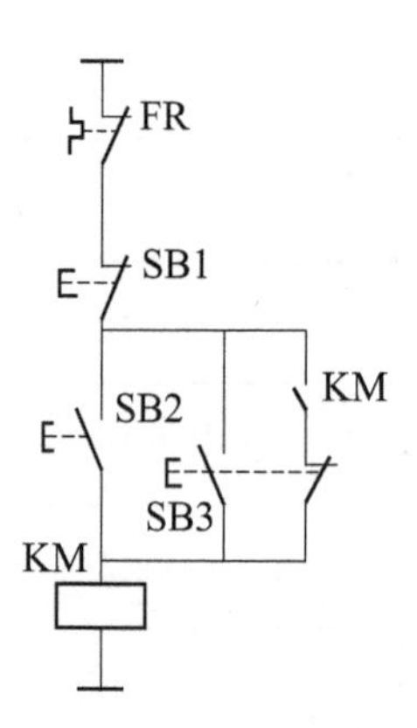

图 4-6 点动连续混合控制继电控制线路

4.3.1 一般编程

图 4-6 为较常用的三相异步电动机的点动、连续混合控制继电控制线路，其中 SB2 为电机连续运行启动按钮，SB3 为电机点动运行启动按钮，SB1 为电机连续运行停止按钮。

元件说明

表 4-3 元件说明

PLC 软元件	控制说明
X0	启动按钮，按下时，X0 状态由 Off→On
X1	停止按钮，按下时，X1 状态由 Off→On
X2	点动按钮，按下时，X2 状态由 Off→On
Y0	电机(接触器)

控制程序

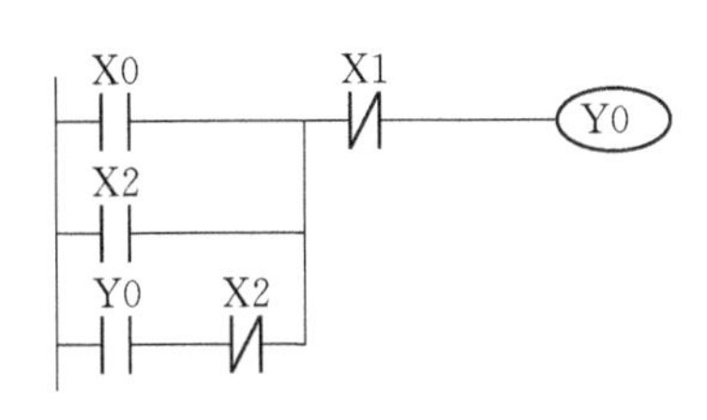

图 4-7 控制程序

程序说明

按照图 4-6 原理很容易编写出图 4-7 所示 PLC 程序。按常规分析图 4-7 应该能实现点动连续混合控制，但实际运行结果如何呢？程序分析及实际运行结果如下。

① 按下 X0 按钮，X0=On，Y0=On 并保持，电动机启动运转，松开时仍然保持运转状态。实现了连续运行的控制。

② 按下 X1 按钮，X1=On，Y0=Off，电动机停止运转，停止功能实现。

③ 按下 X2 按钮，无论电动机处于何种状态都将运转；松开 X2 按钮，电动机没有停止运转，反而继续运转，即 X2 没有实现点动控制，实现的是连续控制。原因在于没有有效破坏自锁。

④ 也就是说图 4-7 程序不能完成点动控制。

4.3.2 改进方案 1

元件说明

表 4-4 元件说明

PLC 软元件	控制说明
X0	连续启动按钮:按下时,X0 状态由 Off→On
X1	停止按钮:按下时,X1 状态由 Off→On
X2	点动按钮:按下时,X2 状态由 Off→On
T127	计时 0.001 s 定时器,时基为 1ms 的定时器
Y0	电机(接触器)

控制程序

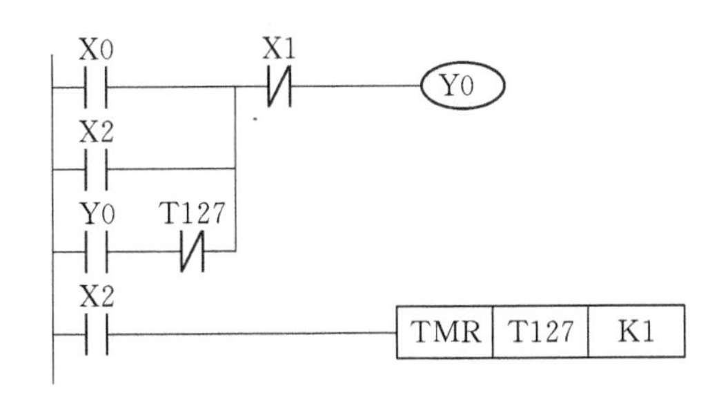

图 4-8 控制程序

程序说明

① 按下 X0 按钮，X0＝On，Y0＝On 并保持，电动机启动连续运转，松开时仍然保持运转状态。

② 按下 X1 按钮，X1＝On，X1 常闭接点断开，Y0＝Off，电动机停止运转。

③ 按下 X2 按钮，无论电动机处于何种状态都将运转；松开 X2 按钮，电动机停止运转。

④ 按下 X2 按钮 0.001s（T127 延时）后，计时时间到 T127 常闭接点断开，有效地破坏了自锁电路，形成了点动控制效果。

4.3.3 改进方案 2

元件说明

表 4-5 元件说明

PLC 软元件	控制说明
X0	启动按钮:按下时,X0 状态由 Off→On
X1	停止按钮:按下时,X1 状态由 Off→On
X2	点动按钮:按下时,X2 状态由 Off→On;松开时,X2 状态由 On→Off
M0	内部辅助继电器
Y0	电机(接触器)

控制程序

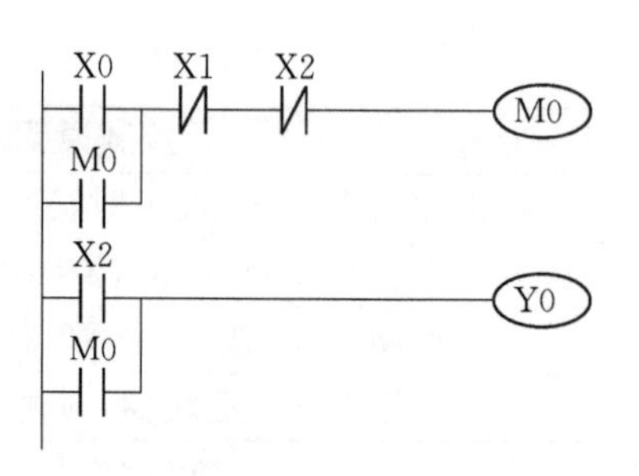

图 4-9 控制程序

程序说明

① 按下 X0 按钮，X0＝On，M0＝On 并保持，Y0＝On，电动机启动运转，松开时仍然保持运转状态。

② 按下 X1 按钮，X1＝On，X1 常闭接点断开，M0＝Off，Y0＝Off，电动机停止运转。

③ 按下 X2 按钮，X2 状态由 Off→On ，其常开接点闭合，Y0＝On，常闭接点断开确保辅助继电器 M0 不得电，实现了无论电动机之前处于何种状态都将运转的效果；松开 X2 按钮，Y0＝Off，电动机停止运转。实现了点动控制效果。

4.4 两地控制的三相异步电动机连续控制

图 4-10 示意

控制要求

甲、乙两地均可控制电机的启动与停止：

按下按钮 X0，电机启动运转；按下 X2 按钮，电机停止运转。

按下按钮 X1，电机启动运转；按下 X3 按钮，电机停止运转。

元件说明

表 4-6 元件说明

PLC 软元件	控制说明
X0	甲地启动按钮,按下时,X0 状态由 Off→On
X1	乙地启动按钮,按下时,X1 状态由 Off→On
X2	甲地停止按钮,按下时,X2 状态由 Off→On;X2 常闭接点断开
X3	乙地停止按钮,按下时,X3 状态由 Off→On;X3 常闭接点断开
Y0	电机(接触器)

控制程序

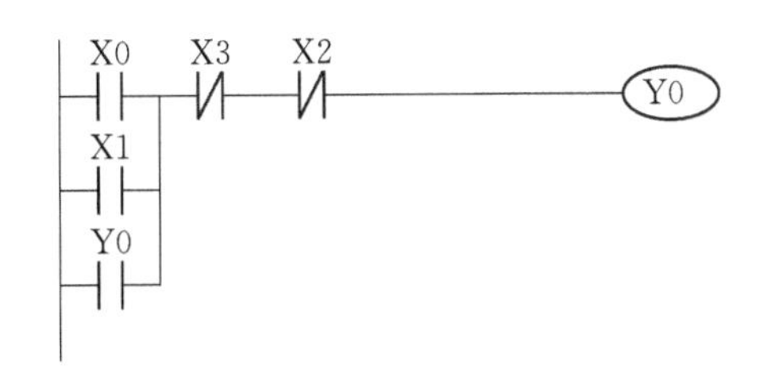

图 4-11 控制程序

程序说明

在甲、乙两地都可以控制电机运转：

① 按下 X0 时，X0 处导通，即 X0＝On，Y0＝On，电机启动运转；

②按下 X2 时，X2 状态由 Off→On；X2 常闭接点断开，Y0＝Off，电机失电停止运转；

③ 按下 X1 时，X1 处导通，即 X1＝On，Y0＝On，电机启动运转；

④ 按下 X3 时，X3 状态由 Off→On；X3 常闭接点断开，Y0＝Off，电机失电停止运转。

4.5 两地控制的三相异步电动机点动连续混合控制

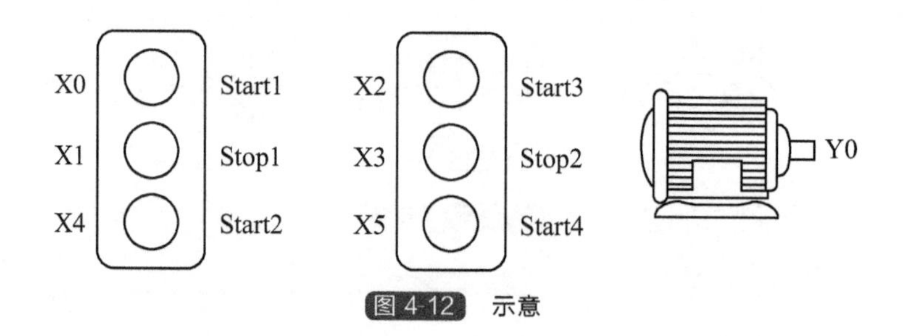

图 4-12 示意

控制要求

在甲地可以通过控制按钮控制电动机的运转情况，进行点动与连续的转换，按下 Start1 时，电机启动连续运转，按下 Start2 时，电机切换为点动运转状态，按下 Stop1 时，电机停止运转；在乙地也可不受干扰地通过另一套控制按钮控制电机运转。

元件说明

表 4-7 元件说明

PLC 软元件	控制说明
X0	甲地电机连续控制按钮，按下 Start1 时，X0 的状态由 Off→On
X1	甲地电机停止按钮，按下 Stop1 时，X1 的状态由 Off→On
X2	乙地电机连续控制按钮，按下 Start3 时，X2 的状态由 Off→On
X3	乙地电机停止按钮，按下 Stop2 时，X3 的状态由 Off→On
X4	甲地电机点动控制按钮，按下 Start2 时，X4 状态由 Off→On
X5	乙地电机点动控制按钮，按下 Start4 时，X5 的状态由 Off→On
Y0	电动机(接触器)

控制程序

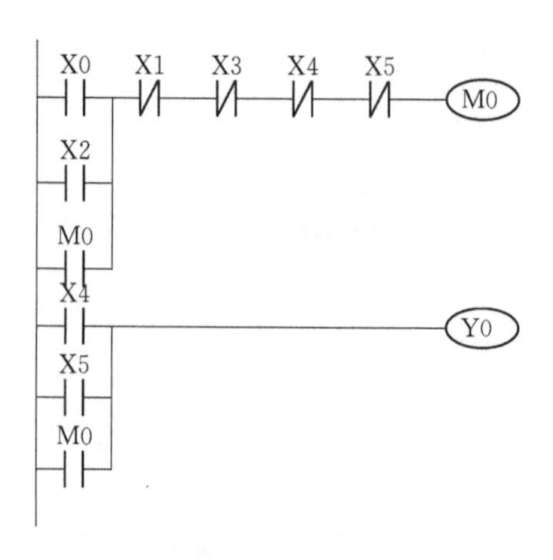

图 4-13 控制程序

程序说明

① 在甲地，按下 Start1 按钮时，X0＝On，M0＝On 并保持，Y0＝On，电动机启动运转，保持运转状态，实现连续控制。按下 Stop1 按钮时，X1＝On，Y0＝Off，电动机停止运转。按下 Start2 按钮时，X4＝On（X4 常闭接点断开，确保内部辅助继电器 M0 输出线圈为 Off→M0 常开接点断开），Y0＝On，电动机启动运转，当松开按钮时，Y0＝Off，电动机停止运转，实现点动控制。

② 在乙地，按下 Start3 按钮时，X2＝On，M0＝On 并保持，Y0＝On，电动机启动运转，保持运转状态，实现连续控制。按下 Stop2 按钮时，X3＝On，Y0＝Off，电动机停止运转。按下 Start4 按钮时，X5＝On（X5 常闭接点断开，确保内部辅助继电器 M0 输出线圈为 Off→M0 常开接点断开），Y0＝On，电动机启动运转，当松开按钮时，Y0＝Off，电动机停止运转，实现点动控制。

4.6 三相异步电动机正反转控制

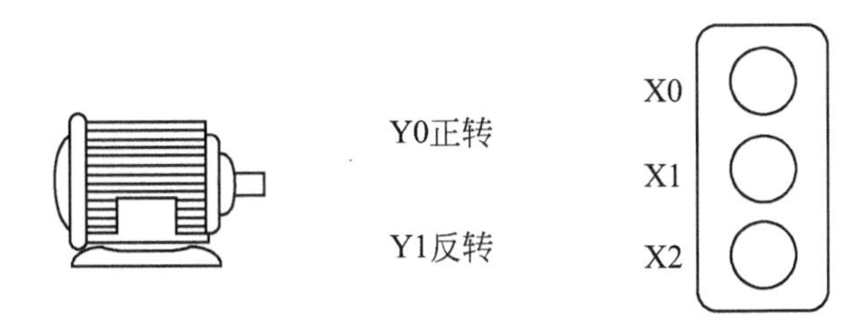

图 4-14 示意

控制要求

按下正转按钮，电动机正转；按下反转按钮，电动机反转；按下停止按钮，电动机停止运转。

元件说明

表 4-8 元件说明

PLC 软元件	控制说明
X0	电动机正转按钮，按下按钮时，X0 状态由 Off→On
X1	电动机反转按钮，按下按钮时，X1 状态由 Off→On
X2	停止按钮，按下按钮时，X2 状态由 Off→On
Y0	正转接触器（实现电机的正转）
Y1	反转接触器（实现电机的反转）

控制程序

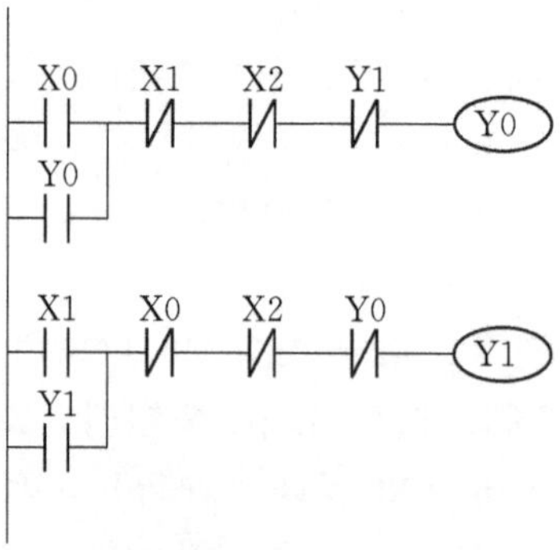

```
X0    X1    X2    Y1
-| |--+-|/|---|/|---|/|---(Y0)
 Y0   |
-| |--+

X1    X0    X2    Y0
-| |--+-|/|---|/|---|/|---(Y1)
 Y1   |
-| |--+
```

图 4-15 控制程序

程序说明

按下正转按钮，X0＝On，正转接触器 Y0 得电→Y0 常开接点闭合实现自锁 →电动机正向启动连续运转。

按下反转按钮，X1＝On，X1 常闭接点断开→正转接触器 Y0 失电→Y0 常闭接点闭合→反转接触器 Y1 得电→Y1 常开接点闭合实现自锁 →电动机反向连续运转。

按下停止按钮，X2 状态由 Off→On；X2 常闭接点断开，无论是 Y0 还是 Y1 都会立即失电并解除各自的自锁，电机停止转动。

4.7 三相异步电动机顺序启动同时停止控制

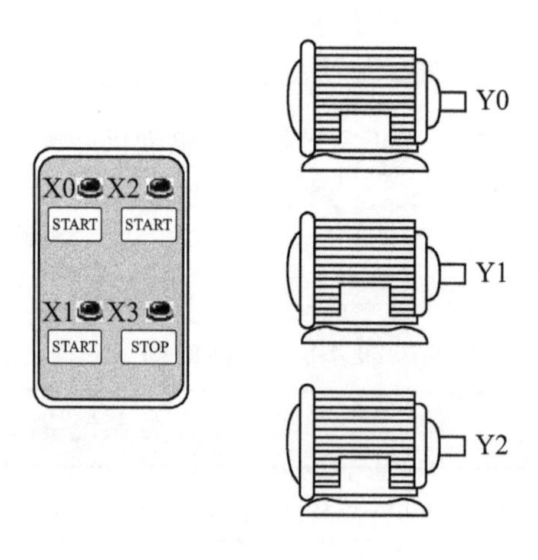

图 4-16 示意

控制要求

电机 Y0、Y1、Y2 顺序启动，即 Y0 启动运转后 Y1 才可以启动，随后 Y2 才能启动，并且三个电动机可同时关闭。

元件说明

表 4-9　元件说明

PLC 软元件	控制说明
X0	电机 0 启动按钮:按下时,X0 状态由 Off→On
X1	电机 1 启动按钮:按下时,X1 状态由 Off→On
X2	电机 2 启动按钮:按下时,X2 状态由 Off→On
X3	停止按钮:按下时,X3 状态由 Off→On
Y0	电机 0(接触器 0 线圈)
Y1	电机 1(接触器 1 线圈)
Y2	电机 2(接触器 2 线圈)

控制程序

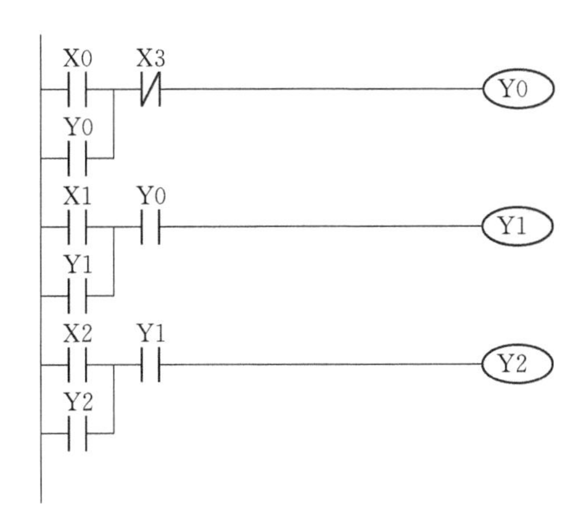

图 4-17　控制程序

程序说明

① 按下 X0 启动按钮时，Y0＝On（与 X0 并联的常开接点 Y0 闭合实现自锁；与输出线圈 Y1 相连的常开接点 Y0 闭合→为输出线圈 Y1 得电做好了准备），电机 0 启动连续运转。

② 在 Y0 启动的前提下，按下 X1 启动按钮时，Y1＝On（与 X1 并联的常开接点 Y1 闭合实现自锁；与输出线圈 Y2 相连的常开接点 Y1 闭合→为输出线圈 Y2 得电做好了准备），电机 1 启动；否则，Y1 电机不启动。

③ 在 Y1 启动的前提下，按下 X2 启动按钮时，Y2＝On 并实现自锁，Y2 电机启动；否则，Y2 电机不启动。

④ 按下停止按钮 X3，电机 0、1、2 均停止运转。

4.8 三相异步电动机顺序启动逆序停止控制

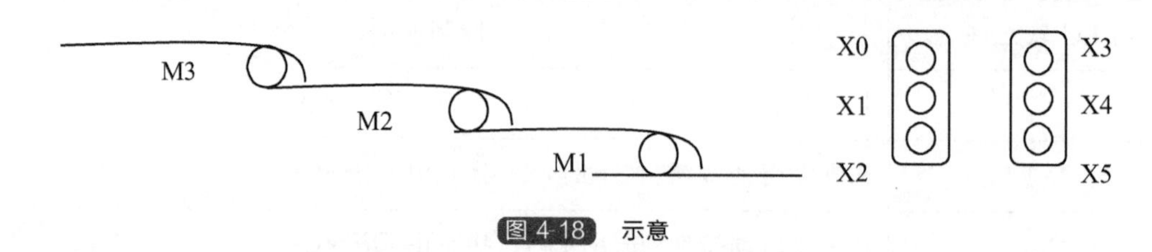

图 4-18 示意

控制要求

在电机的控制环节中，经常要求电动机的启停有一定的顺序，例如磨床要求先启动润滑油泵，然后再启动主轴电机等。这里要求三台电机依次顺序启动，逆序停止，即 1 号电机启动后，2 号电机才可以启动，以此类推。停止时 3 号电机先停止后，2 号电机才能停止，2 号电机停止后，1 号电机才能停止。

元件说明

表 4-10 元件说明

PLC 软元件	控制说明
X0	一号电机启动开关,按下时,X0 的状态由 Off→On
X1	二号电机启动开关,按下时,X1 的状态由 Off→On
X2	三号电机启动开关,按下时,X2 的状态由 Off→On
X3	三号电机停止开关,按下时,X3 的状态由 Off→On;X3 常闭接点断开
X4	二号电机停止开关,按下时,X4 的状态由 Off→On;X4 常闭接点断开
X5	一号电机停止开关,按下时,X5 的状态由 Off→On;X5 常闭接点断开
Y0	一号电机(接触器)
Y1	二号电机(接触器)
Y2	三号电机(接触器)

控制程序

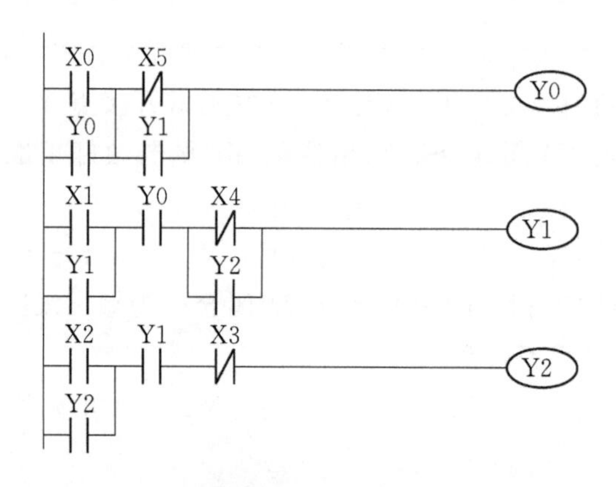

图 4-19 控制程序

程序说明

① 在此电机控制环节中，需要按顺序的方式启动，逆序的方式停止。按下 X0 时，X0=On，Y0=On（与 X0 并联的 Y0 常开接点闭合，实现自锁；与 X1 串联的 Y0 常开接点闭合，为 Y1 得电做好准备），一号电机启动运转，并保持运转状态。

② 因为要求要启动设备需依次启动一号、二号、三号电机。那么就是说，在第一步后，按下 X1 时，X1=On，Y0=On，Y1=On，二号电机才可以运转，三号电机同理。

③ 停止时，必须按三号、二号、一号的顺序停止，才可停下设备。首先按下 X3，X3=On，Y2=Off（与 X2 并联的 Y2 常开接点断开，解除自锁；与 X4 并联的 Y2 常开接点断开，为 Y1 失电做好准备），三号电机停止运转，由于与 X4 并联的 Y2 常开接点已断开，此时按下 X4，Y1=Off（与 X1 并联的 Y1 常开接点断开，解除自锁；与 X5 并联的 Y1 常开接点断开，为 Y0 失电做好准备），二号电机停止运转，由于与 X5 并联的 Y1 常开接点断开，按下 X5，Y0=Off（与 X0 并联的 Y0 常开接点断开，解除自锁），一号电机停止运转。

4.9 三相异步电动机星-三角降压启动控制

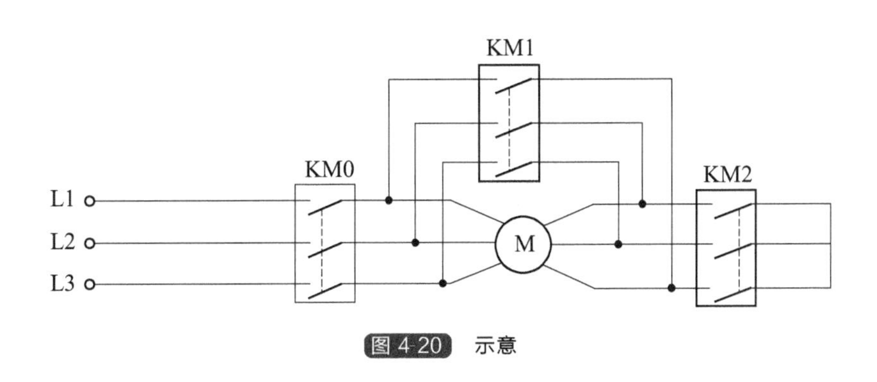

图 4-20 示意

控制要求

三相交流异步电动机启动时电流较大，一般为额定电流的 4～7 倍。为了减小启动电流对电网的影响，采用星-三角形降压启动方式。

星-三角形降压启动过程：合上开关后，电机启动接触器和星形降压方式启动接触器先启动。10s（可根据需要进行适当调整）延时后，星形降压方式启动接触器断开，再经过 0.1s 延时后将三角形正常运行接触器接通，电动机主电路接成三角形接法正常运行。采用两级延时的目的是确保星形降压方式启动接触器完全断开后才去接通三角形正常运行接触器。

元件说明

表 4-11 元件说明

PLC 软元件	控制说明
X0	START 按钮，按下时，X0 状态由 Off→On
X1	STOP 按钮，按下时，X1 状态为由 Off→On

续表

PLC 软元件	控制说明
T0	计时 10s 定时器，时基为 100ms 的定时器
T1	计时 0.1s 定时器，时基为 100ms 的定时器
Y0	电机启动接触器 KM0
Y1	星形降压方式启动接触器 KM2
Y2	三角形正常运行接触器 KM1

控制程序

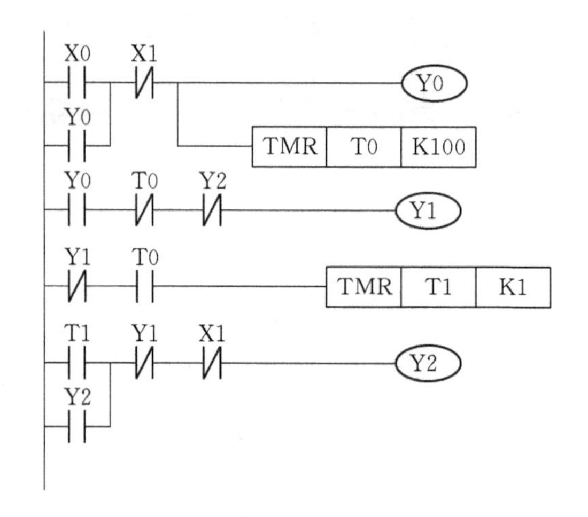

图 4-21 控制程序

程序说明

① 按下启动按钮，X0=On，Y0=On 并自锁，电机启动接触器 KM0 接通，同时 T0 计时器开始计时，因 Y0=On，T0=Off，Y2=Off，所以 Y1=On，星形降压方式启动接触器 KM2 导通，电机星形接法启动运转。T0 计时器到达 10s 预设值后，T0=On，Y1=Off，T1 计时器开始计时，到达 0.1s 预设值后，T1=On，所以 Y2=On，三角形正常运行接触器 KM1 导通，电机切换为三角形接法正常运转。

② 当按下停止按钮时，X1=On（X1 常闭接点断开）。无论电动机处于启动状态还是运行状态，输出线圈 Y0、Y1、Y2 都变为 Off（各接触器常开触点均断开），电机失电停止运行。

备注：16 位定时器 TMR 指令使用说明

TMR	S1	S2

S1：定时器编号，类别可为 T。

S2：定时器设置值，类别可为 K，D。

当 TMR 指令执行时，其所指定的定时器线圈受电，定时器开始计时，当到达所指定的定时值（计时值 ≥ 设定值），其接点动作如下：常开接点闭合、常闭接点断开。

4.10 三相异步电动机时间原则控制的单向能耗制动

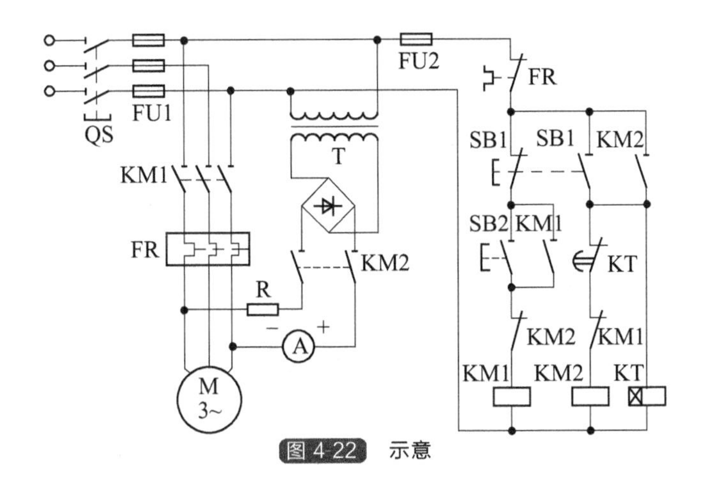

图 4-22 示意

控制要求

按下启动按钮 SB2，电动机运转；按下停止按钮 SB1，电动机立即断电（由于惯性，电机转子会继续转动），为了使电机转速尽快降到零，将二相定子接入直流电源进行能耗制动，电动机快速停转，然后直流电源自动断电。

元件说明

表 4-12 元件说明

PLC 软元件	控制说明
X0	电机启动按钮 SB2，按下按钮时，X0 由 Off→On
X1	电机停止按钮 SB1、二相定子启动按钮；按下按钮时，X1 由 Off→On 电机立即断电，同时二相定子接入直流电开始能耗制动
T0	计时 3s 定时器，时基为 100ms 的定时器
Y0	接触器 KM1
Y1	接触器 KM2

控制程序

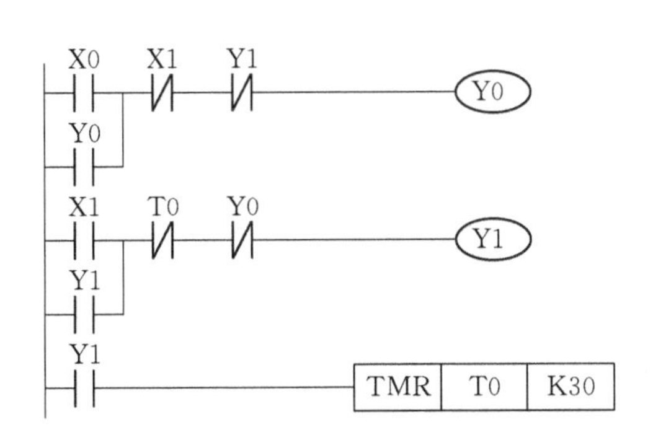

图 4-23 控制程序

程序说明

① 按下启动按钮 SB2，X0＝On，Y0＝On，接触器 KM1 得电，电动机启动运转。

② 电动机已正常运行后，若要快速停机：

按下按钮 SB1，X1＝On（梯形图第 1 行 X1 常闭接点断开→Y0 输出线圈失电→Y0 常开接点断开-自锁解除；第 3 行 Y0 常闭接点闭合-为输出线圈 Y1 得电做好准备），接触器 KM1 失电。

同时梯形图第 3 行 X1 常开接点闭合→Y1 输出线圈得电→Y1 常开接点闭合实现自锁，同时计时器开始计时；此时接触器 KM2 处于得电状态，进行能耗制动，电机转速迅速降低。

计时时间 3s 到了后，梯形图第 3 行 T0 常闭接点断开→Y1 输出线圈失电（自锁解除，计时器断电复位）→接触器 KM2 失电→接触器 KM2 常开触点断开→能耗制动结束。

4.11 三相异步电动机时间原则控制的可逆运行能耗制动

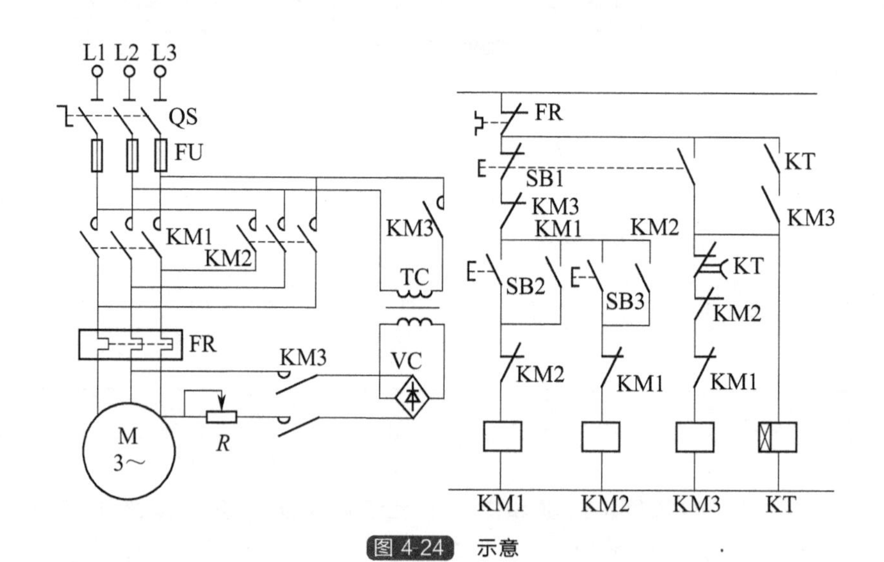

图 4-24 示意

控制要求

按下按钮 SB2，电动机正转；按下按钮 SB3，电动机反转；按下停止按钮 SB1，电动机立即断电（由于惯性，电机转子会继续转动），为了使电机转速尽快降到零，将二相定子接入直流电源进行能耗制动，电动机快速停转，然后直流电源自动断电。

元件说明

表 4-13 元件说明

PLC 软元件	控制说明
X0	电机正转按钮，按下按钮时，X0 状态由 Off→On
X1	电机反转按钮，按下按钮时，X0 状态由 Off→On
X2	电机断电、制动启动按钮；按下按钮时，电机立即断电，同时二相定子接入直流电开始能耗制动

续表

PLC 软元件	控 制 说 明
T0	计时 3s 定时器,时基为 100ms 的定时器
Y0	接触器 KM1
Y1	接触器 KM2
Y2	接触器 KM3

控制程序

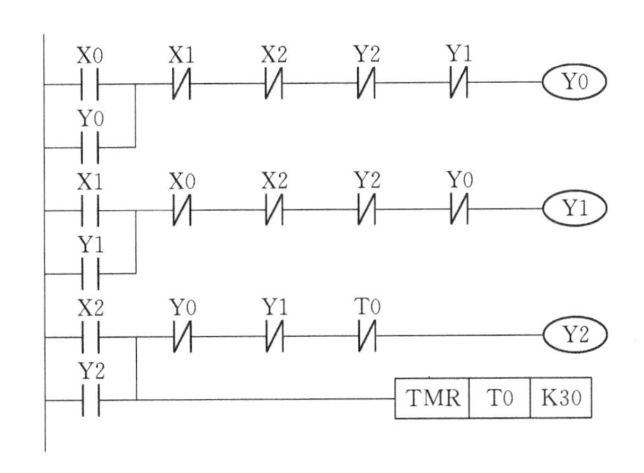

图 4-25 控制程序

程序说明

① 按下按钮 SB2，X0=On，Y0=On，接触器 KM1 得电，电动机启动正转。

② 按下按钮 SB3，X1=On，Y1=On，接触器 KM2 得电，电动机反转。

③ 电动机已正常运行后，若此时电动机为正转，停机过程分析如下：

按下按钮 SB1，X2=On（梯形图第 1 行 X2 常闭接点断开→Y0 输出线圈失电→Y0 常开接点断开-自锁解除；第 3 行 Y0 常闭接点闭合-为输出线圈 Y2 得电做好准备），接触器 KM1 失电。

同时梯形图第 5 行 X2 常开接点闭合→Y2 输出线圈得电→Y2 常开接点闭合实现自锁，同时计时器开始计时；此时接触器 KM3 处于得电状态，进行能耗制动，电机转速迅速降低。

计时时间 3s 到，梯形图第 5 行 T0 常闭接点断开→Y2 输出线圈失电（自锁解除，计时器断电复位）→接触器 KM3 失电→接触器 KM3 常开触点断开→能耗制动结束。

④ 电动机反转时的制动过程与正转时的制动过程类似，不再赘述。

4.12 三相异步电动机反接制动控制

控制要求

按下启动按钮 SB2，电动机启动运转，达到一定转速后速度继电器闭合；按下停止按钮 SB1，KM2 得电，电动机进行反接制动，转速迅速下降，当降到一定速度时，速度继电器断开，KM2 失电，反接停止，制动结束。

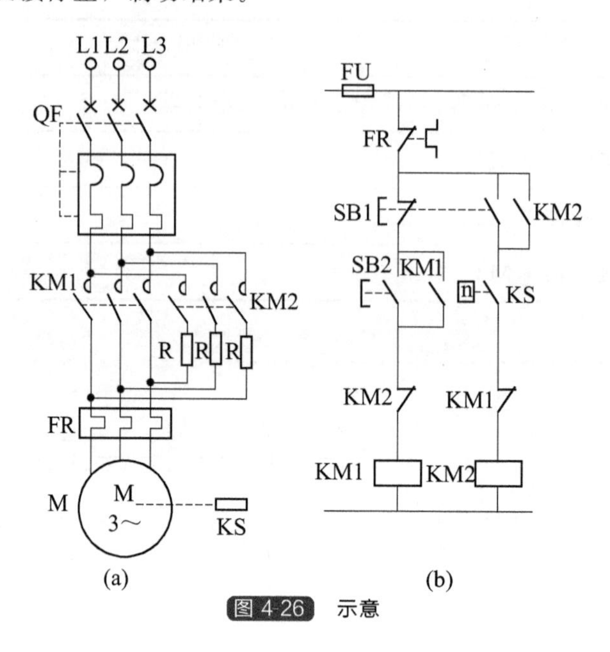

图 4-26 示意

元件说明

表 4-14 元件说明

PLC 软元件	控 制 说 明
X0	电机启动按钮 SB2,按下按钮时,X0 状态由 Off→On
X1	电机停止与制动开始按钮 SB1,按下按钮时,X1 状态由 Off→On
X2	速度继电器,当速度上升到一定程度时继电器闭合;当速度下降到一定程度时继电器断开
Y0	接触器 KM1
Y1	接触器 KM2

控制程序

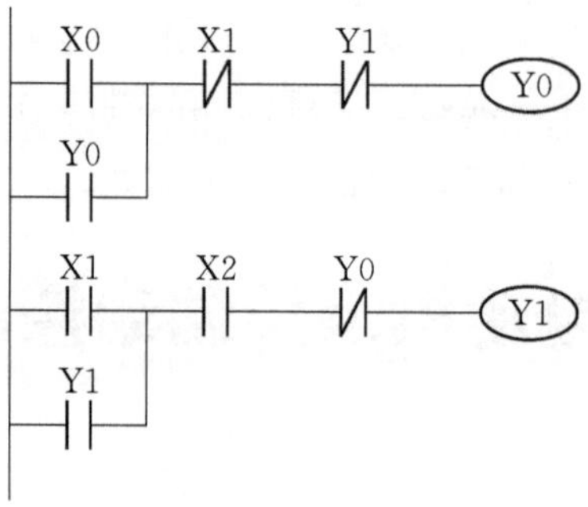

X0 X1 Y1 Y0
Y0
X1 X2 Y0 Y1
Y1

图 4-27 控制程序

程序说明

① 按下启动按钮 SB2，X0＝On，输出线圈 Y0＝On 并通过其常开接点实现自锁功能，电动机启动正向运转，当电动机达到一定转速时，速度继电器 X2 常开触点闭合。

② 按下停止按钮 SB1，X1＝On：

X1 常闭接点断开→输出线圈 Y0 失电→接触器 KM1 失电→电机正向运行失电；

X1 常开接点闭合→输出线圈 Y1 得电→接触器 KM2 得电→电机进入反接制动状态→电机转速迅速降低→速度继电器 X2 常开触点断开→输出线圈 Y1 失电→制动结束。

4.13 三相双速异步电动机的控制

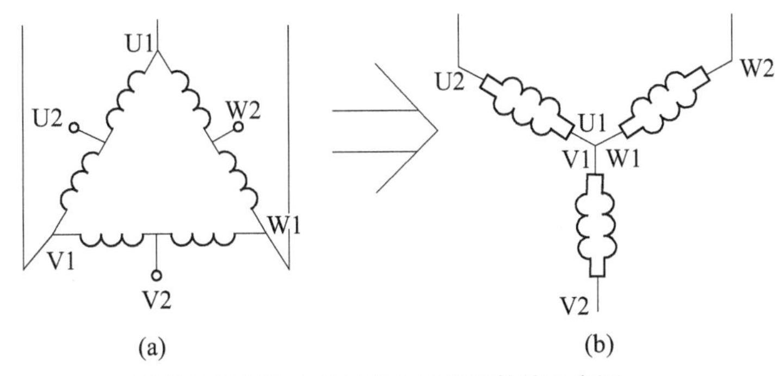

4/2极的双速异步电动机定子绕组接线示意图

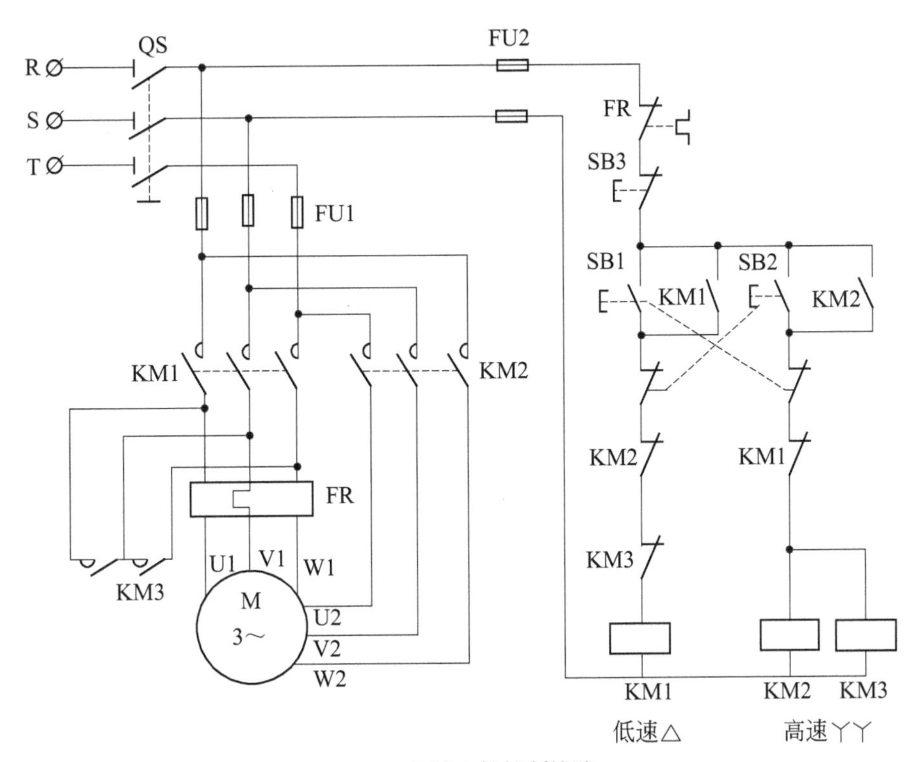

双速电机控制线路

图 4-28 示意

控制要求

三相笼型异步电动机的调速方法之一是依靠变更定子绕组的极对数来实现的。图为 4/2 极的双速异步电动机定子绕组接线示意图，图 4-28(a) 将 U1、V1、W1 三个接线端接三相交流电源，而将电动机定子绕组的 U2、V2、W2 三个接线端悬空，三相定子绕组接成三角形。此时每组绕组中的两个线圈串联，电动机以四极运行为低速。若将电动机定子绕组的 U2、V2、W2 三个接线端子接三相交流电源，而将另外三个接线端子 U1、V1、W1 连接在一起，如图 4-28(b) 所示，则原来三相定子绕组的三角形接线变为双星形接线，此时每相绕相中的两个线圈相互并联，于是电动机便以两极运行为高速。

图 4-28 所示的双速电动机控制线路采用两个接触器来换接电动机的出线端以改变电动机的转速。图中由按钮分别控制电动机低速和高速运行。

元件说明

表 4-15　元件说明

PLC 软元件	控 制 说 明
X0	低速按钮:按下时,X0 状态由 Off→On
X1	高速按钮:按下时,X1 状态由 Off→On
X2	停止按钮:按下时,X2 状态由 Off→On
Y0	接触器 KM1
Y1	接触器 KM2
Y2	接触器 KM3

控制程序

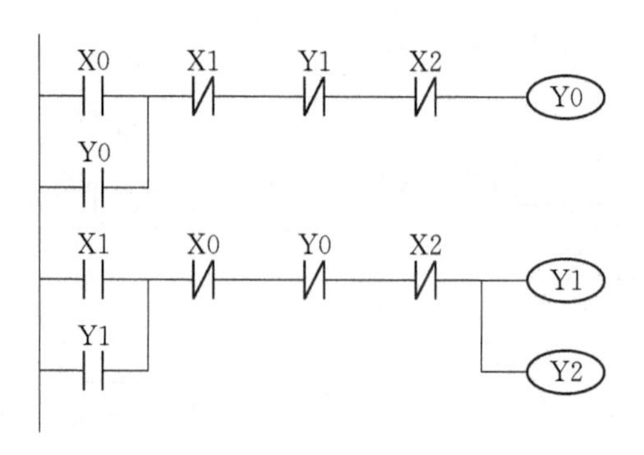

图 4-29　控制程序

程序说明

① 按下 X0 按钮，X0=On，Y0=On 并自锁，电动机低速运转。

② 按下 X1 按钮，X1=On，Y1=On 并自锁，电动机高速运转。

③ 按下 X2 按钮，电动机停止运转。

4.14 并励电动机电枢串电阻启动调速控制

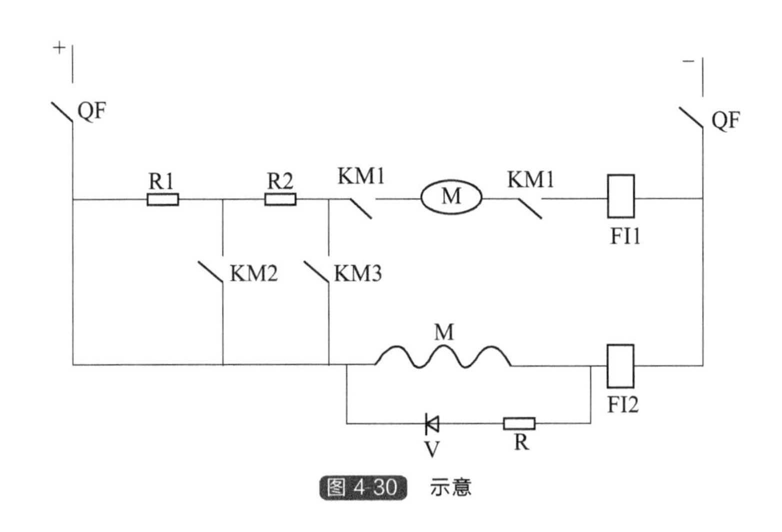

图 4-30 示意

控制要求

启动前，选择开关打到停止位置。将选择开关打到低速位，接触器 KM1 得电→电枢串电阻 R1、R2 低速启动；将选择开关打到中速位，接触器 KM2 得电→短接电阻 R1，电枢串联 R2 中速启动；将选择开关打到高速位，接触器 KM3 得电→短接电阻 R1、R2，高速启动。如将选择开关直接打到高速位，电动机先低速，延时 8s 转为中速，再延时 4s 转为高速。

元件说明

表 4-16 元件说明

PLC 软元件	控制说明
X0	停止开关,按下时,X0 状态由 Off→On
X1	低速选择开关,拨到该位置时,X1 状态由 Off→On
X2	中速选择开关,拨到该位置时,X2 状态由 Off→On
X3	高速选择开关,拨到该位置时,X3 状态由 Off→On
X4	FI1,过电流继电器,时基为 100ms 的定时器
	FI2,欠电流继电器,时基为 100ms 的定时器
T0	计时 8s 定时器
T1	计时 4s 定时器

续表

PLC 软元件	控 制 说 明
Y0	接触器 KM1
Y1	接触器 KM2
Y2	接触器 KM3
M0	内部辅助继电器

控制程序

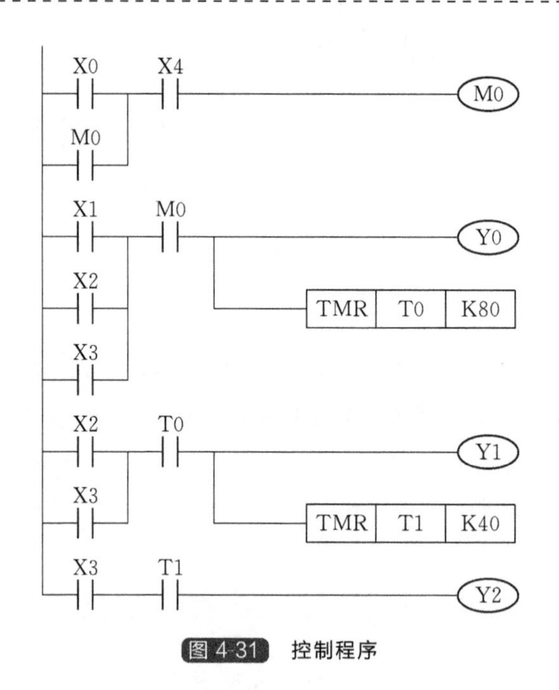

图 4-31 控制程序

程序说明

① 首先合上直流断路器 QF，电动机励磁绕组得电，FI2 动作，X4＝On，将选择开关扳到停止位置，X0 接点闭合，M0 得电自锁。

② 将选择开关打到低速位置，X1＝On，Y0 得电（接触器 KM1 得电），直流电动机电枢绕组串全部电阻低速启动，同时定时器 T0 得电计时开始。

③ 将选择开关打到中速位置，X2＝On，Y0 仍得电，如果 T0 延时未到 8s，则继续延时，如果 T0 延时已到 8s，Y1（接触器 KM2）立即得电，短接 R1，直流电动机电枢绕组串 R2 电阻中速运行。

④ 将选择开关打到高速位置，X3＝On，Y0、Y1 仍得电，如果定时器 T1 延时未到 4s，则继续延时。如果定时器 T1 延时已到 4s，Y2 立即得电，KM3 主接点闭合，再短接一段电阻 R2，直流电动机电枢绕组高速运行。

⑤ 如果直接将选择开关打到高速位置，X3＝On，则 Y0 先得电，电动机低速启动，T0 延时 8s，Y1 得电，电动机中速运行，T1 延时 4s，Y2 得电，电动机高速运行。

⑥ 如果电动机在运行时突然停电，选择开关不在停止位置，停电后，M0 失电，再来电时，M0 断开，输出 Y0～Y2 不能得电，为了防止电动机自启动现象，必须把选择开关打到停止位置，接通 M0 后才能启动电动机。

⑦ 如果励磁绕组断线，欠电流继电器失电，FI2（X4）常开接点断开，M0 断开，使输出 Y0～Y2 失电，电动机停止。同理，如果电动机过载，电枢电流增大，过电流继电器 FI1（X4）常开接点断开，电动机停止。如果电动机短路，直流断路器 QF 跳闸，直流电源断开，起到保护作用。

Chapter
05

第5章 定时器与计数器PLC程序设计案例

台达
PLC

5.1 定时器延时开启程序说明

控制要求

当按下 X0 并持续 3s 后电动机启动并保持运转状态；

当按下 X1 时，电动机停止运转。

元件说明

表 5-1 元件说明

PLC 软元件	控制说明
X0	控制按钮：按下时，X0 状态由 Off→On
X1	控制按钮：按下时，X1 状态由 Off→On
T0	计时 3s 定时器，时基为 100ms 的定时器
Y0	电机(接触器)

控制程序

图 5-1 控制程序

程序说明

① 当按下 X0 并持续 3s 以上时，X0＝On，TMR 指令执行，T0 的线圈得电开始计时。计时到达 3s 的预设值时，T0 的常开接点闭合，Y0 得电并自锁，电动机启动运转。

② 当 X1＝On 时，Y0 线圈失电，电动机停止运转；同时 X1 常闭接点断开使定时器复位。

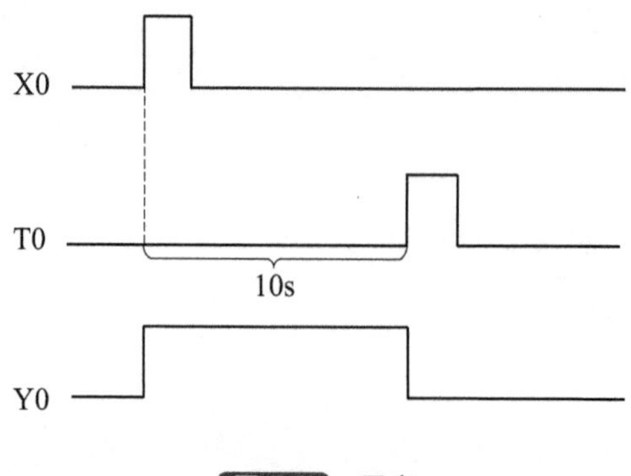

图 5-2 示意

5.2 定时器延时关闭程序说明

控制要求

要求利用 PLC 程序实现电动机的瞬时接通、延时断开。

元件说明

表 5-2 元件说明

PLC 软元件	控制说明
X0	电动机启动按钮,按下时,X0 的状态由 Off→On
X1	电动机停止按钮,按下时,X1 的状态由 Off→On
T0	10s 定时器,时基为 100ms 的定时器
Y0	电动机(接触器)

控制程序

图 5-3 控制程序

程序说明

① 当按下电动机启动按钮 X0 时，X0=On，Y0=On，电动机启动运行，定时器开始工作，10s 后，T0=On，T0 常闭接点断开，Y0=Off，电动机停止运行。

② 当按下停止按钮 X1 时，X1=On，Y0=Off，电动机停止，定时器复位。

5.3 倍数计时

此处以一块秒表来近似表示倍数计时的原理，其中大表盘为所需成倍计量的时间，小表盘为已经记过的倍数。由此可近似看出此种方式进行计时的过程。

图 5-4 示意

控制要求

日常生活中经常需要各种定时器以满足不同方面的需求，这里我们利用 PLC 控制的倍数计时程序，来完成成倍形式的计时功能。

元件说明

表 5-3　元件说明

PLC 软元件	控 制 说 明
X0	此案例的计时程序启动按钮(具体功能视案例而定),按下启动时,X0 状态由 Off→On
X1	计数器的复位按钮,按下时,X1 状态由 Off→On
T0	10s 定时器,时基为 100ms 的定时器
C0	普通计数器
Y0	计数完成后的提醒装置(通常为各案例的下一步动作)

控制程序

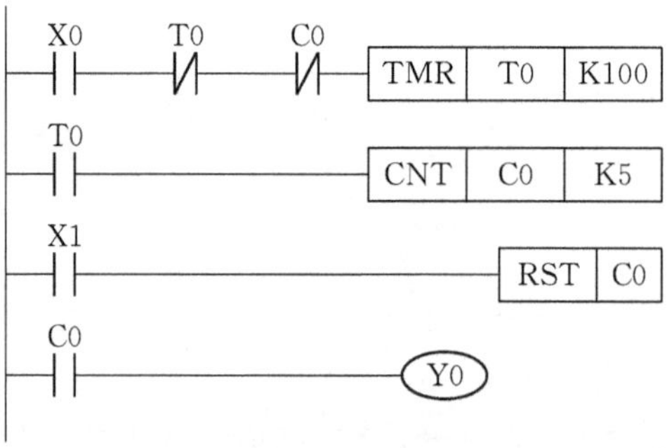

图 5-5　控制程序

程序说明

① 按下启动按钮 X0 时，X0=On，此时定时器 T0 开始工作，10s 后计时时间到，T0=On，C0=On，计数器加 1。同时，T0 由于自复位断开，然后，T0 再次闭合，又一次开始计时。

② 当计数器的当前值累计到 5 时，C0=On，Y0=On，提醒装置启动。同时，梯形图第 1 行的 C0 常闭接点断开，使 T0 复位，重新计时。

③ 按下 X1 时，X1=On，RST 指令被执行，C0 复位。

5.4 多个定时器实现长计时

控制要求

每一种 PLC 的定时器都有它自己的最大计时时间，如果需计时的时间超过了定时器的最大计时时间，可以多个定时器联合使用，以延长其计时时间。

元件说明

表 5-4 元件说明

PLC 软元件	控 制 说 明
X0	启动控制开关：按下时，X0 状态由 Off→On
Y0	计时完成指示灯
T0	2000s 定时器，时基为 100ms 的定时器
T1	2000s 定时器，时基为 100ms 的定时器
T2	2000s 定时器，时基为 100ms 的定时器

控制程序

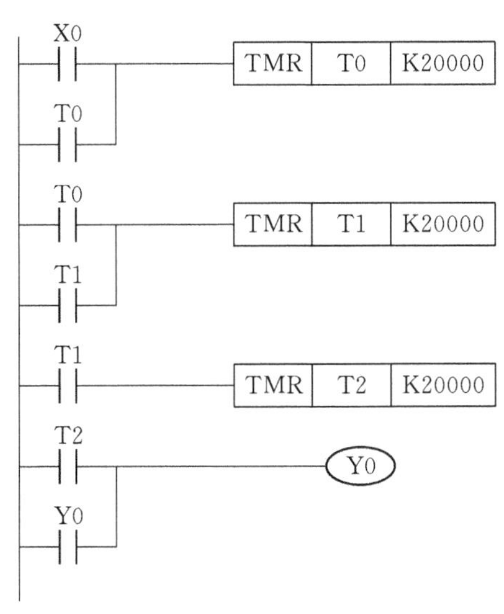

图 5-6 控制程序

程序说明

按下 X0 启动开关，X0=On，T0 开始计时，2000s 后 T0 计时时间到，T0=On，T1 开始计时，2000s 后 T1 计时时间到，T1=On，T2 开始计时，2000s 后 T2 计时时间到，T2=On，Y0=On，计时完成指示灯亮。

5.5 转盘旋转 90° 间歇运动控制

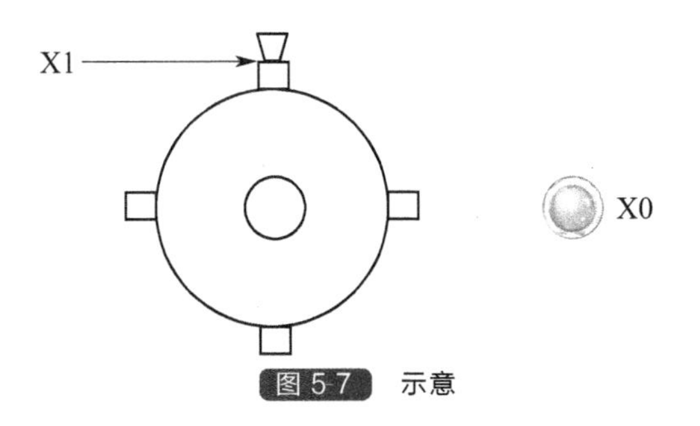

图 5-7 示意

控制要求

按下控制开关，圆盘开始转动，每转90°停止30s，并不断重复上述过程。

元件说明

表5-5　元件说明

PLC软元件	控制说明
X0	电机启动开关，闭合开关时，X0状态由Off→On
X1	常闭限位开关，转盘处于原位时受压断开
T0	计时30s定时器，时基为100ms定时器
Y0	接触器

控制程序

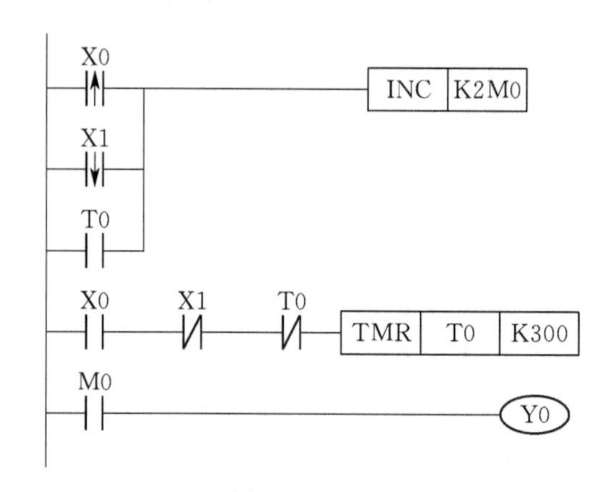

图5-8　控制程序

程序说明

① 转盘在原位时限位开关X1处于On状态（常闭触点受压断开，常开触点闭合）。

② 闭合启动开关，X0接点在上升沿产生一个脉冲，执行一次INC指令，MB0=1，M0=1，使Y0=1，接触器得电，转盘转动，转动后限位开关常闭接点闭合。

③ 转90°后，限位开关常闭触点受压断开，X1下降沿接点产生一个脉冲，接通INC指令，MB0=2，M0=0，使Y0=0，接触器失电，转盘停止。同时由于限位开关常闭触点受压断开，X1常闭接点闭合，定时器T0得电延迟30s后，T0常开接点闭合，执行一次INC指令，MB0=3，M0=1，使Y0=1，接触器得电，转盘转动。以下重复上述过程。

5.6　圆盘间歇旋转四圈控制

控制要求

圆盘旋转由电动机控制，按下启动按钮，圆盘开始旋转，每转一圈后停3s，转四圈后停止。

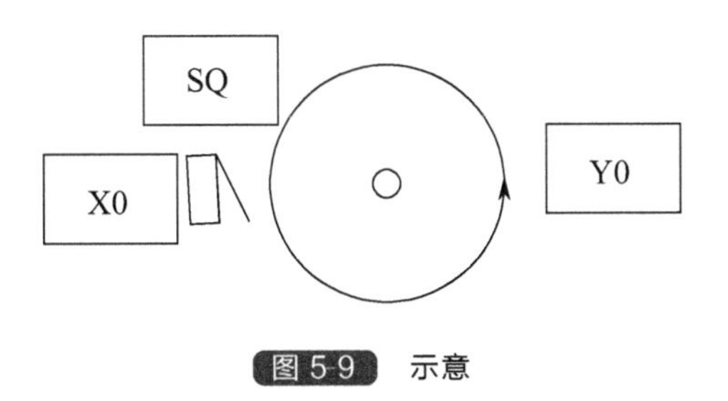

图 5-9 示意

元件说明

表 5-6 元件说明

PLC 软元件	控 制 说 明
X0	限位开关，圆盘到达原位时，X0 状态由 Off→On
X1	启动按钮，按下时，X1 状态由 Off→On
T0	计时 3s 定时器，时基为 100ms 的定时器
X2	停止按钮，按下后，X2 状态由 Off→On，圆盘停止转动
Y0	电动机接触器

控制程序

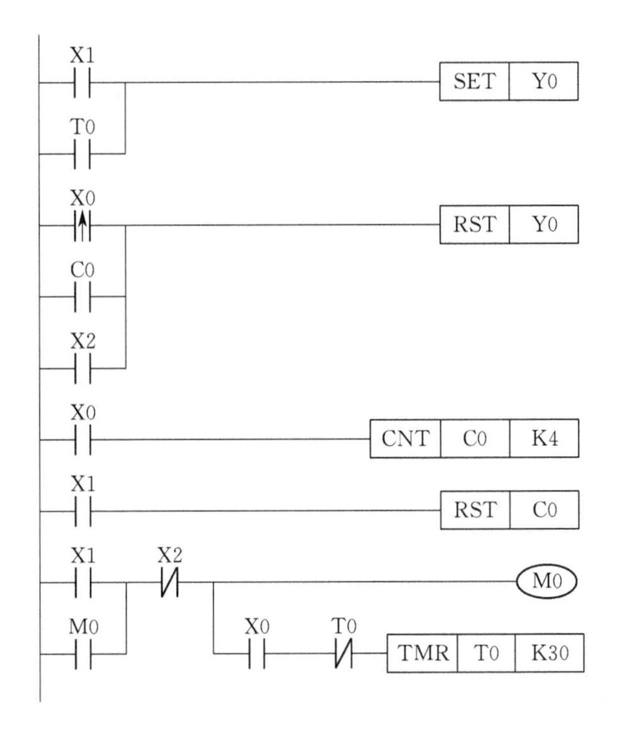

图 5-10 控制程序

程序说明

① 初始时，圆盘在原位，限位开关被压下，X0=On，计数器 C0 不计数，定时器也不得电。

② 按下启动按钮，X1=On，Y0=On，圆盘旋转，限位开关 X0=Off，计数器复位，M0 得电自锁。

③ 圆盘旋转一圈，当碰块碰到并且压下限位开关 X0 时，X0 常开接点闭合产生上升沿，Y0 复位，圆盘停转，同时 C0 计一次数，定时器 T0 开始计时，延时 3s 后使 Y0 线圈再次置位，圆盘旋转。圆盘每转一圈计数一次，当计数值为 4 时，计数器 C0 常开接点闭合，使 Y0 始终处于复位状态，全部过程结束。

④ 在圆盘转动过程中，按下停止按钮 X2，X2 常开接点闭合，使 Y0 复位，X2 常闭接点断开，M0 失电，定时器 T0 复位。

备注： 16 位计数器 CNT 指令使用说明 

CNT	S1	S2

S1：16 位计数器编号，类别可为 C。

S2：计数器设置值，类别可为 K，D。

① 当 CNT 指令由 Off 到 On 执行，表示所指定的计数器线圈由失电到受电，则该计数器计数值加 1，当计数到达所指定的定数值（计数值=设定值），其接点动作动作为常开接点闭合，常闭接点断开。

② 当计数到达之后，若再有计数脉波输入，其接点及计数值均保持不变，若要重新计数或作清除的动作，请利用 RST 指令。

5.7 污水处理系统

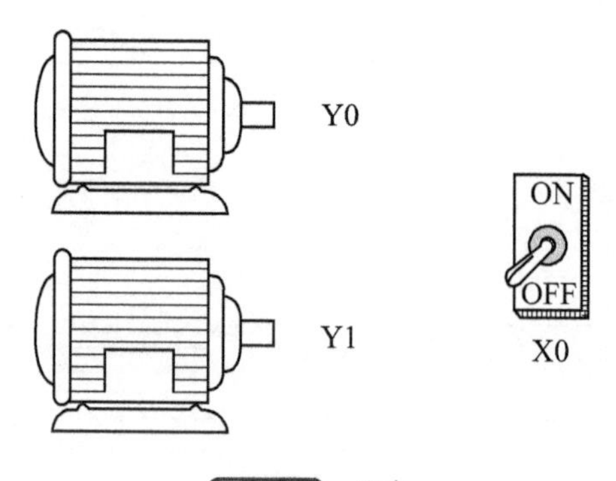

图 5-11 示意

控制要求

一个污水池，由两台污水泵实现对其污水的排放处理，两台污水泵定时循环工作，以有效地保护电动机，延长其使用寿命，每间隔 3h 实现换泵。当污水液位达到超高液位时，两台泵也可以同时投入运行。

元件说明

表 5-7　元件说明

PLC 软元件	控制说明
X0	启动/停止开关，拨动到 On 位置时，X0 状态为 On
X1	水位上限传感器，水位到达上限时，X1 的状态为 On
Y0	1 号污水泵电机接触器
Y1	2 号污水泵电机接触器
M10	1 号污水泵电机定时值到达标志
M11	2 号污水泵电机定时值到达标志
D0-D1	1 号污水泵电机运行现在时间值
D2-D3	2 号污水泵电机运行现在时间值
M0-M3	内部辅助继电器

控制程序

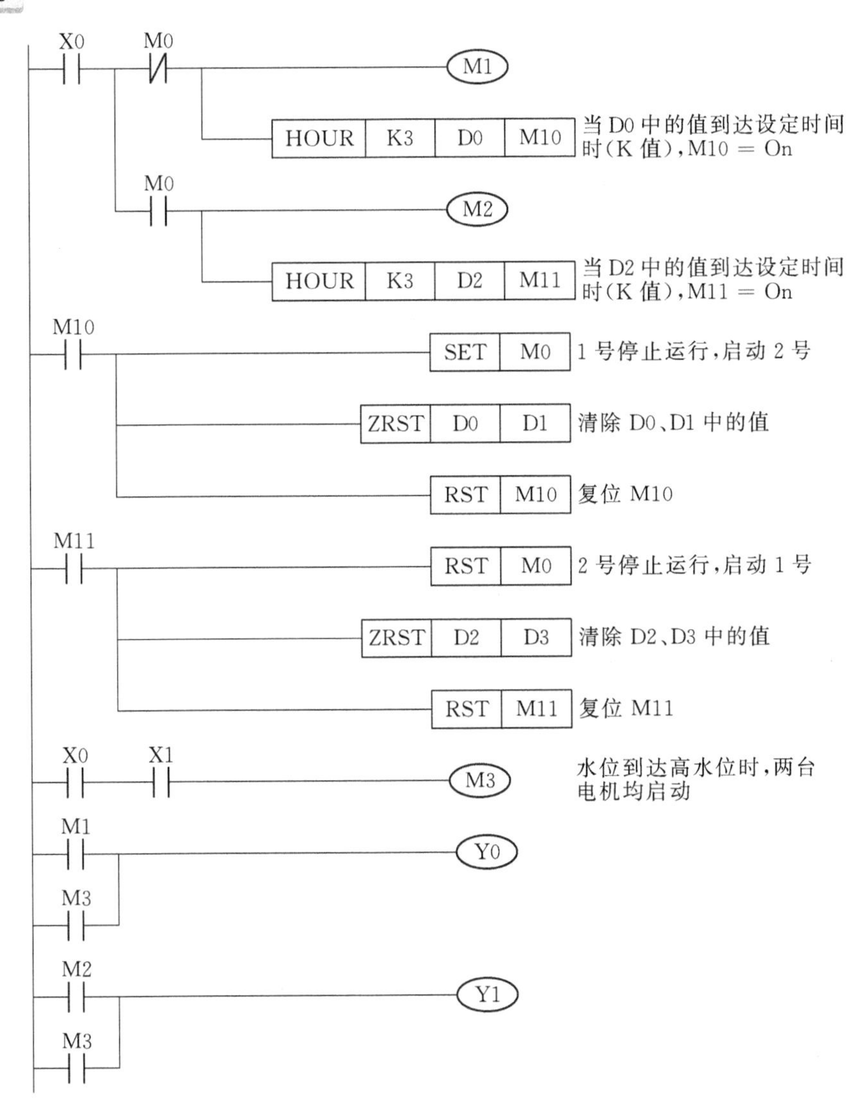

图 5-12　控制程序

程序说明

① 拨动开关 X0 断开时，Y0、Y1 均为 Off，两台污水泵电机均停止运行。

② 拨动开关 X0 闭合时，通过控制 M0 的导通和关断来控制 M1 或 M2 的导通和关断，从而控制两台污水泵电机的轮流运行。

③ 开关 X0 闭合时，当污水水位到达上限时，X1＝On，Y0＝On，Y1＝On，两台污水泵电机均运行。

④ D0、D1 分别存放 1 号电机运行时间值的小时数和不足 1h 的时间值（0～3599s）；D2、D3 分别存放 2 号电机运行时间值的小时数和不足 1h 的时间值（0～3599s）。

⑤ 16 位指令可提供最高达到 32767h 的定时设置时间；32 位指令可提供最高达 2147483647h 的定时设置时间。

⑥ 因 HOUR 指令即使定时时间到后，定时器仍会继续计时，所以要重新计时，需将运行现在时间清零和设置时间到达标志复位。

5.8 人行道交通灯按钮控制

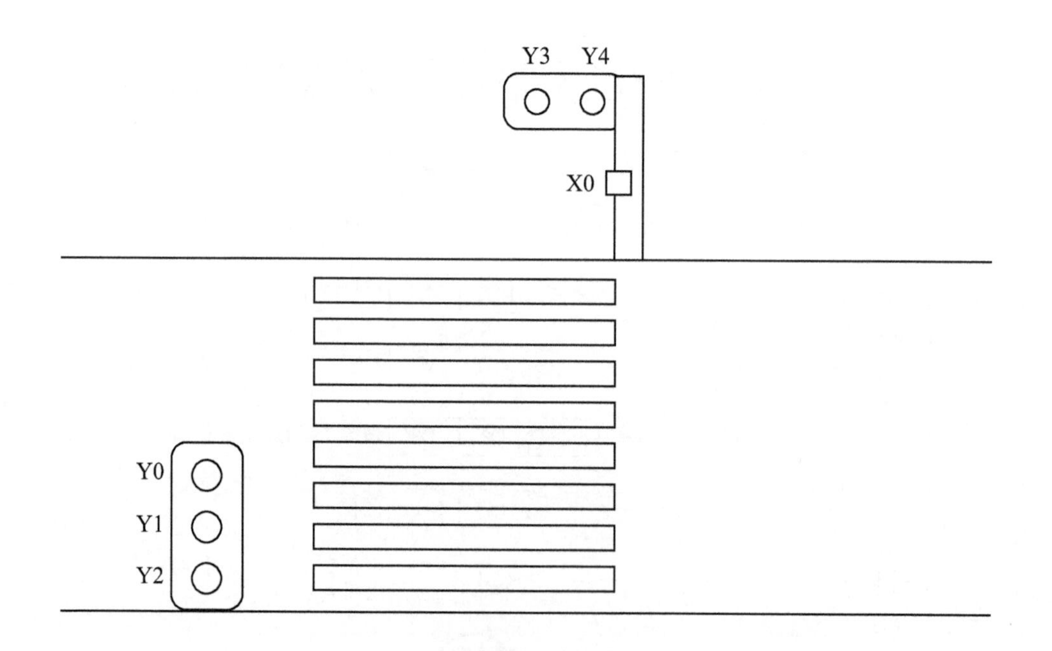

图 5-13 示意

控制要求

人行道的交通灯按钮由行人控制，马路方向（东西方向）设红、黄、绿交通灯，人行道方向（南北方向）设红、绿交通灯，在人行道的两边各设一个按钮，当行人要过人行道时按下路边的按钮。当交通灯已经进入运行状态时，再按按钮将不起作用。

元件说明

表 5-8 元件说明

PLC 软元件	控制说明
X0	路北控制交通灯按钮，按下时，X0 状态由 Off→On
	路南控制交通灯按钮，按下时，X0 状态由 Off→On
Y0	车道绿灯
Y1	车道黄灯
Y2	车道红灯
Y3	人行道红灯
Y4	人行道绿灯
M0	内部辅助继电器
T0	计时 30s 定时器，时基为 100ms 的定时器
T1	计时 40s 定时器，时基为 100ms 的定时器
T2	计时 45s 定时器，时基为 100ms 的定时器
T3	计时 55s 定时器，时基为 100ms 的定时器
T4	计时 60s 定时器，时基为 100ms 的定时器
T5	计时 65s 定时器，时基为 100ms 的定时器
T6	计时 0.5s 定时器，时基为 100ms 的定时器
T7	计时 3s 定时器，时基为 100ms 的定时器

控制程序

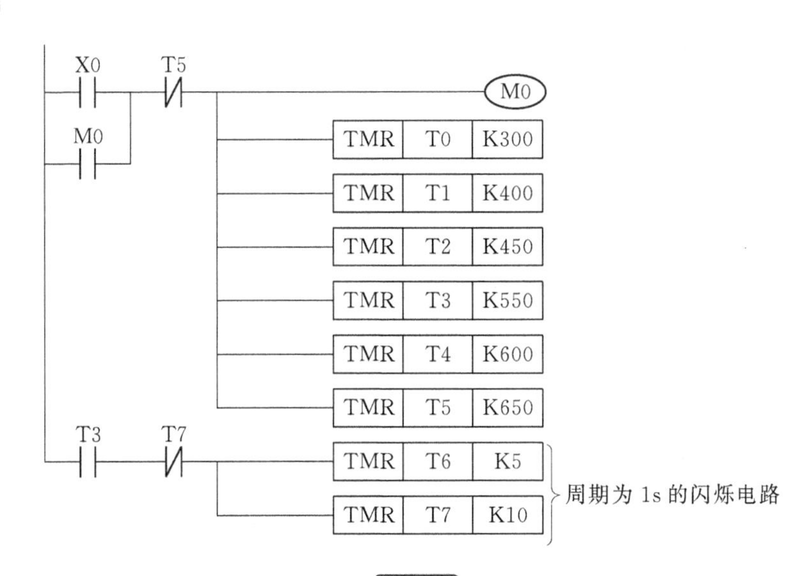

图 5-14

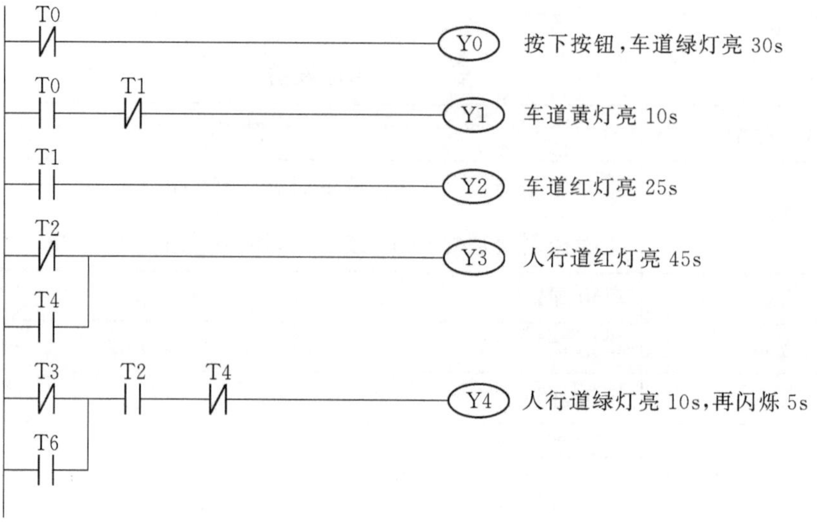

T0 —— Y0 按下按钮,车道绿灯亮 30s

T0 T1 —— Y1 车道黄灯亮 10s

T1 —— Y2 车道红灯亮 25s

T2 / T4 —— Y3 人行道红灯亮 45s

T3 / T6, T2, T4 —— Y4 人行道绿灯亮 10s,再闪烁 5s

图 5-14 控制程序

程序说明

① 未按下按钮时，Y0 和 Y3 得电，人行道红灯亮，车道绿灯亮。

② 按下按钮 X0，M0 得电自锁，将定时器 T0～T5 接通开始延时。首先，T0 延时 30s 后 Y0 失电，车道绿灯灭，Y1 得电，车道黄灯亮。10s 后 T1 计时时间到，Y1 失电，车道黄灯灭，Y2 得电，车道红灯亮。5s 后 T2 计时时间到，Y3 失电，人行道红灯灭，Y4 得电，人行道绿灯亮，行人可以通行。10s 后 T3 计时时间到，接通 T6、T7 组成的振荡电路，T6 常开接点使 Y4 线圈亮 0.5s，灭 0.5s，即人行道绿灯闪烁 5s 后，T4 计时时间到，Y4 失电，Y3 得电，人行道绿灯灭，红灯亮。5s 后 T5 计时时间到，T5 常闭接点使 M0 和所有定时器复位，恢复到初始状态，完成一次人行道通行。

5.9 打卡计数

图 5-15 示意

控制要求

打卡器开启，每检测到一张磁卡，计数器加一，当数值达到应上班的总人数时，指示灯变亮，按下复位键，计数器清零。

元件说明

表 5-9　元件说明

PLC 软元件	控 制 说 明
X0	电磁传感器，磁卡接近时，X0 状态由 Off→On
X1	清零键，按下时，X1 状态由 Off→On，计数器清零
C120	计数器
Y0	指示灯

控制程序

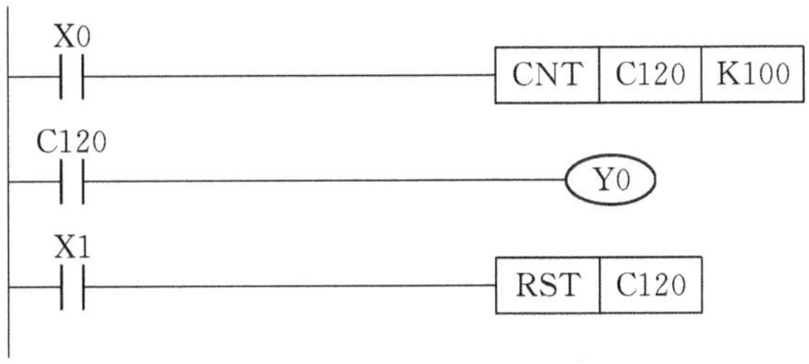

```
  X0
--| |-------------------[CNT C120 K100]
  C120
--| |-------------------(Y0)
  X1
--| |-------------------[RST C120]
```

图 5-16　控制程序

程序说明

① 打卡器开启后，每有一张磁卡靠近，X0＝On，C120 计数一次。

② 当 C120 数值达到应上班的总人数时，C120＝On，Y0＝On，指示灯变亮。

③ 按下复位键 X1 时，X1＝On，计数器清零。

5.10 交替输出程序

控制要求

在继电器-接触器控制系统中，控制电动机的启停往往需要两个按钮，这样当 1 台 PLC 控制多个这种具有启停操作的设备时，势必占用很多输入点。有时为了节省输入点，通过利用 PLC 软件编程。实现交替输出。

操作方法是：按一下该按钮，输入的是启动信号。再按一下该按钮，输入的是停止信号……即单数次为启动信号，双数次为停止信号。

5.10.1 计数器实现交替输出功能

元件说明

表 5-10　元件说明

PLC 软元件	控 制 说 明
X0	控制按钮：按下时，X0 状态由 Off→On
Y0	电机（接触器）
C0	16 位数停电保持计数
C1	16 位数停电保持计数

控制程序

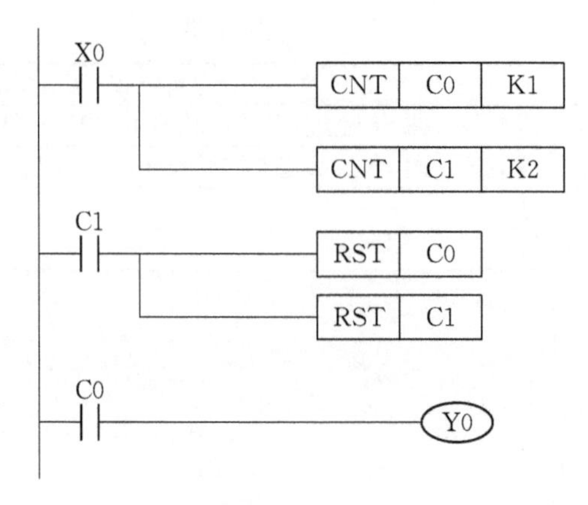

图 5-17 控制程序

程序说明

① 第一次按下 X0，X0=On，计数器 C0、C1 分别加 1，C0=On，Y0=On，电动机运转。

② 第二次按下 X0，X0=On，计数器 C1 加 1，C1=On，计数器 C0、C1 被复位，电动机停止运转。

③ 第三次按下 X0，电动机再次启动。

5.10.2 用上升沿（正跳变）触发指令实现交替输出功能

元件说明

表 5-11 元件说明

PLC 软元件	控制说明
X0	控制按钮:按下时,X0 状态由 Off→On
Y0	电机(接触器)
M0-M1	内部辅助继电器

控制程序

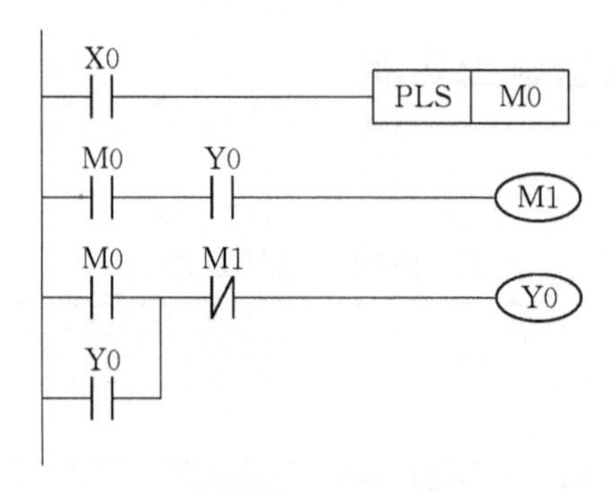

图 5-18 控制程序

程序说明

① 第一次按下 X0，X0＝On，其上升沿使 M0 得电，Y0 得电并自锁，电动机启动运行。在下一个扫描周期，虽然 Y0 常开接点闭合，但由于 X0 无上升沿，M0 常开接点断开，因此 M1 不得电。

② 第二次按下 X0，X0＝On，其上升沿使 M0 得电，进而使 M1 得电，Y0 失电，电动机停止运行。

5.11 一个数据的保持控制

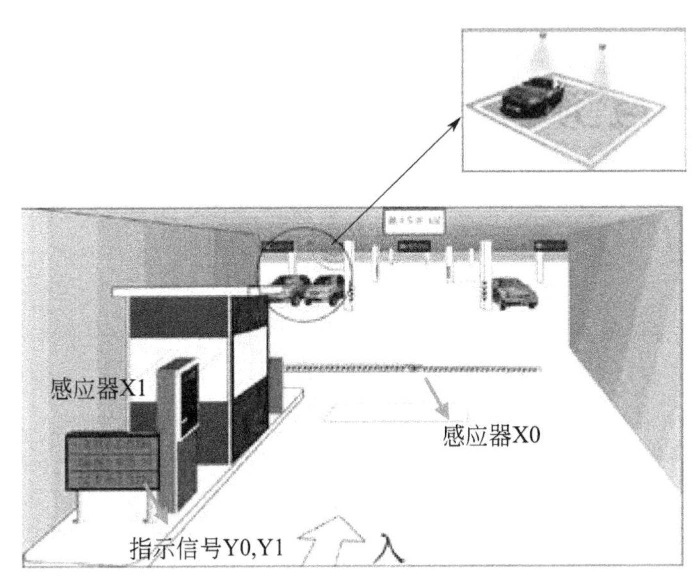

图 5-19 示意

控制要求

检测停车厂里有多少辆车，当停车场里满位或非满位时，分别给出不同的信号。

元件说明

表 5-12 元件说明

PLC 软元件	控制说明
X0	感应器,有车经过时,X0 状态由 Off→On
X1	感应器,有车经过时,X1 状态由 Off→On
X2	信号显示开关,按下时,X2 状态由 Off→On
Y0	非满位信号灯,车位满时,Y0 状态由 Off→On
Y1	满位信号灯,车位满时,Y1 状态由 Off→On

控制程序

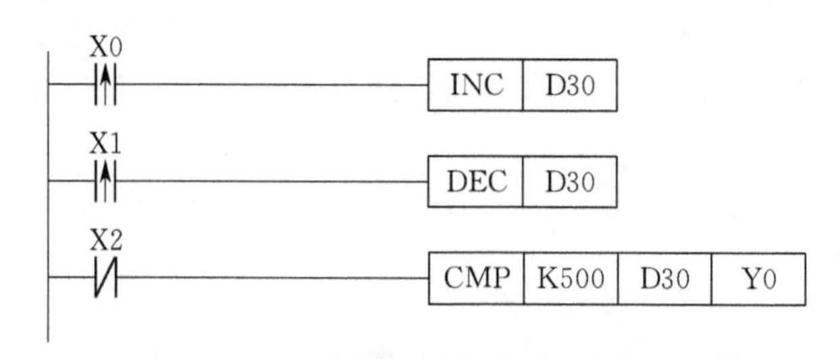

图 5-20 控制程序

程序说明

本例以停车场能容纳 500 辆车进行编程。

① 当车位未满时，Y0＝On，Y1＝Off，非满位信号灯亮。

② 当有车进入停车场时，X0＝On，D30 加 1，当有车离开停车场时，X1＝On，D30 减 1。

③ 当车位满时，Y0＝Off，Y1＝On，满位信号灯亮。

备注：BIN 减 1DEC 指令使用说明 

D：目的地装置，类别可为 KnY，KnM，KnS，T，C，D，E，F。

① 若指令不是脉冲执行型，当指令执行时，程序每次扫描，周期被指定的装置 D 内容都会减 1。

② 16 位运算时，－32，768 再减 1 则变为 32，767。32 位运算时，－2，147，483，648 再减 1 则变为 2，147，483，647。

5.12 读卡器（付费计时）

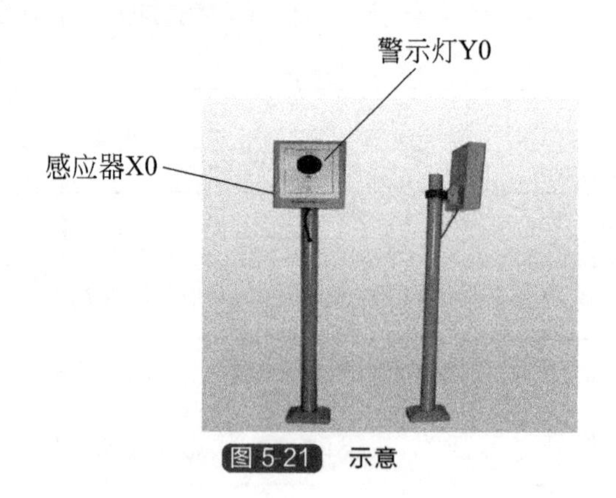

图 5-21 示意

控制要求

小区暂时停车时，通过读卡计时来付费，在不超过一天的时间内通过读卡器计时付费，超过一天时，在读卡时，Y0 警示灯亮提示停车已经超过一天。

元件说明

表 5-13　元件说明

PLC 软元件	控 制 说 明
X0	感应开关，接触后，X0 状态由 Off→On
X1	计时器复位按钮，按下时，X1 状态由 Off→On
Y0	警示灯
C0	16 位计数器
C1	16 位计数器
C2	16 位计数器
M1013	1s 时钟脉冲

控制程序

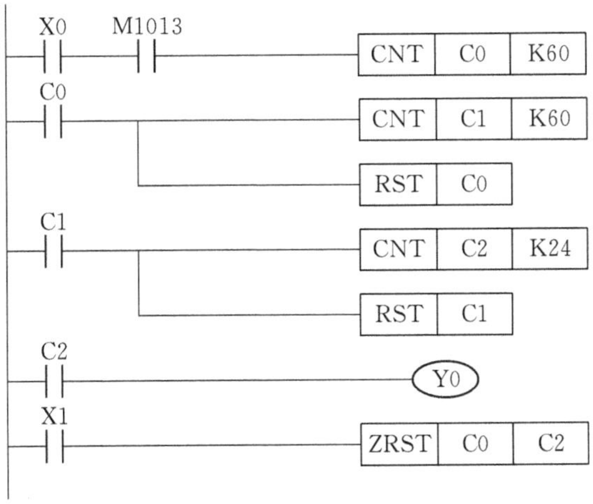

```
X0    M1013
-| |----| |-------------[CNT  C0  K60]
C0
-| |----+---------------[CNT  C1  K60]
        |
        +---------------[RST  C0]
C1
-| |----+---------------[CNT  C2  K24]
        |
        +---------------[RST  C1]
C2
-| |--------------------(Y0)
X1
-| |--------------------[ZRST C0  C2]
```

图 5-22　控制程序

程序说明

① 有车进入小区时，X0＝On，计费开始。

② 当停车时间未超过一天时，Y0＝Off，警示灯不亮；当停车时间超过一天时，Y0＝On，警示灯亮。

③ 按下复位开关，X1＝On，计时器复位。

5.13 液体混合计数

控制要求

按下启动按钮后，自动按顺序向容器注入 A、B 两种液体，到达规定的注入量后，由搅拌机对混合液体进行搅拌，搅拌均匀后打开阀门让混合液体从流出口流出。每混合一次计数一次，混合 100 次时目标完成，指示灯亮并停止工作。

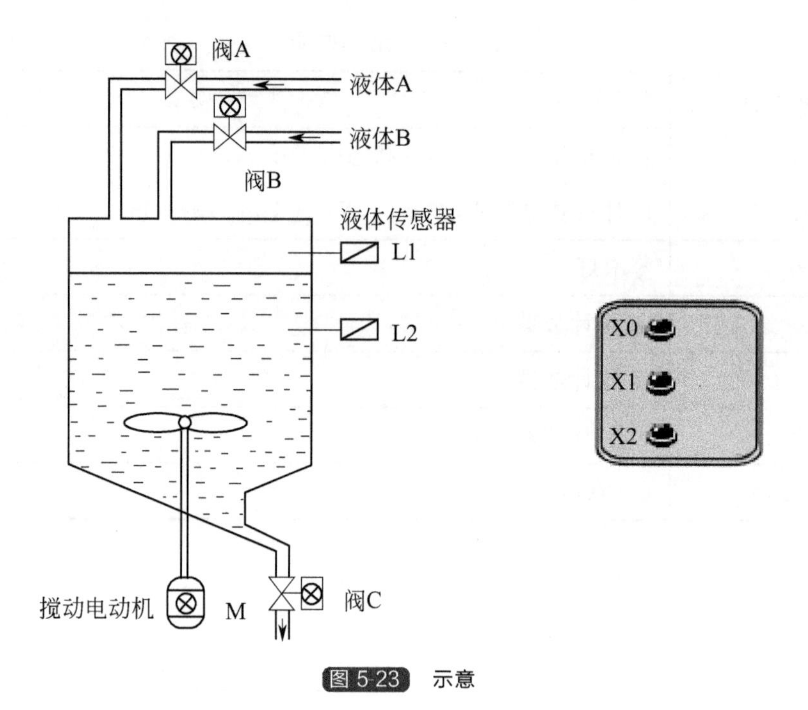

图 5-23 示意

元件说明

表 5-14 元件说明

PLC 软元件	控 制 说 明
X0	启动按钮:按下时,X0 状态由 Off→On
X1	控制按钮:按下时,X1 状态由 Off→On
X2	清零按钮
X3	低水位浮标传感器,水位到达该处时,X3 状态由 Off→On
X4	高水位浮标传感器,水位到达该处时,X4 状态由 Off→On
Y0	液体 A 流入阀门
Y1	液体 B 流入阀门
Y2	搅拌电机
Y3	混合液体流出阀门
Y4	目标完成指示灯
T0	计时 60s 定时器,时基为 100ms 的定时器
T1	20s 定时器
C120	16 位数停电保持计数

控制程序

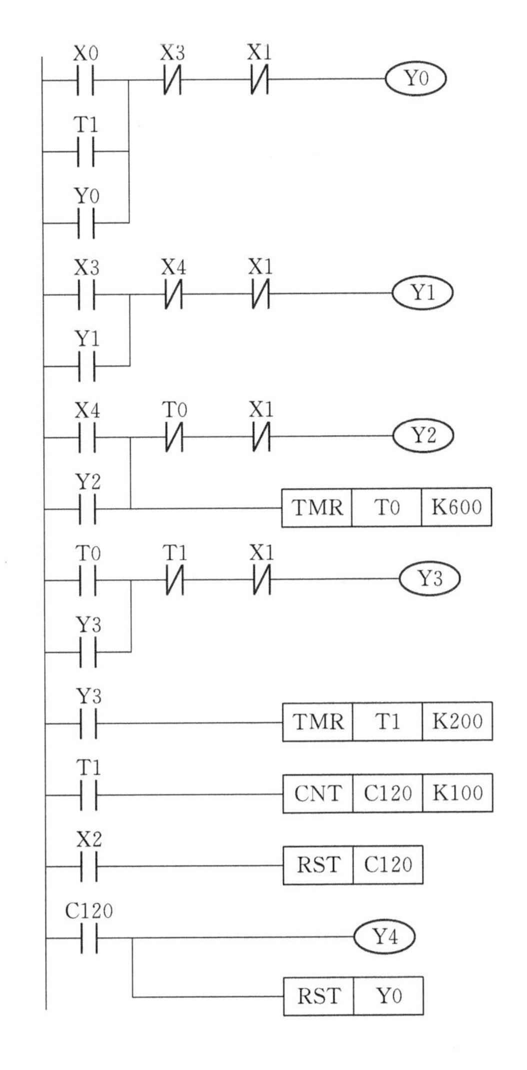

图 5-24 控制程序

程序说明

① 按启动按钮，X0＝On，Y0＝On 并自锁，阀门打开注入液体 A，直到碰到低水位浮标传感器后停止液体 A 注入。

② 碰到低水位浮标传感器后，由 X3 由 Off→On 动作，Y1＝On 并自锁，直到碰到高水位浮标传感器后停止液体 B 注入。

③ 碰到高水位浮标传感器后，X4＝On，Y2＝On，搅拌电机开始工作，同时定时器 T0 开始计时，60s 后，T0＝On，Y2 被关断，搅拌电机停止工作，Y3＝On 并自锁，混合液体开始流出。

④ Y3＝On 后，定时器 T1 开始执行，到达预设值 20s 后，T1＝On，Y3 被关断，混合液体停止流出。同时，Y0＝On，又开始注入液体 A，进入下一轮循环。

⑤ 每混合一次，C120 计数一次，计数到 100 次，Y4＝On，目标完成指示灯亮并停止

工作。

⑥ 下次启动前需按 X2 按钮使计数器清零。

⑦ 当系统出现故障时，按下急停按钮，X1＝On，其常闭接点断开，所有输出均被关断，系统停止工作。

5.14 用定时器编写的电动机正反转自动循环控制程序

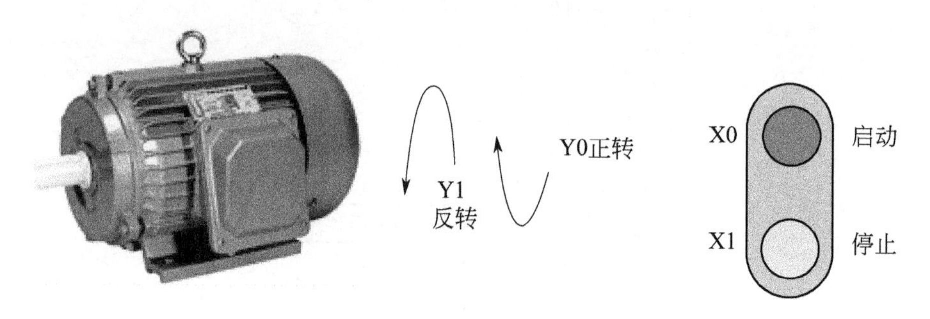

图 5-25 示意

控制要求

按下启动按钮，电动机正转，3min 后自动切换为反转，再经过 3min 自动切换回正转，如此不断循环；按下停止按钮，电动机停止。

元件说明

表 5-15 元件说明

PLC 软元件	控 制 说 明
X0	启动按钮:按下时,X0 状态由 Off→On
X1	停止按钮:按下时,X1 状态由 Off→On
M0	内部辅助继电器
Y0	正转接触器
Y1	反转接触器
T0	计时 1800s 定时器,时基为 100ms 的定时器
T1	计时 1800s 定时器,时基为 100ms 的定时器
T2	计时 3600s 定时器,时基为 100ms 的定时器

控制程序

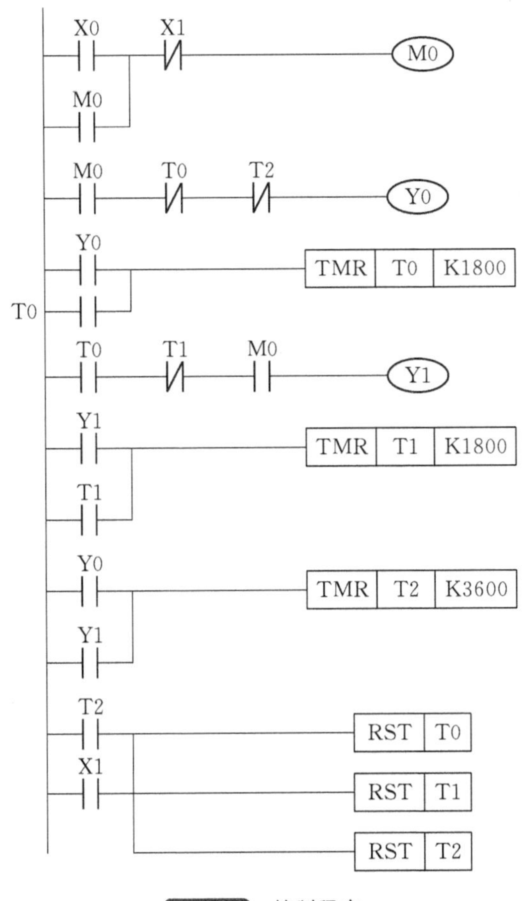

图 5-26 控制程序

程序说明

① 按下启动按钮，X0＝On，M0＝On 并自锁，Y0＝On，电动机正转，T0、T2 开始计时。

② 3min 后，T0＝On，Y0＝Off，Y1＝On，电动机反转，T1 开始计时。

③ 再经 3min 后，T1＝On，Y1＝Off，T2＝On，T0、T1、T2 被复位，同时 Y0＝On，电动机正转。

④ 按下停止按钮，X1＝On，电动机立即停止。

⑤ 当再次按下启动按钮时，T0、T1 被复位，无论上次电机在何状态时停止，电机均从正转开始运转。

Chapter
06

第6章
抢答器与灯光控制 PLC 程序设计案例

台达
PLC

6.1 权限不同混合竞赛抢答器

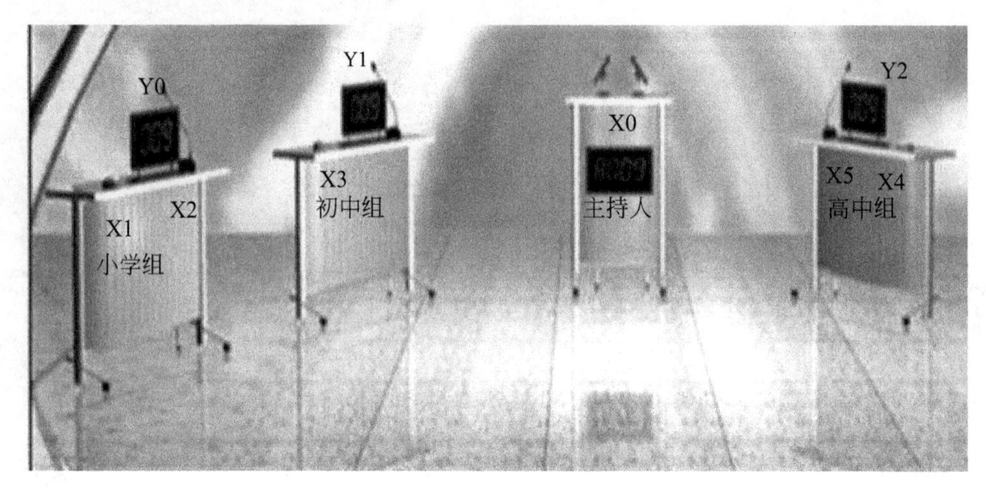

图 6-1 抢答器效果图

控制要求

① 有小学生、初中生、高中生 3 组选手参加智力竞赛。要获得回答主持人问题的机会，必须抢先按下桌上的抢答按钮。任何一组抢答成功后，其他组再按按钮无效。

② 小学生组和高中生组桌上都有两个抢答按钮，初中生组桌上只有一个抢答按钮。为给小学生组一些优待，其桌上的 X1 和 X2 任何一个抢答按钮按下，Y0 灯都亮；而为了限制高中生组，其桌上的 X4 和 X5 抢答按钮必须同时按下时，Y2 灯才亮；中学生组按下 X3 按钮，Y1 灯亮。

③ 主持人按下 X0 复位按钮时，Y0，Y1，Y2 灯都熄灭。

元件说明

表 6-1 元件说明

PLC 软元件	控 制 说 明
X0	主持人复位按钮，按下时，X0 状态由 Off→On
X1	小学生组按钮，按下时，X1 状态由 Off→On
X2	小学生组按钮，按下时，X2 状态由 Off→On
X3	初中生组按钮，按下时，X3 状态由 Off→On
X4	高中生组按钮，按下时，X4 状态由 Off→On
X5	高中生组按钮，按下时，X5 状态由 Off→On
Y0	小学生组指示灯
Y1	初中生组指示灯
Y2	高中生组指示灯

控制程序

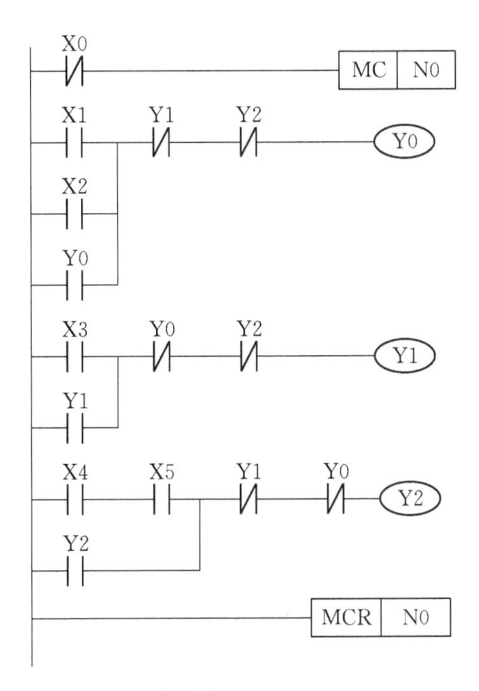

图 6-2 控制程序

程序说明

① 主持人未按下按钮时，X0＝Off，［MC N0］指令执行，MC～MCR 之间程序正常执行。小学生组两个按钮为并联连接，高中生组两个按钮为串联连接，而初中生组只有一个按钮，任何一组抢答成功后都是通过自锁回路形成自锁，即松开按钮后指示灯也不会熄灭。

② 其中一组抢答成功后，通过互锁回路，其他组再按按钮无效。

③ 主持人按下复位按钮后，X0＝On，［MC N0］指令不被执行，MC～MCR 之间程序不被执行。Y0、Y1、Y2 全部失电，所有组的指示灯熄灭。主持人松开按钮后，X0＝Off，MC～MCR 之间程序又正常执行，进入新一轮的抢答。

备注：

在知识竞赛、文体娱乐活动（抢答赛活动）中，抢答器能准确、公正、直观地判断出抢答者的座位号。本案例通过程序设计实现了不同类别人群竞赛抢答功能，通过 PLC 梯形图中输入设备对应接点的串并联来实现了不同的优先级别。

6.2 权限相同普通三组抢答器

控制要求

① 参赛者共分为三组，每组有一个抢答器按钮。当主持人按下开始抢答按钮后，开始抢答指示灯亮，若在 10s 内有人抢答，则先按下的抢答按钮信号有效，相应的抢答指示

灯亮。

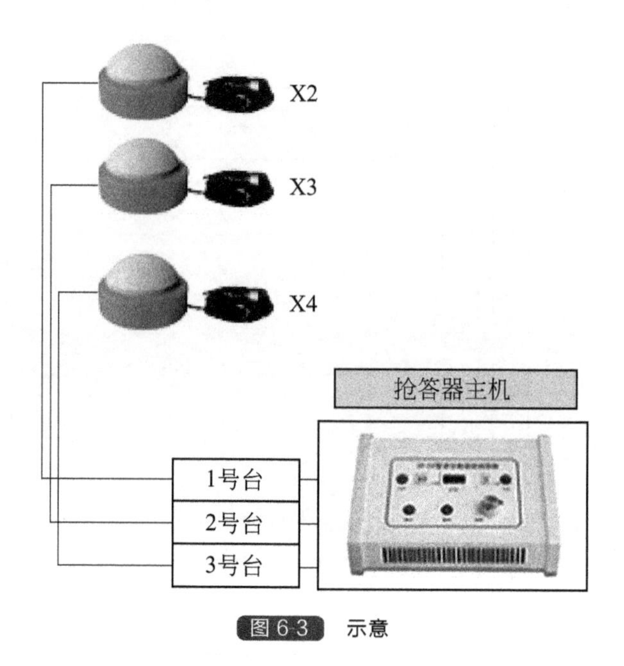

图 6-3 示意

② 当主持人按下抢答按钮后，如果在 10s 内无人抢答，则撤销抢答指示灯亮，表示抢答器自动撤销此次抢答信号。

③ 当主持人再次按下抢答按钮后，所有抢答指示灯熄灭。

元件说明

表 6-2 元件说明

PLC 软元件	控 制 说 明
X0	启动按钮:按下时,X0 状态由 Off→On
X1	开始抢答按钮:按下时,X1 状态由 Off→On
X2	1 组抢答按钮,按下时,X2 状态由 Off→On
X3	2 组抢答按钮,按下时,X3 状态由 Off→On
X4	3 组抢答按钮,按下时,X4 状态由 Off→On
X5	停止按钮:按下时,X5 状态由 Off→On
Y0	抢答器启动指示灯
Y1	开始抢答指示灯
Y2	1 组抢答指示灯
Y3	2 组抢答指示灯
Y4	3 组抢答指示灯
Y5	撤销抢答指示灯
T0	计时 10s 定时器,时基为 100ms 的定时器

控制程序

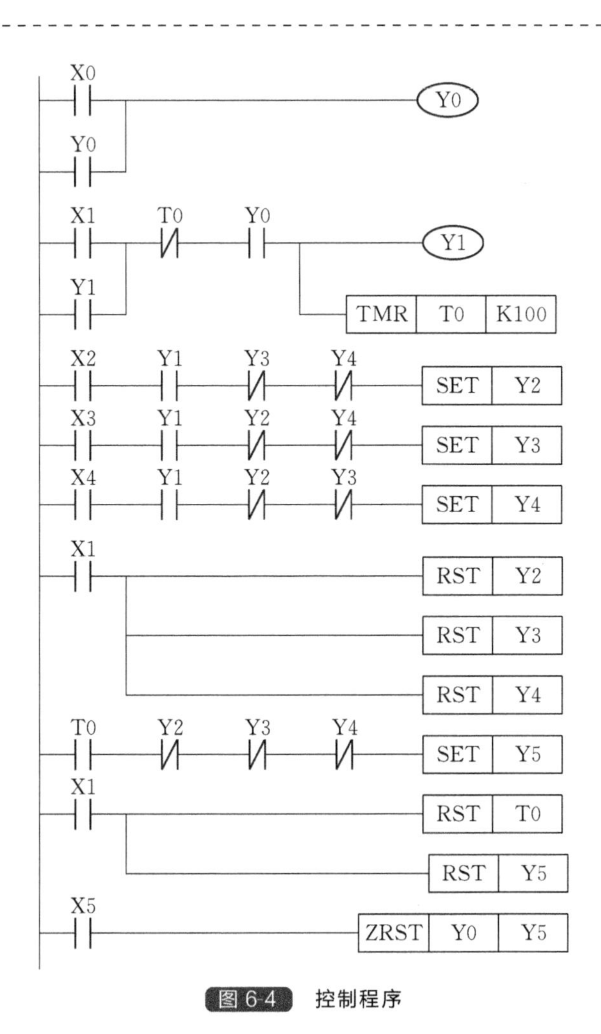

图 6-4 控制程序

程序说明

① 按下启动按钮，X0=On，Y0=On 并自锁，抢答器启动。

② 按下开始抢答按钮，X1=On，Y1=On 并自锁，开始抢答指示灯亮，同时定时器 T0 开始计时。

③ 若 1 组抢答，则 X2=On，Y2=On，1 组抢答指示灯亮，同时使 Y2 常闭接点断开，与 2 组、3 组形成互锁，即 2 组、3 组不能抢答。

④ 若 10s 内无人抢答，T0=On，Y1=Off，使 1～3 组失去抢答机会，同时，Y5=On，撤销抢答指示灯亮。

⑤ 不论是否有人抢答，再次按下开始抢答按钮 X1，所有指示灯熄灭，开始抢答指示灯亮，进行新一轮抢答。

⑥ 按下关闭按钮，X5=On，抢答器关闭。

备注 1： 区域复位（批量复位）ZRST 指令使用说明：

ZRST	D1	D2

D1：批次复位起始装置，类别可为 Y，M，S，T，C，D。

D2：批次复位结束装置，类别可为 Y，M，S，T，C，D。

指令执行时 D1 操作数编号到 D2 操作数编号的区域装置全部复位。

当 D1 操作数编号 > D2 操作数编号时，只有 D2 指定的操作数被复位。

本例中 ZRST Y0 Y5 是指 Y0、Y1、Y2、Y3、Y4、Y5 全部复位。

本例程序 8~10 行可用 ZRST Y2 Y4 来实现。

备注 2：置位（动作保持 On）指令 

SET	S

S：接点或寄存器清除装置，类别可为 Y，M，S。

当 SET 指令被驱动，其指定的元件被设置为 On，且被设置的元件会维持 On，不管 SET 指令是否仍被驱动。可利用 RST 指令将该元件设为 Off。

▼需要注意的是置位指令不支持批量或区域置位。

6.3 权限相同普通三组带数码管显示的抢答器

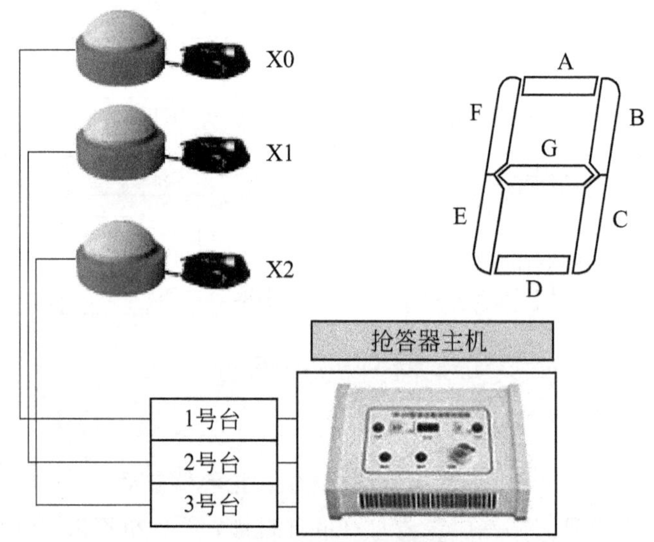

7 段显示的组成	用于 7 段显示的 8 位数据								7 段显示
	/	G	F	E	D	C	B	A	
A(Y2) F (Y10) B (Y3) G (Y7) E (Y6) C (Y4) D(Y5)	0	0	1	1	1	1	1	1	0
	0	0	0	0	0	1	1	0	1
	0	1	0	1	1	0	1	1	2
	0	1	0	0	1	1	1	1	3
	0	1	1	0	0	1	1	0	4
	0	1	1	0	1	1	0	1	5
	0	1	1	1	1	1	0	1	6
	0	0	0	0	0	1	1	1	7
	0	1	1	1	1	1	1	1	8
	0	1	1	0	1	1	1	1	9
	0	1	1	1	0	1	1	1	A
	0	1	1	1	1	1	0	0	b
	0	0	1	1	1	0	0	1	C
	0	1	0	1	1	1	1	0	d
	0	1	1	1	1	0	0	1	E
	0	1	1	1	0	0	0	1	F

图 6-5 示意

控制要求

在主持人宣布开始按下开始抢答按钮 X4 后，主持人台上的绿灯变亮，如果在 10s 内有人抢答，则数码管显示该组的组号；如果在 10s 内没有人抢答，则主持人台上的红灯亮起。只有主持人再次复位后才可以进行下一轮抢答。

元件说明

表 6-3 元件说明

PLC 软元件	控 制 说 明
X0	1 组抢答按钮,按下时,X0 状态由 Off→On
X1	2 组抢答按钮,按下时,X1 状态由 Off→On
X2	3 组抢答按钮,按下时,X2 状态由 Off→On
X3	复位按钮,按下时,X3 状态由 Off→On
X4	开始抢答按钮,按下时,X4 状态由 Off→On
Y0	开始抢答指示灯
Y1	撤销抢答指示灯
Y2～Y7,Y10	数码管各段二极管
T0	计时 10s 定时器，时基为 100ms 的定时器

控制程序

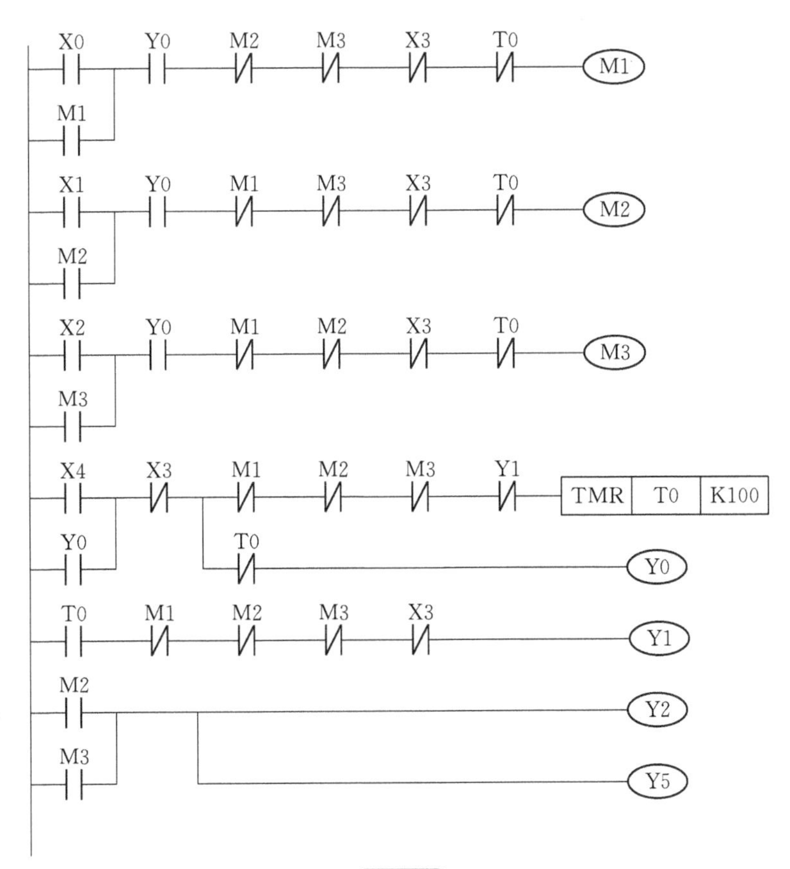

图 6-6

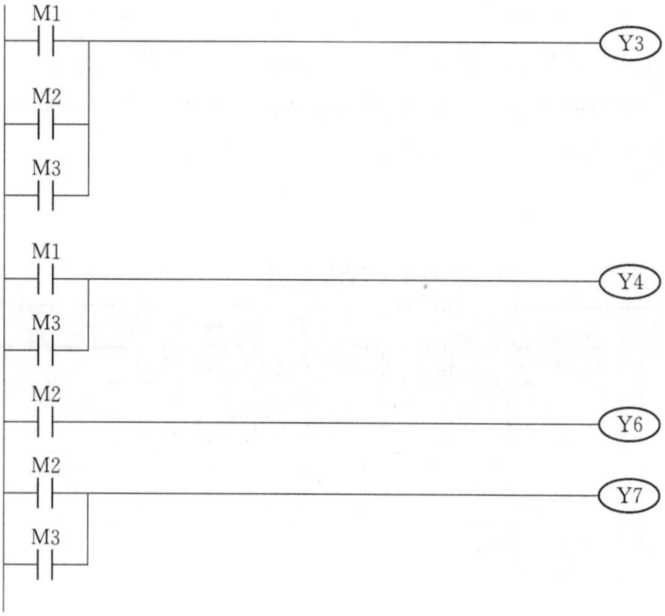

M1 —— Y3
M2
M3

M1 —— Y4
M3

M2 —— Y6

M2 —— Y7
M3

图 6-6　控制程序

程序说明

① 主持人按下开始抢答按钮，X4＝On，定时器 T0 开始 10s 计时，Y0＝On 并自锁，主持人台上开始抢答指示灯亮，若在 10s 内第三组按下抢答按钮，X2＝On，M3＝On 并自锁，数码管显示“3”，其余两组抢答器失效；若 10s 内无人抢答，即 T0 计时时间到，T0＝On，Y1＝On，主持人台上撤销抢答指示灯亮。同时 T0 的常闭触点断开，使 M1、M2、M3 再无机会得电，失去抢答机会。

② 主持人按下复位按钮，X3＝On，所有灯熄灭，开始下一轮抢答。

③ 数码显示功能使得抢答组号显示更加直观，更有利于比赛的公平公正。

6.4 单灯周期交替亮灭

图 6-7　示意

控制要求

通过一个定时器 T0 产生闪烁动作。

元件说明

表 6-4　元件说明

PLC 软元件	控制说明
X0	启动开关
Y0	灯
T0	计时 2s 定时器,时基为 100ms 的定时器
M0	内部辅助继电器

控制程序

```
   X0       T0
|--| |--+---|/|------[TMR  T0  K20]
|       |
|       |   T0
|       +---| |------[ALT  M0]
|
|  M0
|--| |-----------------(Y0)
```

图 6-8　控制程序

程序说明

当 X0＝On 时，T0 每隔 2s 产生一个脉冲，Y0 输出会依 T0 脉冲产生 On/Off 交替闪烁。

6.5　定时与区域置位指令实现多灯交替闪烁

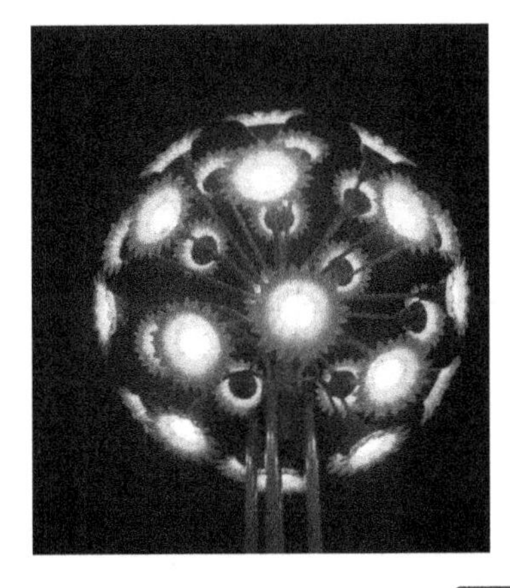

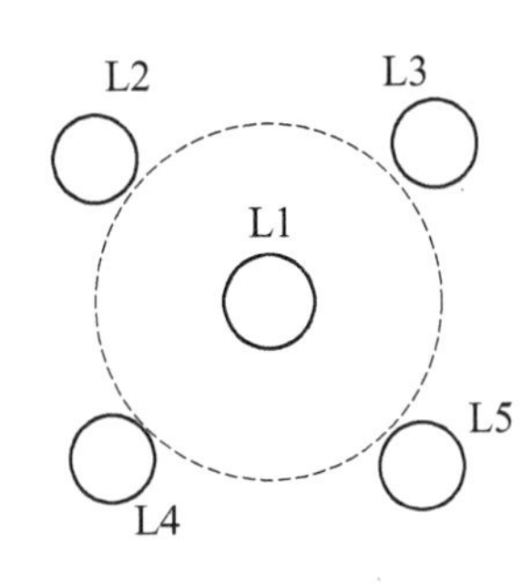

图 6-9　示意

控制要求

闭合开关，霓虹灯 L1 先亮，7s 后 L2～L4 灯闪烁；按下停止按钮，霓虹灯停止闪烁。

元件说明

表 6-5　元件说明

PLC 软元件	控制说明
X0	控制开关，按下时，X0 状态由 Off→On
X1	停止按钮，按下时，X1 状态由 Off→On
Y0	中间灯 L1
Y1	外围灯 L2，L3，L4，L5
T0	计时 2s 定时器，时基为 100ms 的定时器
T1	计时 5s 定时器，时基为 100ms 的定时器
T2	计时 10s 定时器，时基为 100ms 的定时器
M1013	1s 时钟脉冲

控制程序

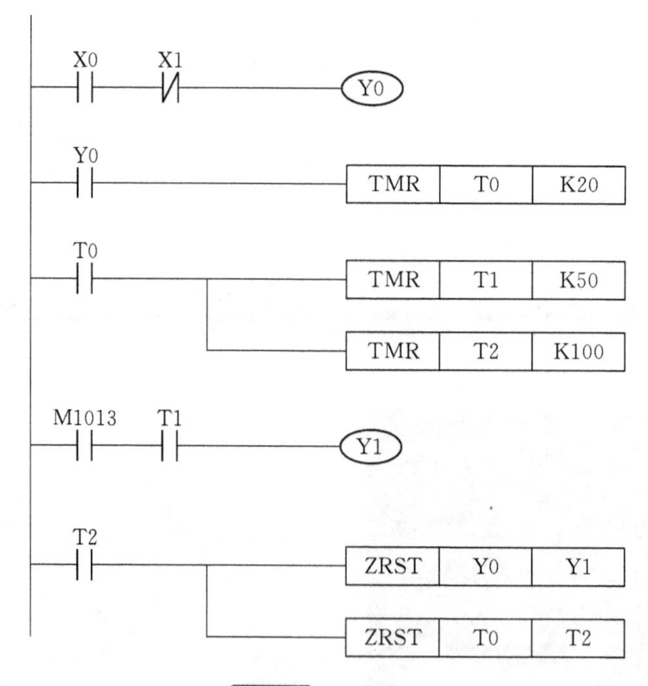

图 6-10　控制程序

程序说明

① 闭合开关时，X0 处导通，即 X0=On，Y0=On，中间灯点亮，T0 开始计时。

② T0 计时到 2s 时，T0=On，T1、T2，开始计时。

③ T1 计时到 5s 时，T1=On，Y1=On，外围灯闪烁。

④ T2 计时到 10s 时，T2=On，Y0、Y1、T0、T1、T2 复位，进入下一次循环。

6.6 用循环移位指令实现多灯控制

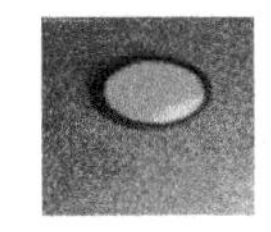
X0

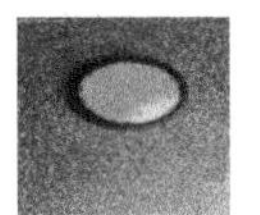
X1

图 6-11 示意

控制要求

本案例通过采用循环移位指令对多个灯控制，达到 PIZZA 循环点亮的演示效果。

元件说明

表 6-6 元件说明

PLC 软元件	控制说明
X0	启动按钮,按下时,X0 状态由 Off→On
X1	停止按钮,按下时,X1 状态由 Off→On
Y0	P 字母灯
Y1	I 字母灯
Y2	Z 字母灯
Y3	Z 字母灯
Y4	A 字母灯
Y5	小人形灯

控制程序

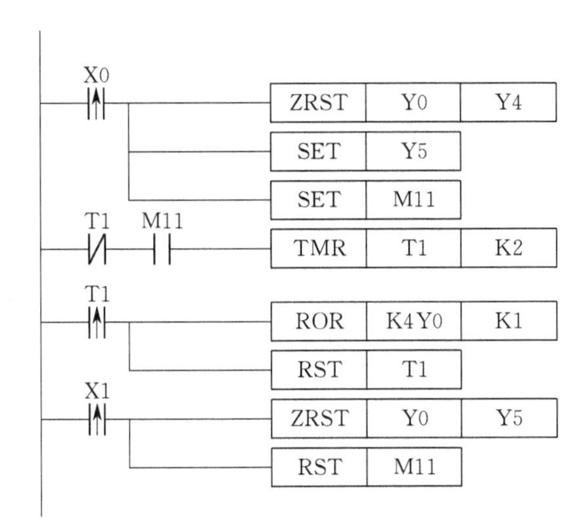

图 6-12 控制程序

程序说明

① 当按下启动按钮 X0 时，X0＝On，复位 Y0～Y4，置位 Y5，M11。

② M11＝On，启动 T1 定时器。

③ T1＝On 时，启动 ROR 循环指令，并复位 T1。

④ 按下停止按钮 X1 时，X1＝On，复位 Y0～Y5，复位 M11，停止灯的循环点亮。

备注：右循环移位指令

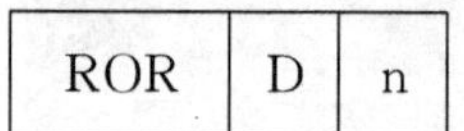

ROR	D	n

D：欲循环的装置，类别可为 KnY，KnM，KnS，T，C，D，E，F。

n：一次循环的位数，类别可为 K，H。

指令执行时，将 D 所指定的装置内容一次向右循环 n 个位。

6.7 定时器实现跑马灯控制

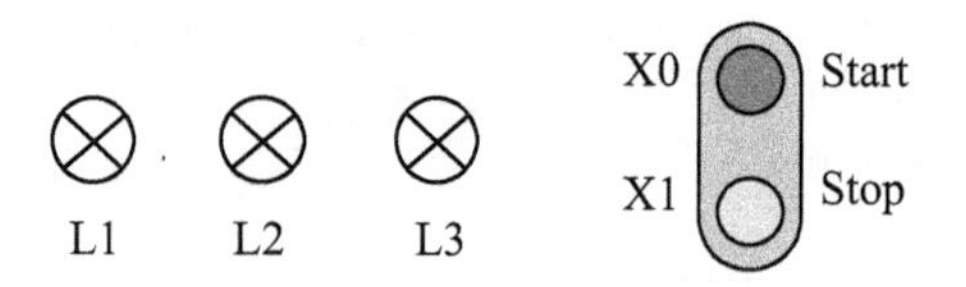

图 6-13 示意

控制要求

跑马灯的实现，也就是灯的亮、灭沿某一方向依次移动。按下 X0 三个灯依次点亮，当下一个灯点亮时上一个灯同时熄灭，并循环。按下 X1 灯熄灭，不再循环。

元件说明

表 6-7 元件说明

PLC 软元件	控制说明
X0	启动控制按钮：按下时，X0 状态由 Off→On
X1	停止控制按钮：按下时，X0 状态由 Off→On
Y0～Y2	灯 L1～L3
T0～T2	计时 1s 定时器，时基为 100ms 的定时器

控制程序

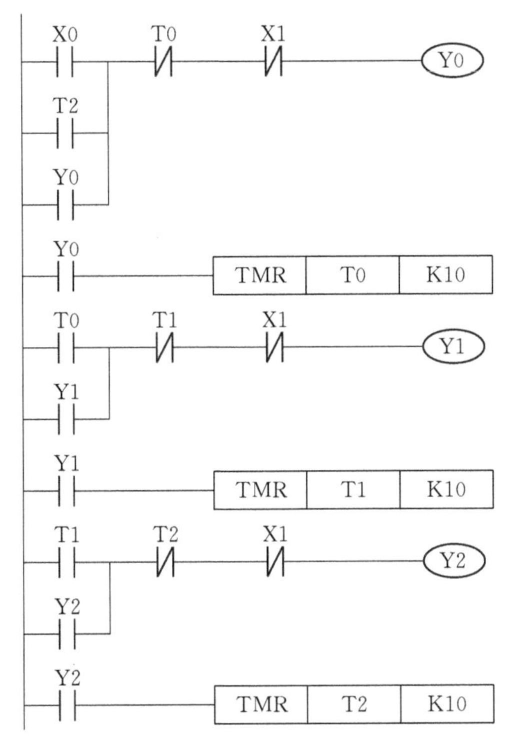

图6-14 控制程序

程序说明

① 按下X0启动按钮时，X0由Off→On动作，Y0导通并自锁，灯L1亮。同时T0开始计时，1s后T0常开接点闭合，常闭接点断开；Y0为Off，Y1为On，即灯L1熄灭，灯L2亮。同时T1开始计时，1s后T1常开接点闭合常闭接点断开；Y1为Off，Y2为On，即灯L2熄灭，灯L3亮。接下来，灯L3熄灭，灯L1点亮。此过程不断循环。

② 按下X1按钮时，灯熄灭，并不再循环。

6.8 广告灯控制

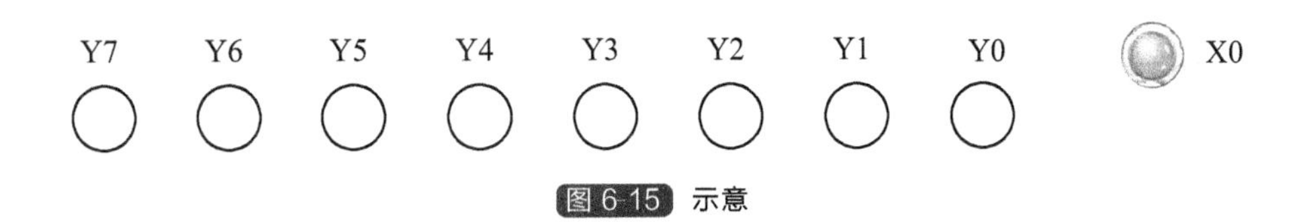

图6-15 示意

控制要求

一组广告灯包括8个彩色LED从左到右依次排开，启动时，要求8个彩色广告灯从右到左逐个点亮，全部点亮时，再从左到右逐个熄灭。全部熄灭后，再从左到右逐个点亮，全部点亮时，再从右到左逐个熄灭，并不断重复上述过程。

元件说明

表 6-8　元件说明

PLC 软元件	控制说明
X0	广告灯启动开关,按下时,X0 状态由 Off→On
T0	计时 1s 定时器,时基为 100ms 的定时器
T1	计时 8s 定时器,时基为 100ms 的定时器
Y0～Y7	8 个彩色 LED
M0～M1	内部辅助继电器

控制程序

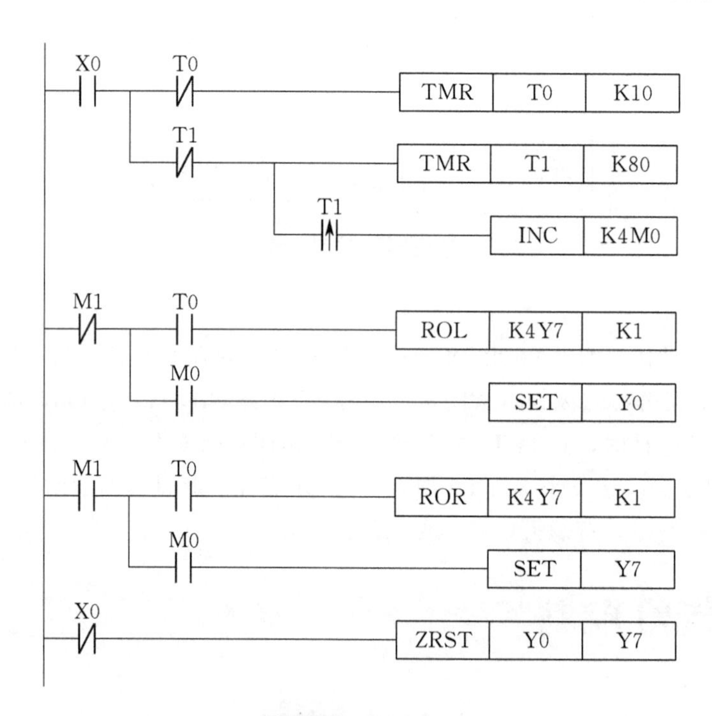

图 6-16　控制程序

程序说明

① 按下启动开关，8s 后执行一次 INC 加 1 指令，M1＝Off，M0＝On，M1 常闭接点闭合，Y0 置位，T0 每隔 1s 发出一个脉冲，执行左移指令，将 Y0 的 1 依次左移至 Y1～Y7，8 个 LED 依次点亮，最后全亮。

② T1 隔 8s 再发一个脉冲执行一次 INC 加 1 指令，M1＝On，M0＝Off，M1 常开接点闭合，M0 常开接点断开，执行右移指令，TO 每隔 1s 发出一个脉冲右移一次，每右移一次最左位补零，0 依次右移到 Y6～Y0，8 个 LED 依次熄灭，最后全灭。

③ T1 再隔 8s 再发一个脉冲，执行一次 INC 加 1 指令，M1＝On，M0＝On，M1、M0 常开接点都闭合，执行右移指令，并将 Y7 置位，T0 每隔 1s 发一个脉冲，将 Y7 的 1 依次右移至 Y6～Y0，8 个 LED 依次点亮，最后全亮。

④ T1 再隔 8s 再发一个脉冲，执行一次 INC 加 1 指令，M1＝Off，M0＝Off，M1 常闭接点闭合，M0 常开接点断开并执行左移指令，Y 每左移一位，最右位 Y0 即补零，T0 每隔 1s 发出一个脉冲，最右位补零，0 依次左移到 Y0～Y7，8 个 LED 依次熄灭，最后全灭。

⑤ T1 每隔 8s 发出一个脉冲，不断重复上述过程。

备注：左循环移位指令 

ROL	D	n

D：欲循环的装置，类别可为 KnY，KnM，KnS，T，C，D，E，F。

n：一次循环的位数，类别可为 K，H。

指令执行时，将 D 所指定的装置内容一次向左循环 n 个位。

6.9 条码图显示控制

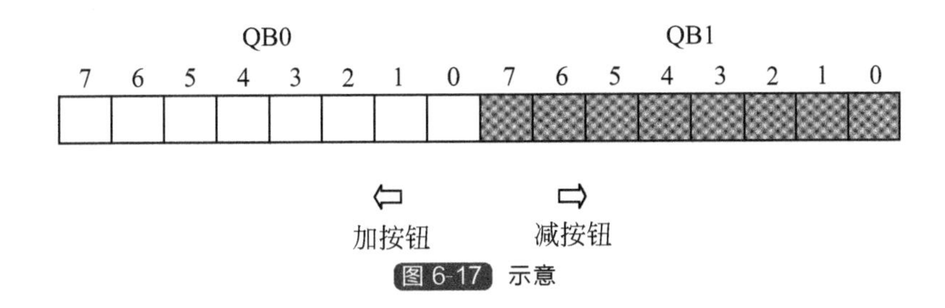

图 6-17 示意

控制要求

图中有 16 个 LED，初始时右边的 8 个 LED 亮，按动减按钮，减少条码图的发光长度，按动加按钮，增加条码图的发光长度。

元件说明

表 6-9 元件说明

PLC 软元件	控制说明
X0	条码图加按钮，X0 状态由 Off→On
X1	条码图减按钮，X1 状态由 Off→On
Y0～Y17	16 位发光二极管
M1002	启始正向（RUN 的瞬间“On”）脉冲

控制程序

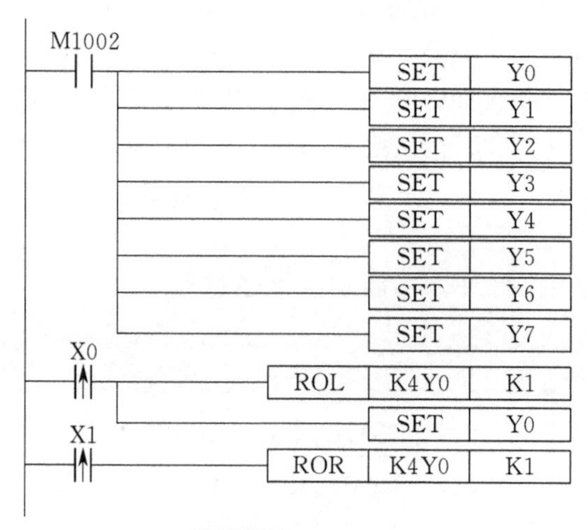

图 6-18 控制程序

程序说明

① 初始化脉冲 M1002 产生一个脉冲，将 Y0～Y7 全部置 1，Y0～Y15 中的数据结果为 2＃0000000011111111，Y0～Y7 得电，发光二极管 1～8 得电发光。

② 按下加按钮 X0，执行左移指令 ROL，Y1～Y15 中的数据结果为 2＃0000000111111110，同时 Y0 置位，最终结果为 2＃0000000111111111。增加一个灯亮。每按一次按钮 X0，多增加一个灯亮。

③ 如果按下减按钮 X1，执行右移指令 ROR，最左边的灯将会熄灭。每按一次减按钮 X1，熄灭一个灯。

Chapter 07

第7章 楼宇自动化 PLC 程序设计案例

台达 PLC

7.1 楼宇声控灯系统

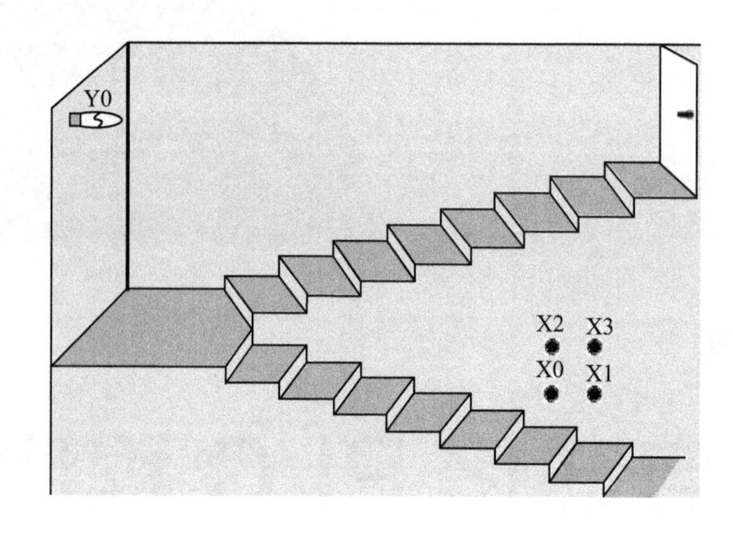

图 7-1 示意

控制要求

要求一种可以手动也可以自动控制的照明灯光系统。手动情况下，可以自由控制灯的开启和关闭；自动情况下，在弱光且有声音出现时，灯会点亮，无声音时，灯保持关闭状态，强光下，无论有无声音出现，灯都不会点亮。

元件说明

表 7-1 元件说明

PLC 软元件	控制说明
X0	声控开关，当有声音时，X0 的状态由 Off→On
X1	光控开关，当光线为弱光时，X1 的状态由 Off→On
X2	手动灯光开关，按下后，X2 的状态由 Off→On
X3	照明灯关闭按钮，按下后，X3 状态由 Off→On
T0	计时 10s 定时器，时基为 100ms 的定时器
Y0	照明灯
M0	内部辅助继电器

控制程序

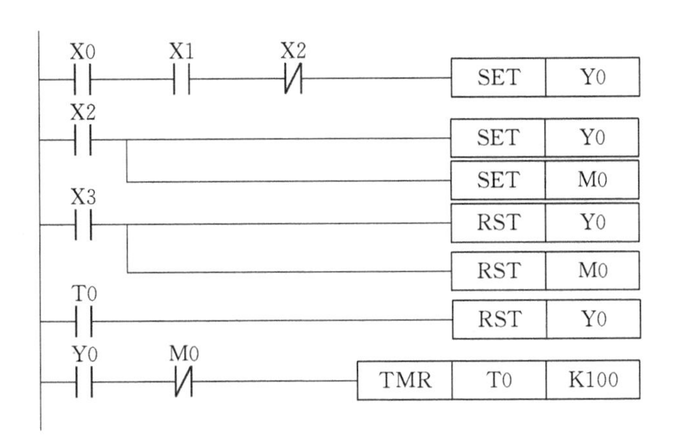

图 7-2 控制程序

程序说明

① 自动模式下，当照明灯周围环境处于弱光时，X1＝On，此时若周围无声音，则X0＝Off，SET 指令不执行；若有声音，则 X0＝On，SET 指令被执行，Y0 被置位，照明灯点亮。此时 Y0＝On，经 10s 后，T0＝On，RST 指令被执行，Y0 被复位，照明灯关闭。

② 手动模式下，X2＝On，SET 指令被执行，Y0 被置位，照明灯点亮。同时，M0 得电，无法启动 T0 计时，Y0 不被复位，无点亮时间限制。

③ 在两种模式下，都可以按下 X3 来关闭照明灯，按下 X3 时，X3＝On，RST 指令被执行，Y0、Y1 被复位，照明灯因此关闭，且不影响自动模式的再次启动。

7.2 火灾报警控制

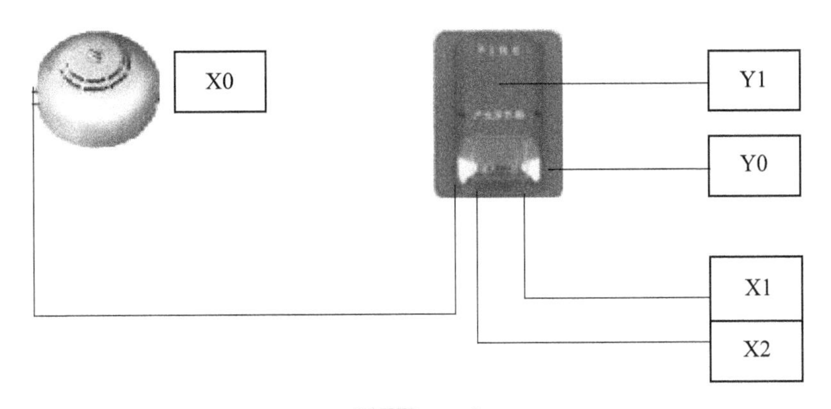

图 7-3 示意

控制要求

要求在火灾发生时，报警器能够发出间断的报警灯示警和长鸣的蜂鸣警告，并且能够让监控人员做出报警响应，且可以测试报警灯是否正常。

元件说明

表 7-2 元件说明

PLC 软元件	控制说明
X0	火焰传感器，有火灾发生时，X0 的状态由 Off→On
X1	监控人员报警响应开关，按下 X1 后，X1 的状态由 Off→On
X2	报警灯测试按钮，按下 X2 后，X2 的状态由 Off→On
T0	计时 1s 的定时器，时基为 100ms 的定时器
T1	计时 1s 的定时器，时基为 100ms 的定时器
Y0	报警灯
Y1	蜂鸣器
M0	内部辅助继电器

控制程序

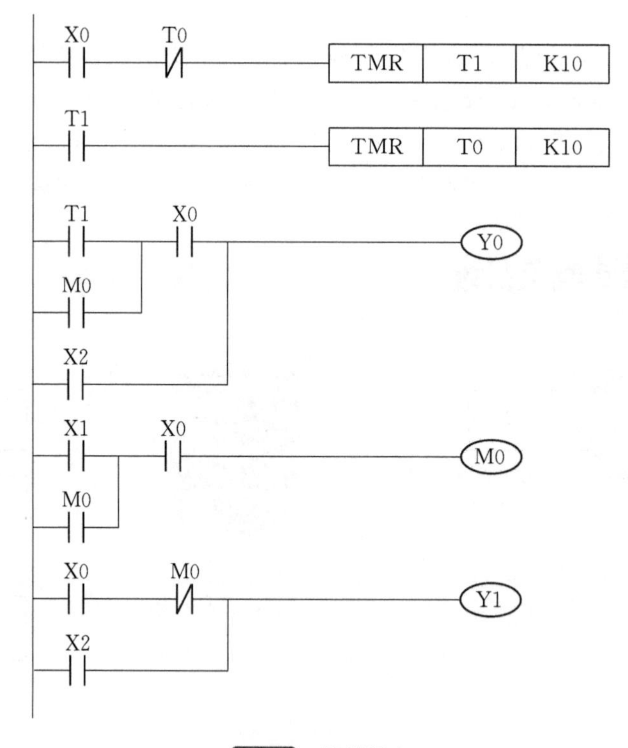

图 7-4 控制程序

程序说明

① 当火灾发生时，X0=On，Y1=On，蜂鸣器蜂鸣报警；同时，T1 定时器开始计时，1s 后 T1=On。启动 T0 计时，1s 后，T0=On，复位 T1，进而复位 T0，T1 又开始计时，

如此反复，常开接点在接通1s和断开1s之间往复循环。

② 随着T1在接通和断开之间的切换，报警灯Y0闪烁。

③ 在火灾发生且报警器报警后，监控人员可以按下X1作为对已知灾情时的响应，按下X1后X1=On，Y1=Off，蜂鸣器关闭，Y0（报警灯）则通过自锁结构保持动作不再闪烁，一直点亮。

④ 火灾未发生时，监控人员可通过按下X2按钮来测试报警灯和蜂鸣器是否正常。

7.3 多故障报警控制

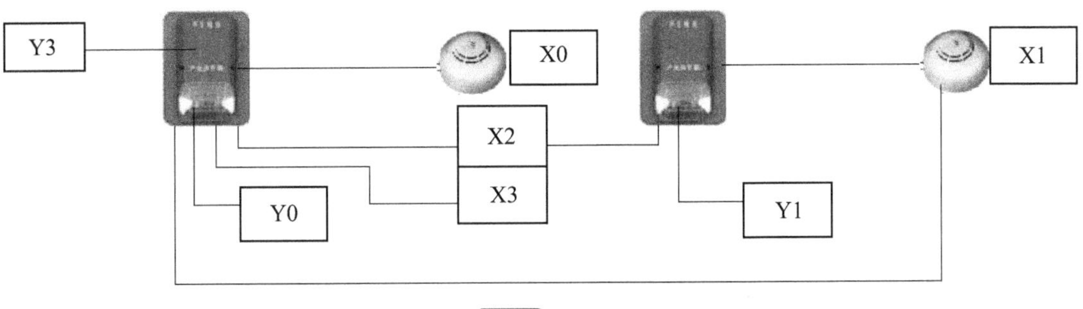

图7-5 示意

控制要求

要求对机器的多种可能的故障进行监控，且当任何一个故障发生时，按下警报消除按钮后，不能影响其他故障发生时报警器的正常鸣响。

元件说明

表7-3 元件说明

PLC软元件	控制说明
X0	故障1传感器，出现故障1时，X0的状态由Off→On
X1	故障2传感器，出项故障2时，X1的状态由Off→On
X2	报警灯和蜂鸣器测试按钮，按下X2后，X2的状态由Off→On
X3	报警响应按钮，按下X3时，X3的状态由Off→On
Y0	故障1报警灯
Y1	故障2报警灯
Y2	蜂鸣器
T0	计时1s定时器，时基为100ms的定时器
T1	计时1s定时器，时基为100ms的定时器
M0～M1	内部辅助继电器

控制程序

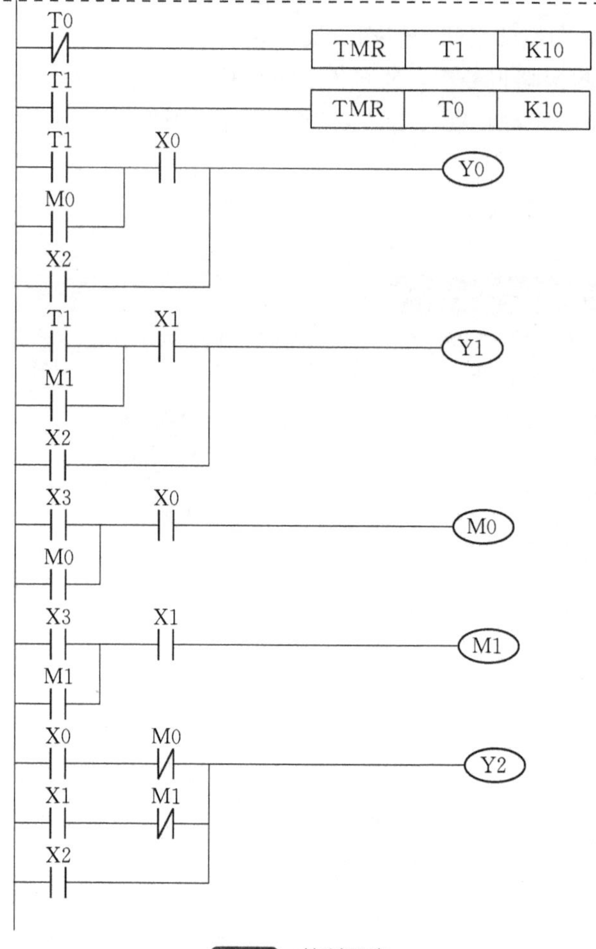

图 7-6 控制程序

程序说明

① 当启动监控时，T1 在通 1s 和断 1s 之间切换。

② 当发生故障 1 时，X0=On，Y2=On，蜂鸣器蜂鸣报警，由于 T1 在 On 和 Off 之间往复循环，因此，Y0 也在 Y0=On 和 Y0=Off 之间切换，1 号报警灯闪烁。

③ 在故障发生且报警器报警后，监控人员可以按下 X3 作为已知故障时的响应，按下 X3 后，X3=On，M0=On，Y2=Off，蜂鸣器关闭，Y0（报警灯）不再闪烁，保持一直点亮。

④ 故障 2 发生时的情况与故障 1 发生时相同，只是执行动作的元件不同，这里不再赘述。

⑤ 故障未发生时，监控人员可以按下 X2 按钮来测试报警灯和蜂鸣器是否处于正常状态。

7.4 恒压供水的 PLC 控制

控制要求

恒压供水是某些工业、服务业所必需的重要条件之一，比如钢铁冷却、供热、灌溉、洗浴、游泳设施等。这里我们使用 PLC 进行整个系统的控制，实现根据压力上、下限变化由

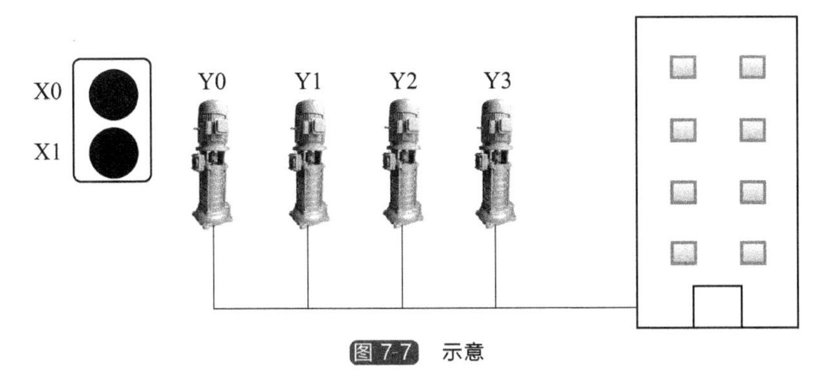

图 7-7 示意

4 台供水泵来保证恒压供水的目标。

首先，由供水管道中的压力传感器测出的压力大小来控制供水泵的启停。当供水压力小于标准时，启动一台水泵，若 15s 后压力仍低，则再启动一台水泵；若供水压力高于标准，则自行切断一台水泵，若 15s 后压力仍高，则再切断一台。

另外，考虑到电动机的保护原则，要求 4 台水泵轮流运行，需要启动水泵时，启动已停止时间最长的那一台，而停止时则停止运行时间最长的那一台。

元件说明

表 7-4 元件说明

PLC 软元件	控制说明
X0	恒压供水启动按钮，按下时，X0 的状态由 Off→On
X1	恒压供水关闭按钮，按下时，X1 的状态由 Off→On
X2	压力下限传感器，压力到达下限时，X2 的状态由 Off→On
X3	压力上限传感器，压力到达上限时，X3 的状态由 Off→On
M0-M5	内部辅助继电器
Y0	1 号供水泵接触器
Y1	2 号供水泵接触器
Y2	3 号供水泵接触器
Y3	4 号供水泵接触器
T0	计时 15s 定时器，时基为 100ms 的定时器
T1	计时 30s 定时器，时基为 100ms 的定时器
T2	计时 45s 定时器，时基为 100ms 的定时器
T3	计时 15s 定时器，时基为 100ms 的定时器
T4	计时 30s 定时器，时基为 100ms 的定时器
T5	计时 45s 定时器，时基为 100ms 的定时器

控制程序

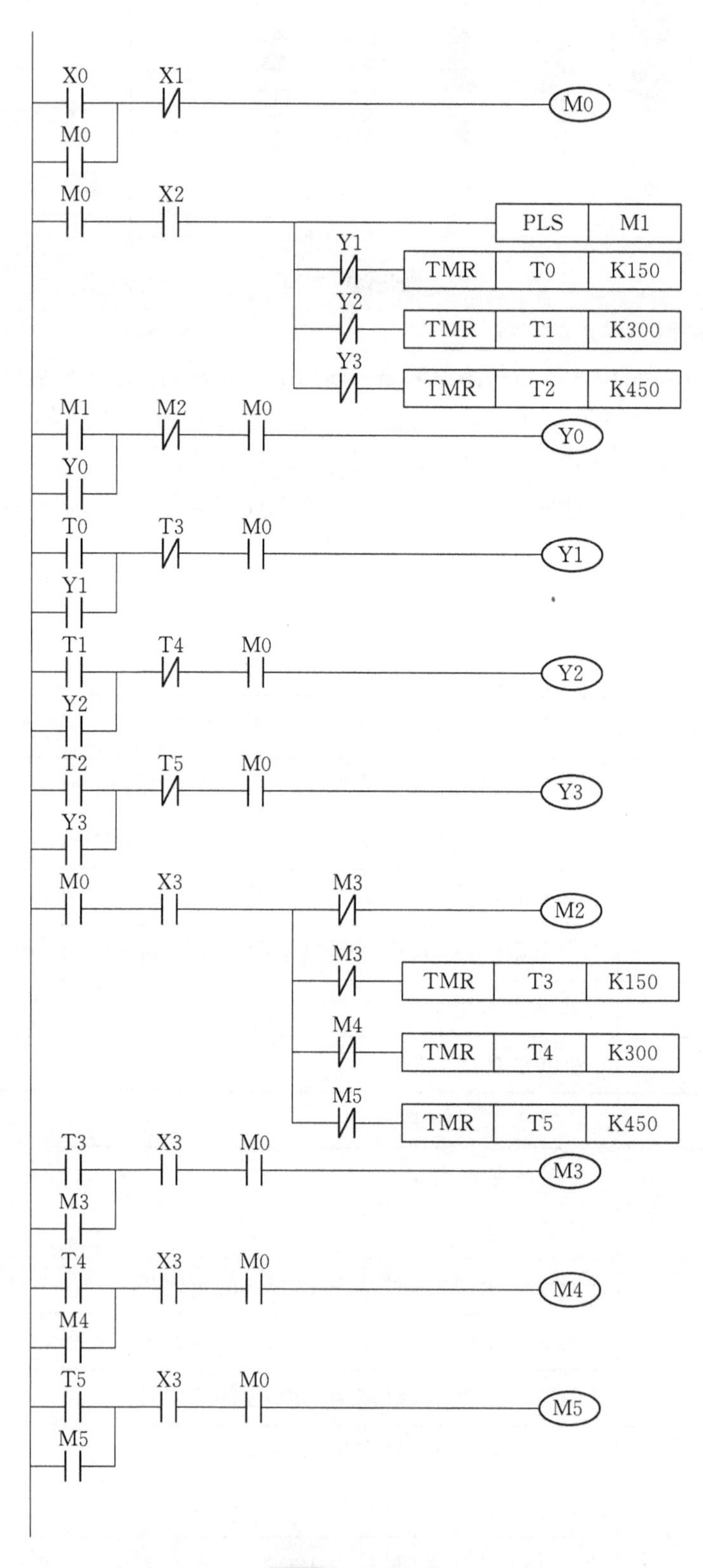

图 7-8 控制程序

程序说明

① 启动时，按下启动按钮 X0，X0＝On，M0＝On，恒压供水设施通电启动，若压力处于下限，则 X2＝On，此时，M1 得电一个扫描周期，同时，定时器 T0、T1、T2 得电，开始计时。当 M1 得电一个扫描周期时，Y0＝On，Y0 得电并自锁，1 号供水泵启动供水。若 15s 后，压力仍不足，则 T0＝On，Y1＝On，Y1 得电并自锁，2 号供水泵启动供水，与此同时，定时器 T0 失电。若 30s 后压力仍不足，则 T1＝On，Y2＝On，Y2 得电并自锁，3 号供水泵启动供水，同时，定时器 T1 失电。若 45s 后压力仍不足，则 T2＝On，Y3＝On，Y3 得电并自锁，4 号供水泵启动供水，同时，定时器 T2 失电。

② 若启动某个供水泵压力满足要求，则 X2＝Off，定时器 T0、T1、T2 不再计时，进而不必再启动下一个进水泵。

③ 停止时，若水压到达压力上限，压力上限传感器 X3 得电，X3＝On，M2＝On，此时，Y0 失电，1 号供水泵停止运行，定时器 T3、T4、T5 得电，开始计时。若 15s 后，压力仍在上限，则 T3＝On，Y1 失电，2 号供水泵停止运行，M3＝On，使得 M2、T3 失电。若 30s 后压力仍在上限，则 T4＝On，Y2 失电，3 号供水泵停止运行，M4＝On，使得 T4 失电。若 45s 后压力仍在上限，则 T5＝On，Y3 失电，4 号供水泵停止运行，M5＝On，使得 T5 失电。

④ 若关停某个供水泵后压力满足要求，则 X3＝Off，定时器 T3、T4、T5 不再计时，进而不必再关闭下一个进水泵。

⑤ 如果需要彻底关闭恒压供水，则需按下停止按钮 X1，X1＝On，M0 失电，恒压供水停止。

7.5 高楼自动消防泵控制系统

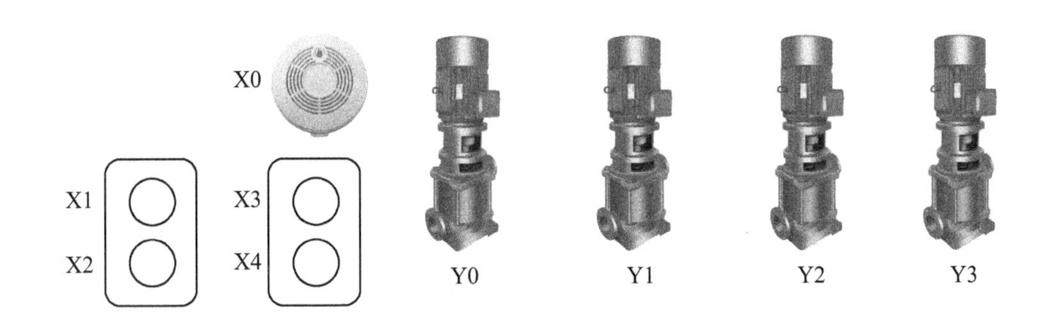

图 7-9 示意

控制要求

要求当放置在楼体内的烟雾传感器发出报警信号后，该系统可自行启动消防泵，以供居民和消防人员取用水源。同时在正常消防泵以外，设置一组备用消防泵，当正常设备出现故障时，启动备用装置应急。

元件说明

表 7-5 元件说明

PLC 软元件	控制说明
X0	烟雾信号传感器,有烟雾产生时,X0 状态由 Off→On
X1	1 号消防泵停止按钮,按下时,X1 状态由 Off→On
X2	2 号消防泵停止按钮,按下时,X2 状态由 Off→On
X3	1 号消防泵热继电器,当线路过热时,X3 状态由 Off→On
X4	2 号消防泵热继电器,当线路过热时,X4 状态由 Off→On
Y0	1 号消防泵接触器
Y1	2 号消防泵接触器
Y2	1 号备用消防泵接触器
Y3	2 号备用消防泵接触器
M0	内部辅助继电器

控制程序

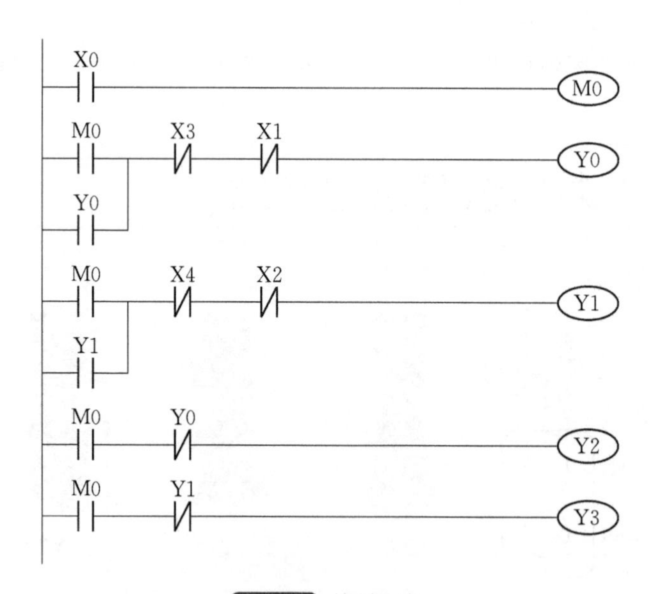

图 7-10 控制程序

程序说明

① 本案例讲述高楼消防泵系统的简易控制。若正常消防泵没有损坏，则当烟雾报警器发出报警信号后，X0=On，M0=On，Y0=On，Y1=On，1 号和 2 号消防泵自行启动并自锁，提供高压水源，若长时间工作或出现其他情况导致电路过热，则 X3=On，X4=On，两消防泵均被关闭。

② 当 1 号消防泵无法启动时，Y0=Off，Y2=On，1 号备用泵启动；与此相同，当 2

号消防泵无法启动时，Y1＝Off，Y3＝On，2号备用泵启动。

③ 要关闭正常消防泵时，需要在烟雾信号消失后，按下各自的停止按钮。按下X1时，X1＝On，1号消防泵关闭；按下X2时，X2＝On，2号消防泵关闭。对于备用泵，当烟雾信号消失时或正常消防泵可以工作时，自行关闭。

7.6 高层建筑排风系统控制

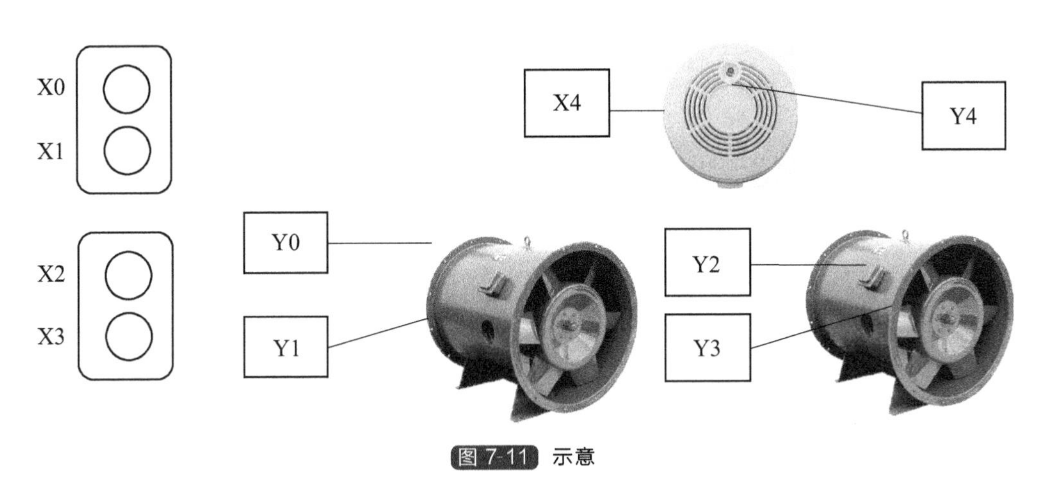

图7-11 示意

控制要求

高层建筑消防排风系统要求当烟雾信号超过警戒值后，自动启动排风系统和送风系统自行启动，并且可在其他情况下进行手动启动和关闭。

元件说明

表7-6 元件说明

PLC软元件	控制说明
X0	排风机手动启动按钮，按下启动时，X0状态由Off→On
X1	排风机手动停止按钮，按下停止时，X1状态由Off→On
X2	送风机手动启动按钮，按下启动时，X2的状态由Off→On
X3	送风机手动停止按钮，按下停止时，X3的状态由Off→On
X4	烟雾传感器，当烟雾信号超过警戒值后发出信号，X4的状态由Off→On
T0	计时1s定时器，时基为100ms的定时器
M0～M2	内部辅助继电器
Y0	排风机接触器
Y1	送风机接触器
Y2	排风机启动指示灯
Y3	送风机启动指示灯
Y4	报警蜂鸣器

控制程序

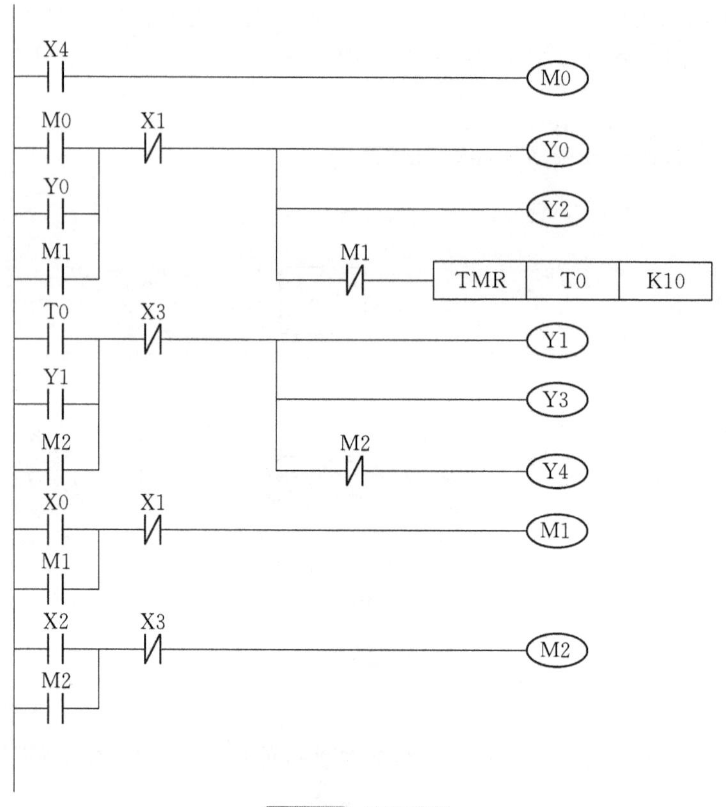

图 7-12 控制程序

程序说明

① 当烟雾信号超出警戒值后，X4=On，M0=On，烟雾传感器发出信号，系统进入自动运行状态。

② 当 M0=On 时，Y0=On，Y2=On，排风机启动，指示灯亮。1 秒后，T0=On。此时，Y1=On，Y3=On，Y4=On，送风机及其指示灯、报警蜂鸣器启动。

③ 手动模式下，按下 X0，X0=On，M1=On。此时，Y0=On，Y2=On，排风机启动，指示灯亮。按下 X1 时，X1=On，排风机停止，指示灯灭。按下 X2 时，X2=On，M2=On。随后，Y1=On，Y3=On，送风机及其指示灯启动。按下 X3 时，X3=On，送风机及指示灯停止。

④ 值得注意的是，在有烟雾信号的情况下，系统会自动运行。此时，如果进行手动操作，只能启动设备无法停止设备。

7.7 万年历指令控制系统的启停

控制要求

工厂无人工作的时间为 21：30～7：30，所以要求防盗系统在晚上 21：30 自动开启，在上午 7：30 自动关闭。

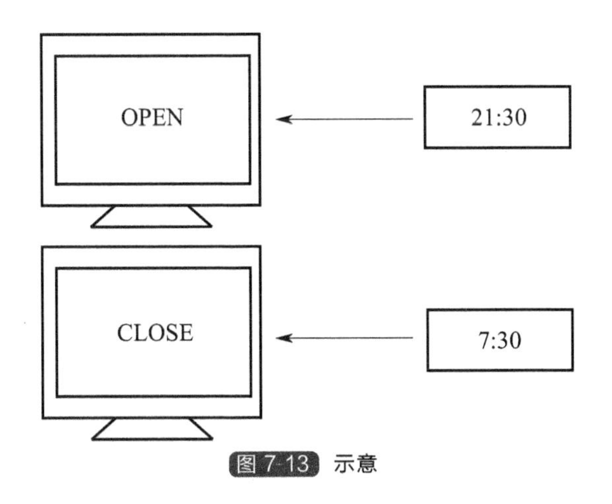

图 7-13 示意

元件说明

表 7-7 元件说明

PLC 软元件	控制说明
M10-M12	内部辅助继电器
M1000	开机常开继电器
Y0	防盗系统关闭
Y1	防盗系统开启

控制程序

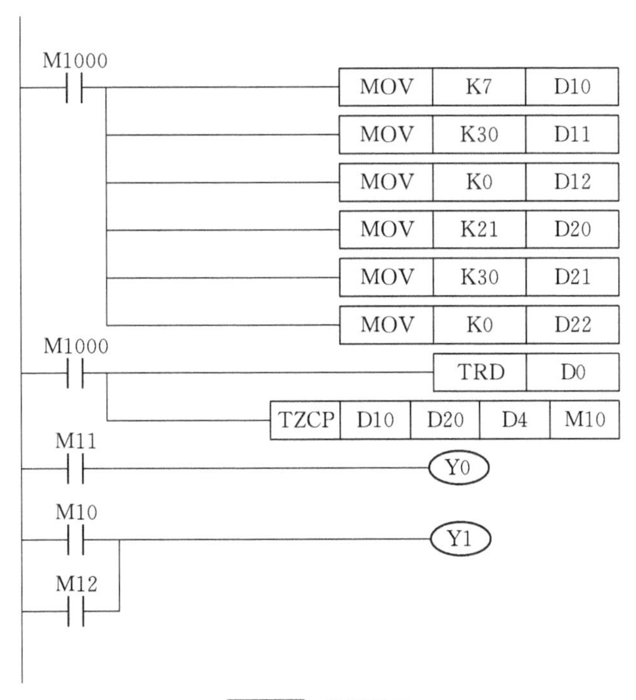

图 7-14 控制程序

程序说明

① 程序通过一个万年历区域比较指令（TZCP）实现仓库门自动控制功能。通过万年历数据读出指令（TRD），将万年历的当前时间数据读出到 D0～D6，其中 D4、D5、D6 分别存放小时、分、秒数据。D10～D12 存放数据 7：30：00。D20～D22 存放数据 21：30：00。

② 通过比较指令（TZCP）将 D4～D5 中的数据（T）与 D10～D12 和 D20～D22 中的数据（T1 和 T2）比较；T1≤T≤T2（上班时间）时，M11＝On，Y0＝On，防盗系统关闭，否则 M10＝On 或 M12＝On 开启防盗系统。

备注：时钟数据区间比较指令使用说明：

TZCP	S1	S2	S	D

S1：设置比较时间下限值，类别可为 T，C，D。

S2：设置比较时间上限值，类别可为 T，C，D。

S：实时时钟现在时间，类别可为 T，C，D。

D：比较结果。

指令执行时将由 S 所指定的万年历现在时间时、分、秒值与 S1 所指定设置比较时间的下限值及 S2 所指定设置比较时间的上限值做区域比较，其比较结果在 D 作表示。

7.8 住房防盗系统控制

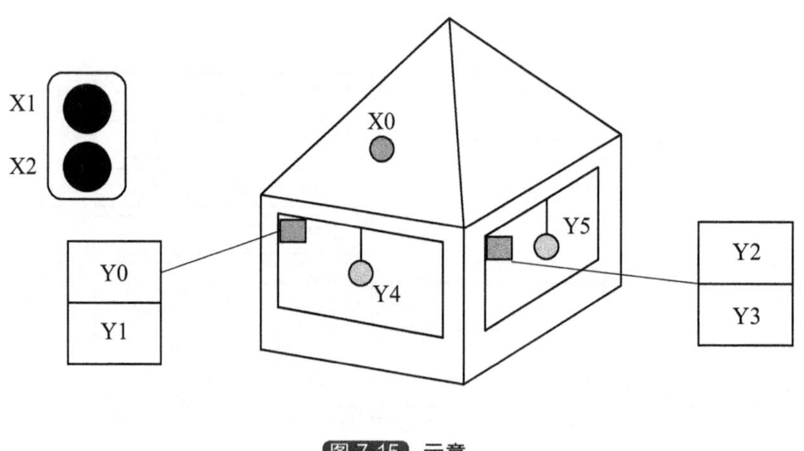

图 7-15 示意

控制要求

本案例介绍的居室安全系统是在户主长时间不在家时，通过控制灯光和窗帘等设施来营造家中有人的假象来骗过盗窃分子的一种自动安全系统。本案例中当户主不在家时，两个居室的窗帘在白天打开，在晚上关闭。两个居室的照明灯白天关闭，18：00～23：00 第一居室的照明灯持续点亮，第二居室的照明灯间隔 1 小时点亮。控制系统须户主在早上 7：00

启动。

元件说明

表 7-8　元件说明

PLC 软元件	控制说明
X0	光电开关,有光照时,X0 的状态由 Off→On
X1	启动按钮,按下时,X1 的状态由 Off→On
X2	停止按钮,按下时,X2 的状态由 Off→On
X3	第一居室窗帘上升限位开关,碰触时,X3 的状态由 Off→On
X4	第一居室窗帘下降限位开关,碰触时,X4 的状态由 Off→On
X5	第二居室窗帘上升限位开关,碰触时,X5 的状态由 Off→On
X6	第二居室窗帘下降限位开关,碰触时,X6 的状态由 Off→On
M1013	特殊辅助继电器:1s 时钟脉冲, 0.5s On / 0.5s Off
M0～M12	内部辅助继电器
Y0	第一居室窗帘上升接触器
Y1	第一居室窗帘下降接触器
Y2	第二居室窗帘上升接触器
Y3	第二居室窗帘下降接触器
Y4	第一居室照明灯
Y5	第二居室照明灯
C0～C3	16 位计数器
T0～T1	计时 1800s(30min)定时器,时基为 100ms 的定时器

控制程序

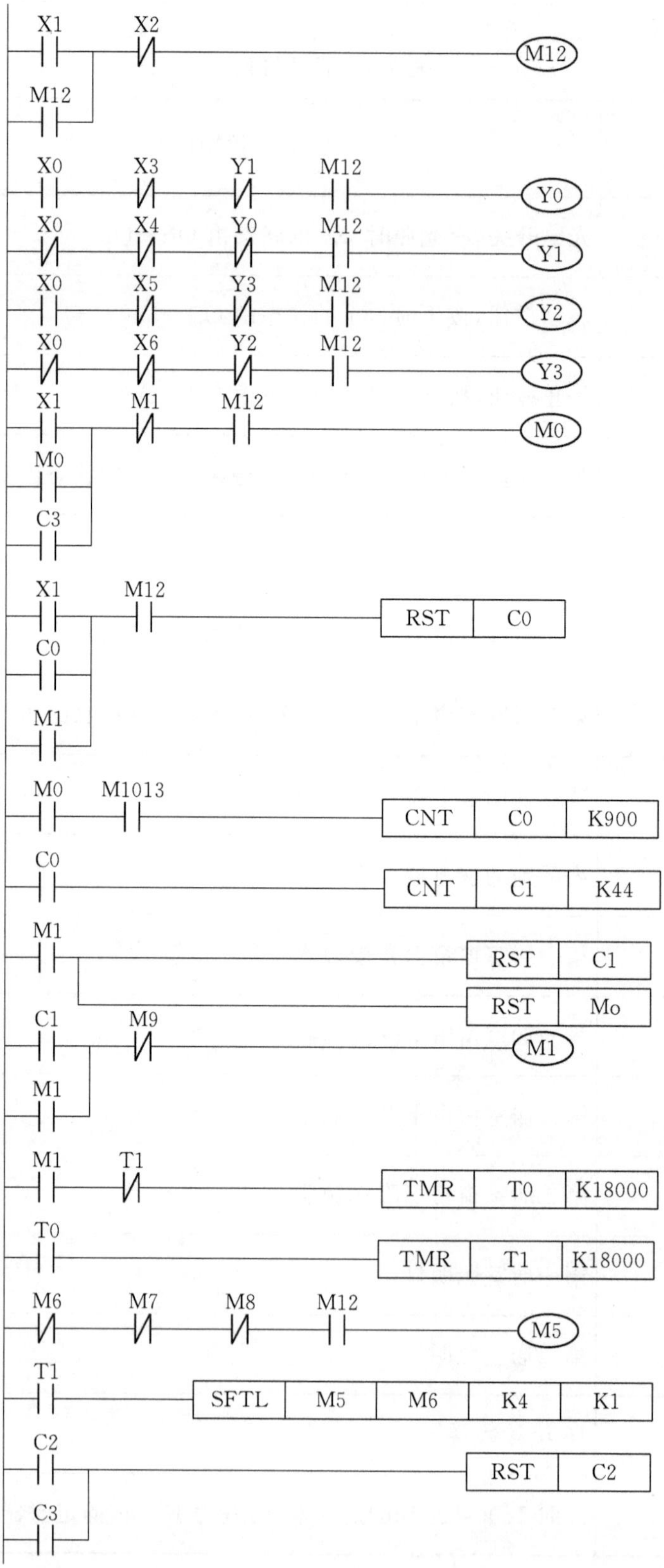

X1 X2 M12 M12
X0 X3 Y1 M12 Y0
X0 X4 Y0 M12 Y1
X0 X5 Y3 M12 Y2
X0 X6 Y2 M12 Y3
X1 M1 M12 M0 M0 C3
X1 M12 RST C0 C0 M1
M0 M1013 CNT C0 K900
C0 CNT C1 K44
M1 RST C1 RST Mo
C1 M9 M1 M1
M1 T1 TMR T0 K18000
T0 TMR T1 K18000
M6 M7 M8 M12 M5
T1 SFTL M5 M6 K4 K1
C2 RST C2 C3

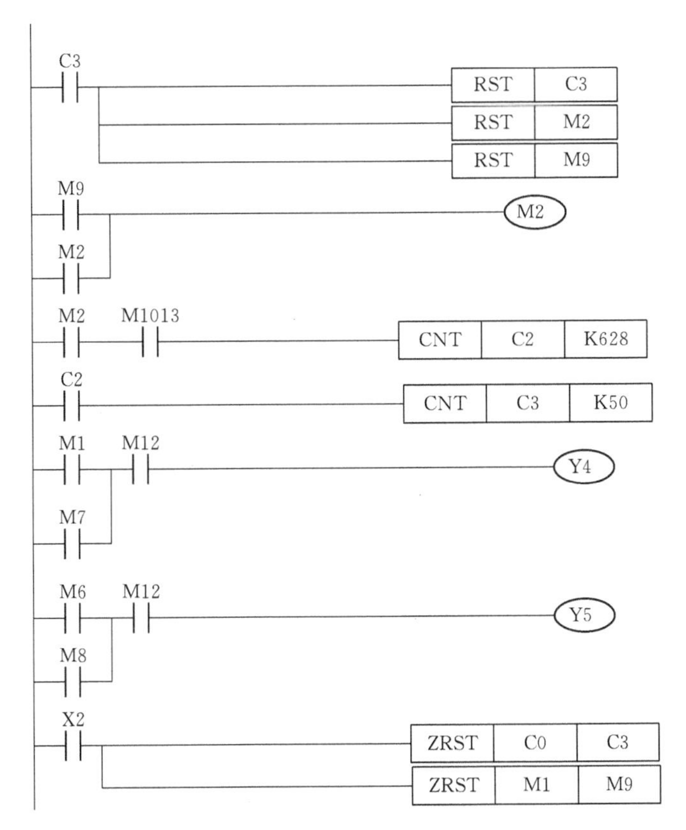

图 7-16 控制程序

程序说明

① 启动时，按下启动按钮 X1，X1＝On，M12＝On，M12 得电自锁，居室安全系统启动。此时，在有光的情况下，X0＝On，Y0＝On，Y2＝On，两个居室的窗帘上升。同时，M0＝On，M0＝On 得电自锁，计数器 C0 被复位后开始计数。当计数到 900 时，C0＝On，使 C1 计数一次，并使 M0 再次得电清零 C0，C0 继续计数，当 C1 计数到 44 时，C1＝On，M1＝On，Y4＝On，使 M0、C1 复位，第一居室照明灯打开。同时，定时器 T0 开始计时，此时时间已经过去了 11 个小时，进入到晚上。

② 半小时后，T0＝On，定时器 T1 开始计时，半小时后，T1＝On，SFTL 指令执行，将 M5 中的值移动到 M6 中，起初，M5 始终得电，故其值为 1，移动后，M6＝On，M5 失电，Y5＝On，第二居室的照明灯点亮。同时，在 T1＝On 时，自身被清零，重新计时。一小时后，SFTL 指令再次执行，M5 的值为 0，M6 的值为 0，M7 的值为 1，Y5 失电，第二居室的照明灯关闭。随后，定时器再次重新计时，一小时后，SFTL 指令执行，M5 中的值为 0，M6 中的值为 0，M7 中的值为 0，M8 中的值为 1，Y5＝On，第二居室的照明灯再次点亮。然后，定时器重新计时，SFTL 指令执行后，M5、M6、M7、M8 中的值都为 0，Y5 失电，照明灯关闭。同时，M9 中的值为 1，M9＝On，M2＝On，计数器 C2 开始计数，计数到 628 后，C2＝On，C3 计数一次，并使 C2 复位清零。当 C3 计数到 50 时，C3＝On，使得 C3、M2、M9 复位，同时使 M0＝On，这时，计数器 C0 再次计数，新的循环开始。此时，时间进入到系统开启第二天的 7 点。

③ 关闭系统时，按下停止按钮 X2，X2＝On，M12 失电，系统关闭。同时，ZRST 指

令执行，使计数器 C0 到 C3 和辅助继电器 M1 到 M9 复位。

备注：位左移指令使用说明：

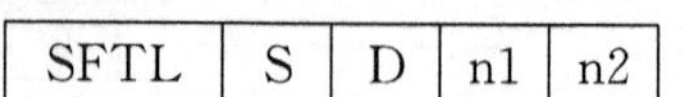

SFTL	S	D	n1	n2

S：移位装置起始编号，类别可为 X，Y，M，S。

D：欲移位装置起始编号，类别可为 Y，M，S。

n1：欲移位的数据长度，类别可为 K，H。

n2：一次移位的位数，类别可为 K，H。

指令执行时，把以 D 为起始编号、具有 n1 个 bit（位移寄存器长度）的位装置，左移 n2 位。而 S 开始起始编号以 n2 位个数移入 D 中来填补位空位。

Chapter
08

第8章
机床控制 PLC 程序设计案例

台达
PLC

8.1 机床工作台自动往返控制

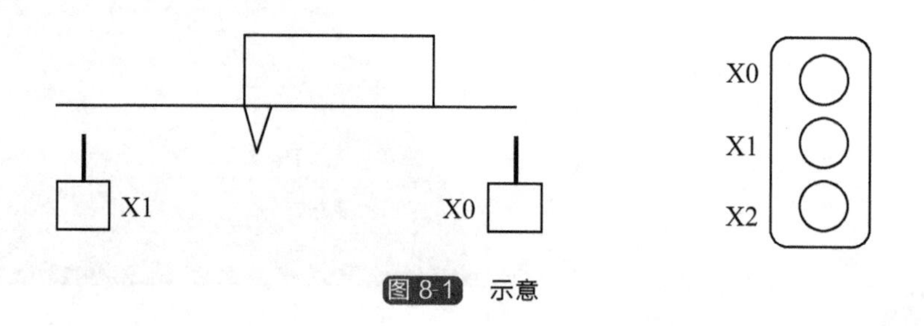

图8-1 示意

控制要求

在机床的使用过程中，时常需要机床自动工作循环。即电机启动后，机床部件向前运动到达终点时，电机自行反转，机床部件向后移动。反之，部件向后到达终点时，电机自行正转，部件向前移动。

元件说明

表 8-1 元件说明

PLC 软元件	控制说明
X0	电机正转启动按钮;后行程开关,按下时,X0 状态由 Off→On
X1	电机反转启动按钮;前行程开关,按下时,X1 状态由 Off→On
X2	电机停止按钮,按下时,X2 状态由 Off→On
Y0	正转接触器
Y1	反转接触器

控制程序

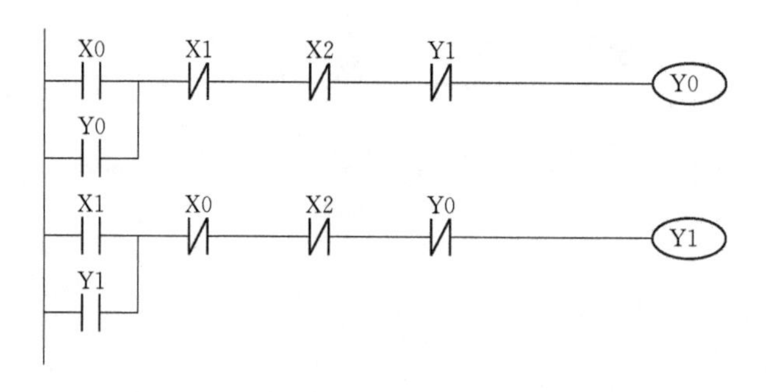

图8-2 控制程序

程序说明

① 若按下正转启动按钮 X0，X0＝On，Y0＝On，Y0 接触器接通，电机正转，机床部件前移，当部件到达终点时，碰到前行程开关，X1＝On，Y0 接触器断开，Y1 接触器接通，电机反转部件后移。

② 当部件后移到达终点时，碰到后行程开关，Y1 接触器断开，Y0 接触器接通，电机

正转部件前移，机床实现自动往返循环。

③ 按下反转启动按钮 X1 时，运转状态相反，同样的自动往返。

④ 按下 X2 按钮时，X2＝On，电机无论正转还是反转均停止。

8.2 车床滑台往复运动、主轴双向控制

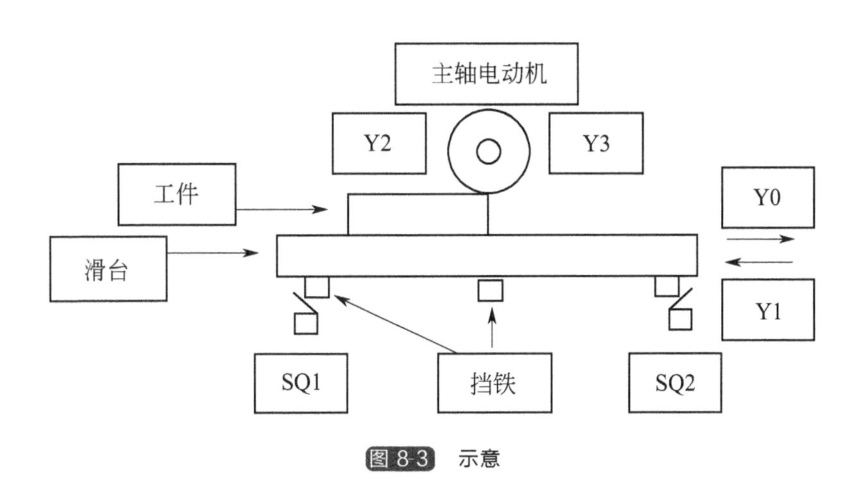

图 8-3 示意

控制要求

按下启动按钮，要求滑台每往复运动一个来回，主轴电动机改变一次转动方向，滑台和主轴均由电动机控制，用行程开关控制滑台的往返运动距离。

元件说明

表 8-2 元件说明

PLC 软元件	控制说明
X0	后限位开关,当挡铁压下 SQ2 时,X0 状态为 On
X1	前限位开关,当挡铁压下 SQ1 时,X1 状态为 On
X2	启动按钮,按下时,X2 状态为 On
X3	停止按钮,按下时,X3 状态为 On
M0～M2	内部辅助继电器
Y0	滑台前进接触器
Y1	滑台后退接触器
Y2	主轴电动机正转接触器
Y3	主轴电动机反转接触器

控制程序

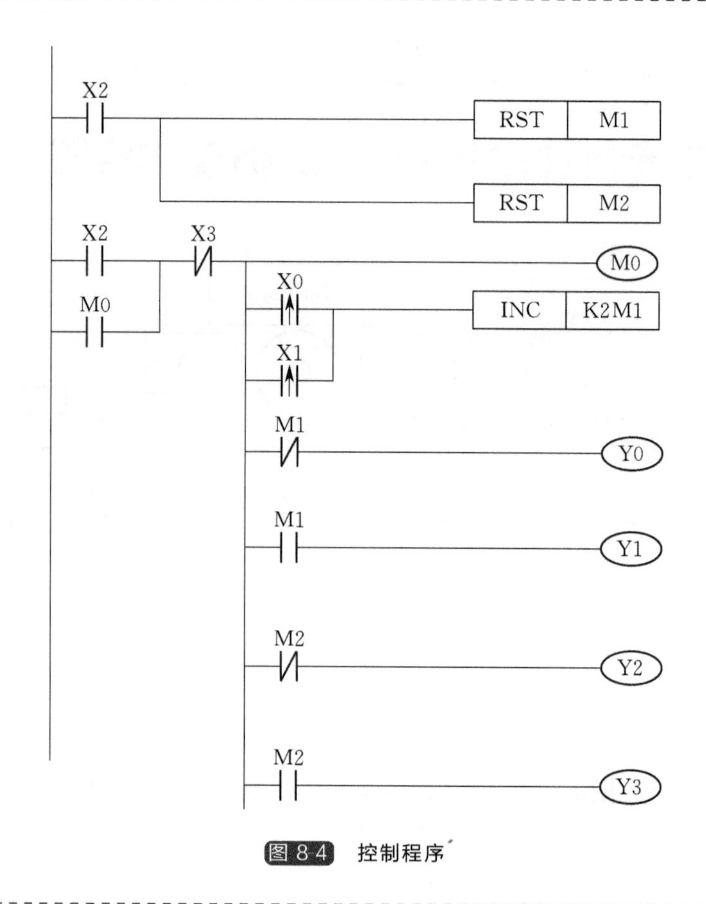

图 8-4　控制程序

程序说明

① 按下启动按钮，X2＝On，M1＝Off，M2＝Off，M0 得电并自锁，滑台前进，接触器 Y0＝On，主轴电动机正转，接触器 Y2＝On，滑台前进，主轴正转；当挡铁碰到行程开关 SQ1 时，X1 触发一个上升沿，计数器计 1，M1＝On，M2＝Off，M1 常开闭合，常闭断开，M2 保持原态，主轴电机仍正转，滑台后退；当挡铁碰到行程开关 SQ2 时，X0 触发一次上升沿，计数为 2，M1＝Off，M2＝On，M1 恢复常态，M2 常开闭合，常闭断开，主轴电机反转，滑台前进；再碰到行程开关 SQ1 时，X1 触发一次上升沿，计数为 3，M1＝On，M2＝On，主轴电机反转，滑台后退。当再碰到 SQ2 时完成一个工作循环，并重复上述循环。

② 当按下停止按钮后主轴和滑台立即停止。

备注：INC 指令

INC	D

D：目的地装置；类别可为 KnY，KnM，KnS，T，C，D，E，F。

若指令不是脉冲执行型，则当指令执行时，程序每次扫描周期被指定的装置 D 内容都会加 1。

16 位运算时，32767 再加 1 则变为－32768。

32位运算时，2147483647再加1则变为−2147483648。

8.3 磨床PLC控制

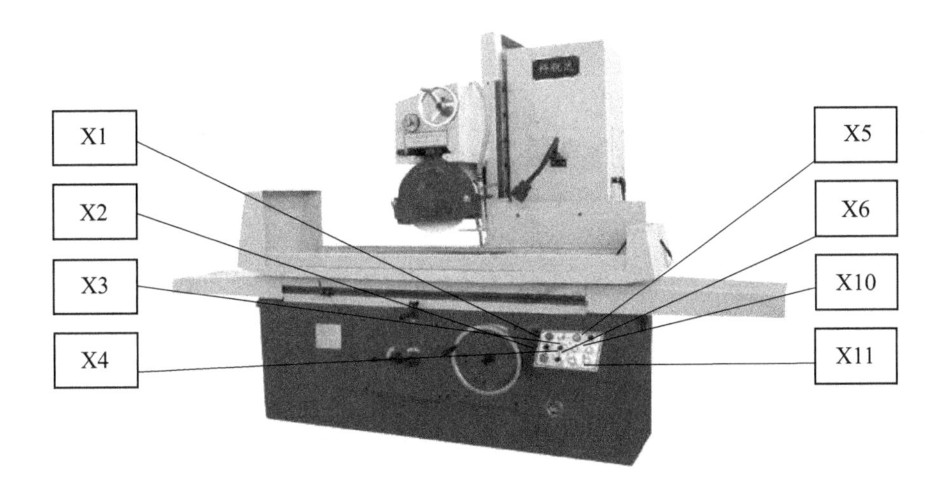

图8-5 示意

控制要求

该磨床由砂轮电动机Y0，液压泵电动机Y1和冷却泵电动机Y2拖动。要求按下启动按钮，砂轮电动机先旋转，然后冷却泵工作，液压泵可以独立工作。

元件说明

表8-3 元件说明

PLC软元件	控制说明
X0	电流继电器,正常时,X0状态为On
X1	砂轮电动机启动按钮,按下时,X1状态由Off→On
X2	砂轮电动机停止按钮,按下时,X2状态由Off→On
X3	液压泵电动机启动按钮,按下时,X3状态由Off→On
X4	液压泵电动机停止按钮,按下时,X4状态由Off→On
X5	冷却泵电动机启动按钮,按下时,X5状态由Off→On
X6	冷却泵电动机停止按钮,按下时,X6状态由Off→On
X7	热继电器,正常时,X7为Off
X10	退磁转化开关
X11	总停止按钮
M0	内部辅助继电器
Y0	砂轮电动机控制接触器
Y1	液压泵电动机控制接触器
Y2	冷却泵电动机控制接触器

控制程序

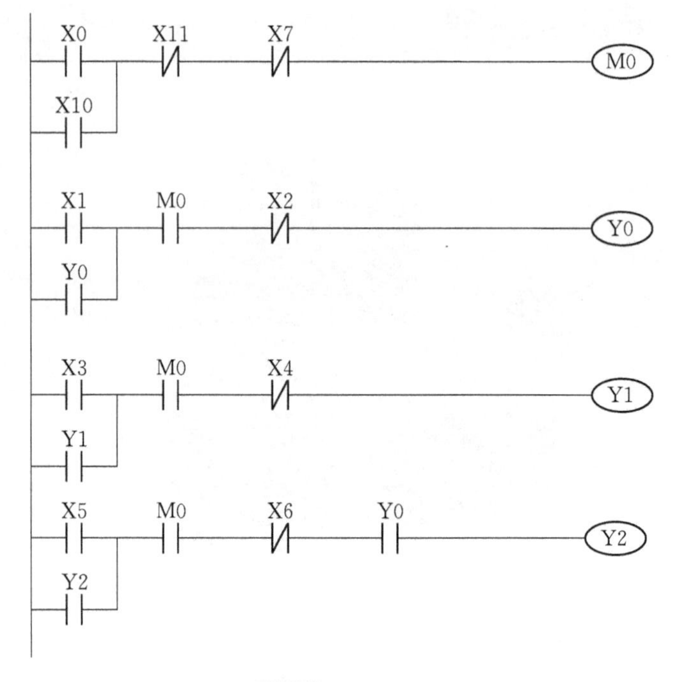

图 8-6 控制程序

程序说明

① 当电流处于正常范围时，X0=On，使 M0 得电。

② 按下启动按钮，X1=On，砂轮电动机控制接触器 Y0=On，砂轮电动机 Y0 启动运转。Y0 启动后，按下冷却泵电动机启动按钮 X5，X5=On，冷却泵电动机启动运转。按下冷却泵停止按钮 X6，可单独停止冷却泵 Y2，或者按下砂轮电动机停止按钮 X2，X2=On，砂轮电动机 Y0、冷却泵电动机 Y2 都停止运转。

③ 按下液压泵电动机启动按钮 X3，Y1=On，液压泵电动机 Y1 启动运转，按下液压泵电动机停止按钮 X4，液压泵电动机 Y1 停止运转。

④ 按下总停止按钮 X11，M0 失电，所有电机都停转。

⑤ 当出现电流不正常或电机过载时，常开接点 X0 断开，或常闭接点 X7 断开，都会使 M0 失电，电机停转。

8.4 万能工具铣床 PLC 控制

控制要求

如图 8-7 所示，某万能铣床由两台电动机拖动：主轴电动机 M1、冷却电动机 M2。其中主轴电动机 M1 为双速电动机，并可进行正反转控制。将手动转换开关打到左边，电动机为低速旋转模式，此时按下正转按钮，主轴电机正向低速旋转，按下反转按钮，主轴电机反向低速旋转；将手动转换开关打到右边，电动机为高速旋转模式，此时按下正转按钮，主轴电机正向高速旋转，按下反转按钮，主轴电机反向高速旋转。冷却泵可以独立控制启停。

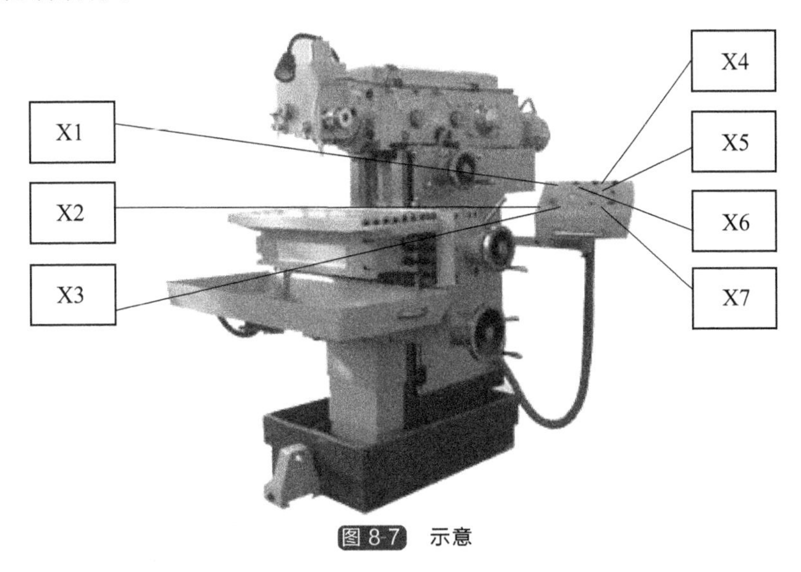

图 8-7 示意

元件说明

表 8-4 元件说明

PLC 软元件	控制说明
X0	热继电器触点，过载时 X0 状态由 Off→On
X1	总停止按钮，按下时，X1 状态由 Off→On
X2	主轴正转启动按钮，按下时，X2 状态由 Off→On
X3	主轴反转启动按钮，按下时，X2 状态由 Off→On
X4	冷却泵电动机启动按钮，按下时，X4 状态由 Off→On
X5	冷却泵停止按钮，按下时，X5 状态由 Off→On
X6	主轴电动机低速开关
X7	主轴电动机高速开关
Y0	主轴电动机正转接触器
Y1	主轴电动机反转接触器
Y2	主轴电动机低速接触器
Y3	主轴电动机高速接触器
Y4	冷却泵电动机接触器

控制程序

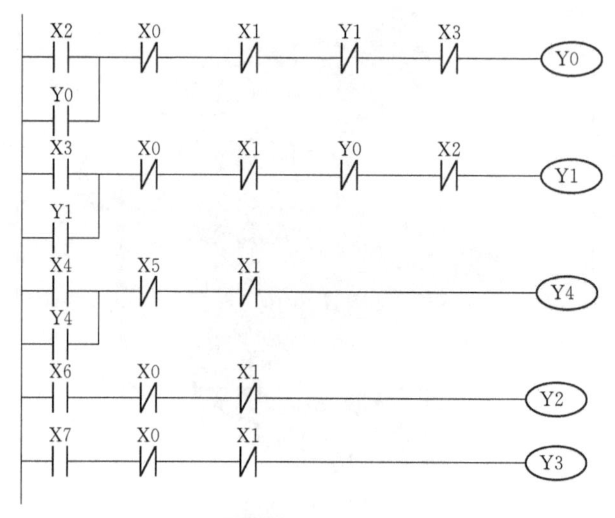

图 8-8 控制程序

程序说明

① 主轴电机正常工作时，热继电器不动作，常闭接点 X0 为导通状态。

② 将手动选择开关打到左边，X6＝On，Y2＝On，电动机切换至低速模式。此时，按下正转按钮，X2＝On，Y0＝On，主轴电动机 M1 正向低速旋转，带动铣头正向低速对工件进行加工，按下反转按钮，X3＝On，Y1＝On，主轴电动机 M1 反向低速旋转，带动铣头反向低速对工件进行加工。

③ 将手动选择开关打到右边，X7＝On，Y3＝On，电动机切换至高速模式，此时，按下正转按钮，X2＝On，Y0＝On，主轴电动机 M1 正向高速旋转，带动铣头正向高速对工件进行加工，按下反转按钮，X3＝On，Y1＝On，主轴电动机 M1 反向高速旋转，带动铣头反向高速对工件进行加工。

④ 按下冷却泵启动按钮，X4＝On，Y4＝On，冷却泵电动机 M2 通电旋转，按下冷却泵停止按钮，X5＝Off，冷却泵电动机旋转停止。

⑤ 按下总停止按钮 X1，所有电机停转。

8.5 滚齿机 PLC 控制

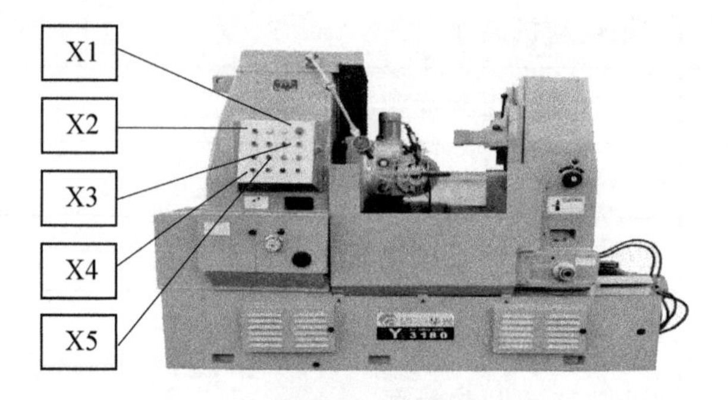

图 8-9 示意

控制要求

某滚齿机由两台电动机拖动：主轴电动机 M1，冷却电动机 M2。其中主轴电动机 M1 可正、反转。按下正转按钮，主轴电动机开始正转，带动滚齿轮机顺铣齿轮，按下点动按钮，电动机带动滚齿轮机点动顺铣齿轮。当主轴电动机 M1 启动后，闭合冷却泵启动开关，冷却泵 M2 通电运转。

元件说明

表 8-5　元件说明

PLC 软元件	控制说明
X0	热继电器，正常状态下，X0 状态为 On
X1	总停止按钮，按下时，X1 状态由 Off→On
X2	主轴逆铣启动按钮，按下时，X2 状态由 Off→On
X3	主轴顺铣点动按钮，按下时，X3 状态由 Off→On
X4	主轴顺铣启动按钮，按下时，X4 状态由 Off→On
X5	冷却泵电动机手动开关，打开时，X5 状态由 Off→On
X6	逆铣限位行程开关
X7	顺铣限位行程开关
Y0	主轴电动机逆铣接触器
Y1	主轴电动机顺铣接触器
Y2	冷却泵电动机接触器

控制程序

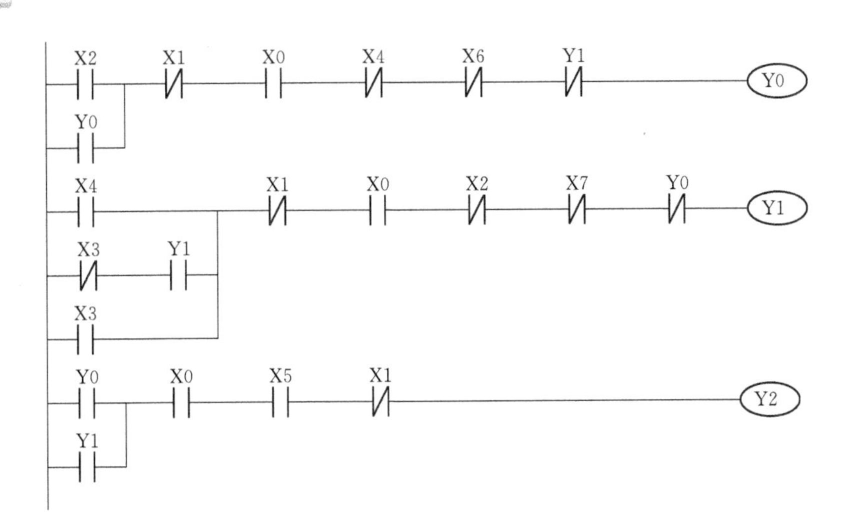

图 8-10　控制程序

程序说明

① 按下主轴电动机逆铣启动按钮，X2＝On，主轴电动机逆铣接触器 Y0＝On，主轴电动机 M1 反向旋转，带动滚齿轮机逆铣齿轮；按下主轴顺铣启动按钮 X4，X4＝On，Y1＝On，主轴电动机 M1 正向旋转，带动滚齿轮机顺铣齿轮，按下 X3，主轴电动机 M1 点动运转，带动滚齿轮机点动顺铣齿轮。

② 当主轴电动机 M1 启动后，将冷却泵电动机手动开关打到闭合，X5＝On，Y2＝On，冷却泵电动机通电运转。

③ 行程开关是主轴电动机逆、顺铣到位行程开关。当行程开关 X6＝On，或 X7＝On 时电机应停止。

④ 按下总停止按钮 X1，电机全部停止。

8.6 双头钻床 PLC 的控制

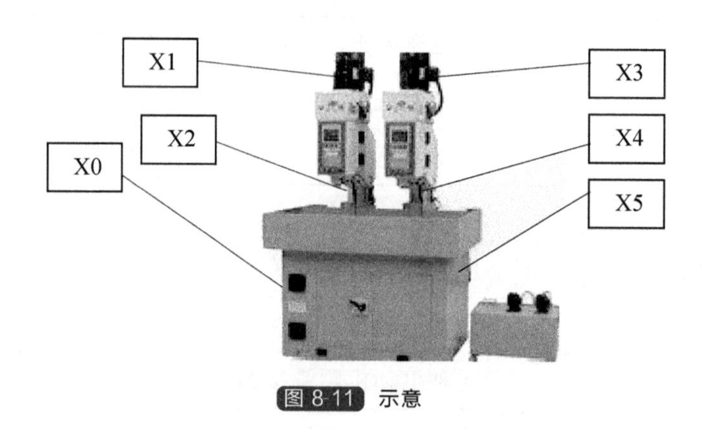

图 8-11 示意

控制要求

待加工工件放在加工位置后，操作人员按下启动按钮 X0，两个钻头同时开始工作。首先将工件夹紧，然后两个钻头同时向下运动，对工件进行钻孔加工，达到各自的加工深度后，分别返回原始位置。待两个钻头全部返回原始位置后，释放工件，完成一个加工过程。

元件说明

表 8-6 元件说明

PLC 软元件	控制说明
X0	启动按钮，按下时，X0 状态由 Off→On
X1	1 号钻头上限位开关，碰到时，X1 状态由 Off→On
X2	1 号钻头下限位开关，碰到时，X2 状态由 Off→On
X3	2 号钻头上限位开关，碰到时，X3 状态由 Off→On

续表

PLC 软元件	控制说明
X4	2 号钻头下限位开关，碰到时，X4 状态由 Off→On
X5	压力继电器，到达设定值时，X5 状态由 Off→On
Y0	夹紧与释放控制电磁阀
Y1	1 号钻头上升控制接触器
Y2	1 号钻头下降控制接触器
Y3	2 号钻头上升控制接触器
Y4	2 号钻头下降控制接触器
M0～M1	内部辅助继电器

控制程序

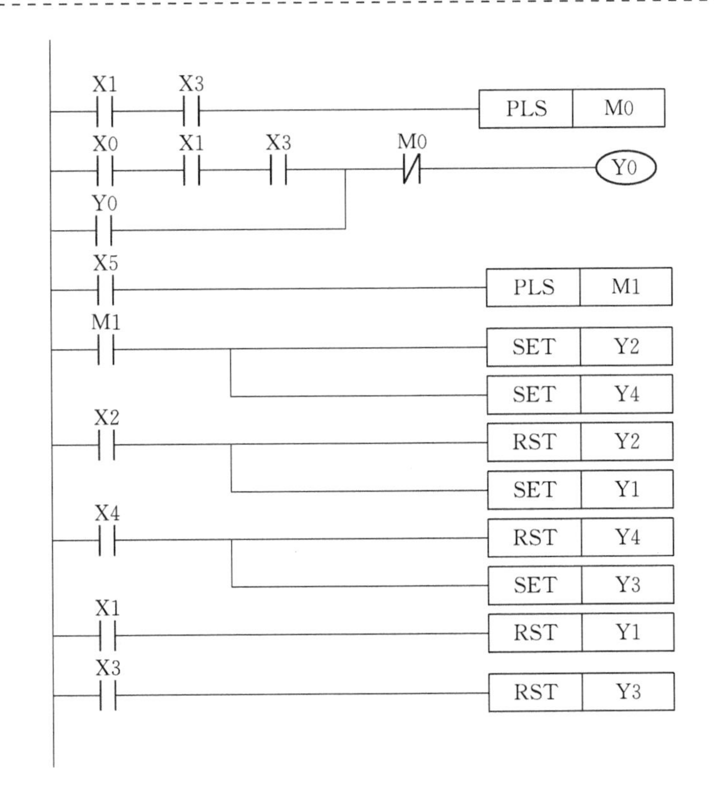

图 8-12 控制程序

程序说明

① 两个钻头同时在原始位置，X1 和 X3 被压，X1 和 X3 得电，按下启动按钮 X0，

X0＝On，Y0＝On并自锁，工件被夹紧，到达设定压力值后，X5＝On，M1＝On，Y2和Y4置位并保持，1号和2号钻头下降。

② 1号钻头下降到位，X2＝On，Y2被复位，Y1置位并保持，1号钻头停止下降开始上升；2号钻头下降到位，X4＝On，Y4被复位，Y3置位并保持，2号钻头停止下降开始上升。

③ 1号钻头上升到位，X1＝On，Y1被复位，1号钻头停止上升；2号钻头上升到位，X3＝On，Y3被复位，2号钻头停止上升。

④ 当1号和2号钻头均上升到位时，M0得电一个扫描周期，Y0＝Off，释放工件，完成一个循环。

备注：PLS（上升沿检出）指令 

PLS	S

S：上升沿检出装置，类别可为Y，M。

当PLS指令被执行，送出一次脉冲，脉冲长度为一个扫描周期。

Chapter
09

第9章 送料小车与传送带PLC程序设计案例

台达
PLC

9.1 送料小车的PLC控制

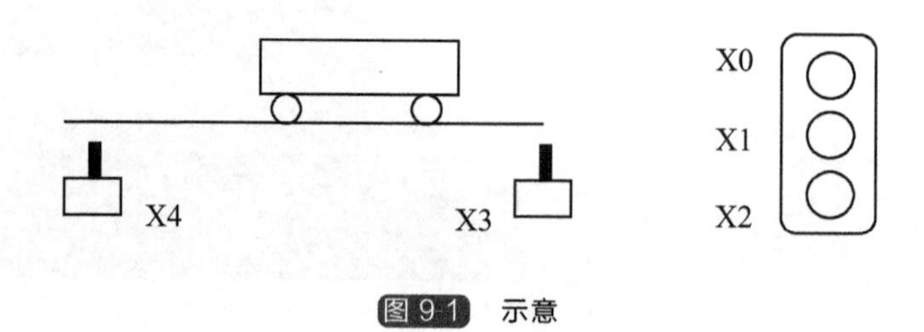

图9.1 示意

控制要求

要求送料小车在可运动的最左端装料，经过一段时间后，装料结束，小车向右运行，在最右端停下卸料，一段时间后反向向左运行。到达最左端后，重复以上的动作，以此循环自动运行。

元件说明

表9-1 元件说明

PLC软元件	控制说明
X0	右行按钮,按下后,X0的状态由Off→On
X1	左行按钮,按下后,X1的状态由Off→On
X2	停止按钮,按下后,X2的状态由Off→On
X3	右限位开关,打开后,X3的状态由Off→On
X4	左限位开关,打开后,X4的状态由Off→On
Y0	电机正传(右行)接触器
Y1	电机反转(左行)接触器
Y2	装料电磁阀
Y3	卸料电磁阀
T0	计时20s的定时器,时基为100ms的定时器
T1	计时30s的定时器,时基为100ms的定时器

控制程序

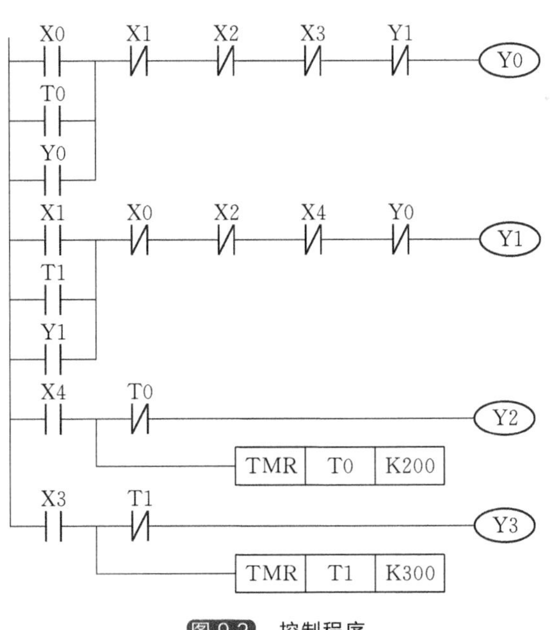

图 9-2 控制程序

程序说明

① 假设小车开始时是空车，且压住右限位开关 X3。此时，按下左行按钮启动小车，X1＝On，Y1＝On，小车向左运行。由于互锁结构，可保证小车无法出现右行情况。

② 当小车触碰到左限位开关时，X4＝On，Y1＝Off，Y2＝On，小车停止运行，装料开始，T0 定时器开始计时，20s 后，T0＝On，装料停止，Y0＝On，小车开始右行。

③ 当小车触碰到右限位开关时，X3＝On，Y0＝Off，Y3＝On，小车停止运行，卸料开始，T1 定时器开始计时，30s 后，T1＝On，卸料停止，Y1＝On，小车开始左行。随后以此过程循环运行。

④ 按下 X2 时，X2＝On，小车停止运行。

9.2 小车五站点呼叫控制

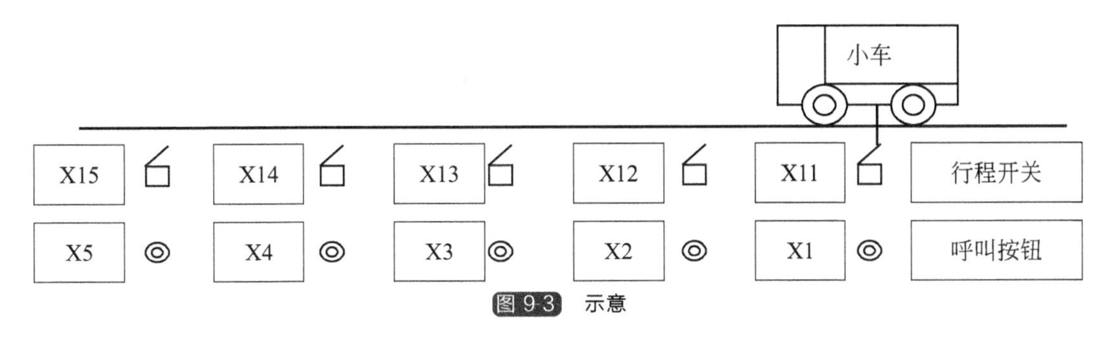

图 9-3 示意

控制要求

一辆小车在一条直线上，如图 9-3 所示，线路中有 5 个站点，每个站点各有一个行程开关和呼叫按钮。按下任意一个呼叫按钮，小车将行进至对应的站点并停下。

元件说明

表 9-2　元件说明

PLC 软元件	控 制 说 明
X1～X5	按钮 1～按钮 5,按下时,对应的按钮状态为 On
X11～X15	行程开关 1～行程开关 5,压住时,对应的开关状态为 On
M1～M5	内部辅助继电器
Y0	使小车前进的接触器
Y1	使小车后退的接触器

控制程序

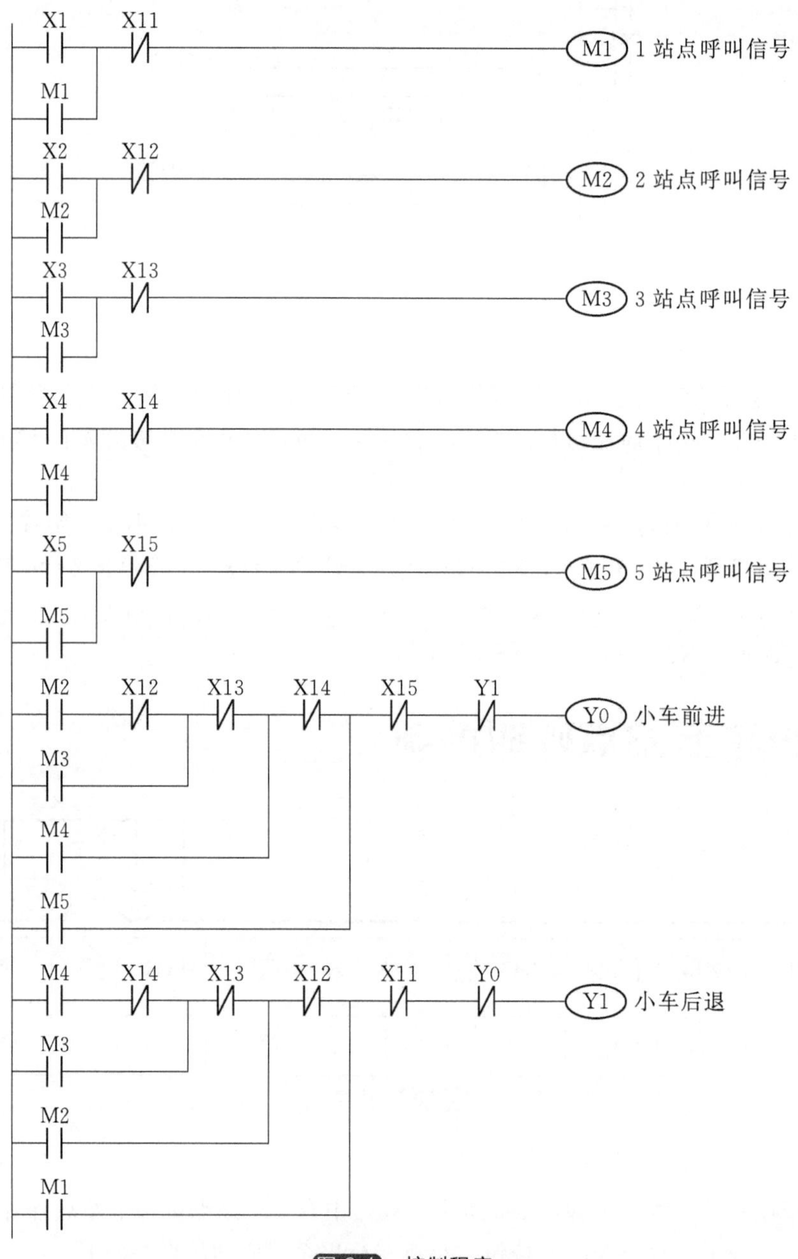

图 9-4　控制程序

程序说明

① 五个站点的按钮1～按钮5分别由五个位寄存器M1～M5记忆。当某个按钮按下时，对应的位寄存器得电自锁，对该站点的按钮信号记忆，直到小车到达该站点时消除。

② 设小车现在在1站点，1站点限位开关动作，X11=On，常闭接点断开，按1按钮无效，M1不得电。当按下2按钮，M2=On，Y0=On，线圈得电，小车前进；到达2站点时，X12=On，常闭接点断开。

③ 值得注意的是，在Y0线圈回路中，M1信号不能使Y0线圈得电，但M2、M3、M4、M5信号可以使Y0线圈得电。在Y1回路中，M5不能使Y1线圈得电，但M1 、M2、M3、M4信号能使Y1线圈得电。

④ 小车停止在某站点时，该站点限位开关动作，当比该站点编号大的按钮按下时，Y0线圈得电，小车前进；当比该站点编号小的按钮按下时，Y1线圈得电，小车后退。

9.3 小车五站点自动循环往返控制

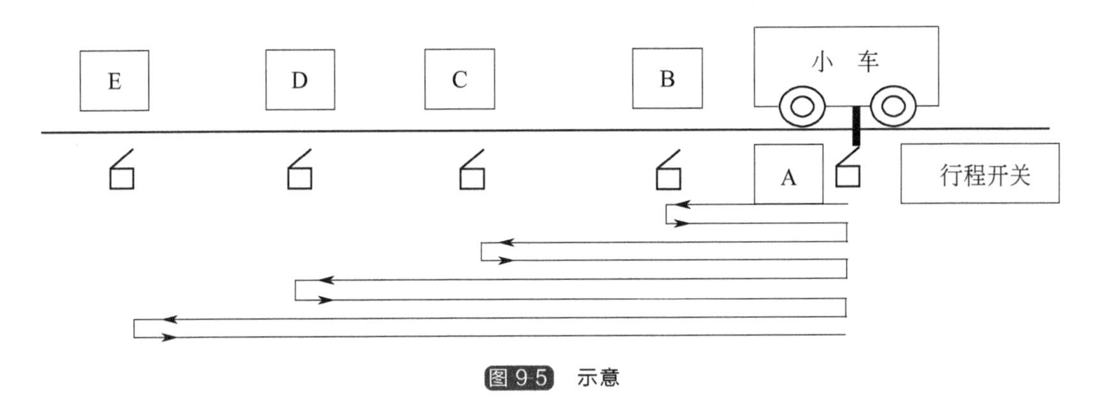

图9-5 示意

控制要求

用电动机拖动一辆小车在ABCDE五点间自动循环往返运动，如图9-5所示，小车初始在A点，按下启动按钮，小车依次到达BCDE点，并分别停止2s返回到A点停止。

元件说明

表9-3 元件说明

PLC软元件	控制说明
X0	启动按钮,按下时,X0状态为On
X1	A位接近行程开关,当小车停在A点时,X1状态为On
X2	B位接近行程开关,当小车停在B点时,X2状态为On

续表

PLC 软元件	控制说明
X3	C 位接近行程开关，当小车停在 C 点时，X3 状态为 On
X4	D 位接近行程开关，当小车停在 D 点时，X4 状态为 On
X5	E 位接近行程开关，当小车停在 E 点时，X5 状态为 On
M0-M4	内部辅助继电器
T0	计时 2s 定时器，时基为 100ms 定时器
Y0	使小车前进的接触器
Y1	使小车后退的接触器

控制程序

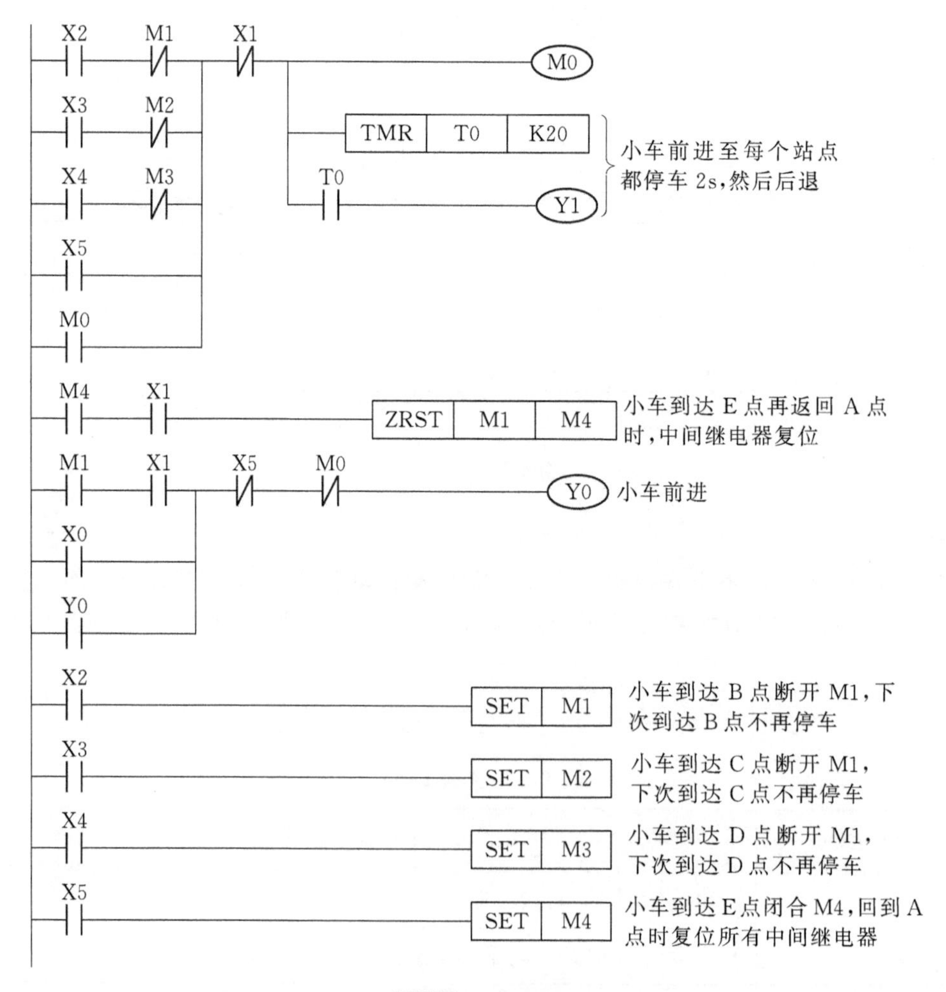

图 9-6 控制程序

程序说明

① 开始时设小车在原位A点，按下启动按钮X0，Y0=On，线圈得电并自锁，小车前进，到达B点时，接近开关X2动作，X2=On，M0线圈闭合并自锁，M0常闭接点断开，Y0=Off，小车停止。M1置位，对B点记忆。定时器T0延时2秒，T0常开接点闭合，Y1线圈得电，小车后退。

② 小车后退到A点时，X1=On，X1常闭接点断开，M0和Y1线圈失电，小车停止。Y0线圈得电，小车前进，到达B点时，接近开关X2动作，但M1常闭接点断开，M0线圈不得电，小车继续前进，到达C点时，接近开关X3动作，M0线圈经X3常开接点和M2常闭接点闭合并自锁，M0常闭接点断开，Y0=Off，小车停止。M2置位对C点记忆。定时器T0延时2秒，T0常开接点闭合，Y1线圈得电，小车后退。小车后退到A点时，下面过程类似。

③ 小车最后到达E点，M1～M4都已经置位，小车从E点退回到A点时，X1常开接点闭合先对M1～M4复位，由于M1常开接点断开，X1常开接点闭合不会使Y0线圈得电，小车停止。

9.4 传送带产品检测与次品分离

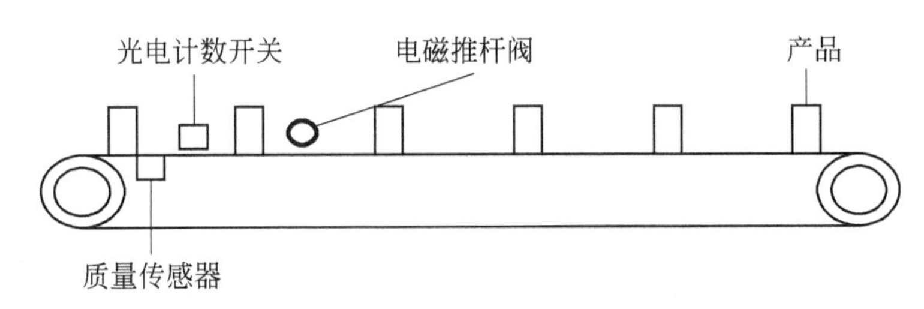

图9-7 示意

控制要求

一条传送带传送产品，产品在传送带上按等间距排列，要求在传送带入口处，每进来一个产品，光电计数器发出一个脉冲，同时质量传感器对该产品进行检测，如果合格则不动作，如果不合格则输出逻辑信号1，将不合格产品位置记忆下来，当不合格产品到电磁推杆位置时，电磁杆动作，将不合格产品推出，当产品推到位时，推杆限位开关动作，使电磁杆断电并返回原位。

元件说明

表9-4 元件说明

PLC软元件	控制说明
X0	质量传感器,检测到次品时,X0的状态由Off→On
X1	光电计数开关,有产品通过时,X1的状态由Off→On
X2	推杆限位开关,触碰时,X2的状态由Off→On
M0～M1	内部辅助继电器
Y0	推杆电磁阀

控制程序

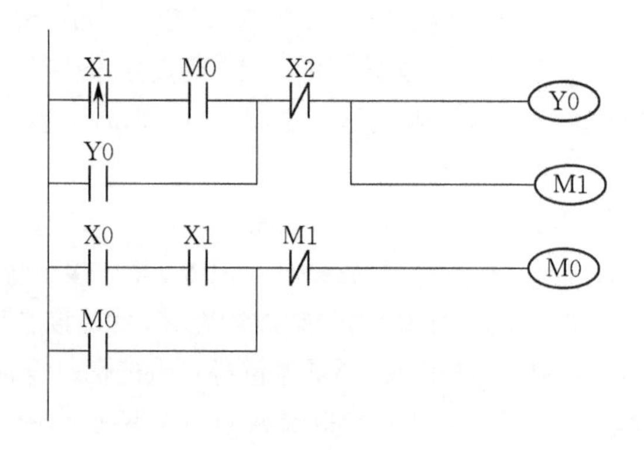

图9-8　控制程序

程序说明

① 当正品通过时，X0＝Off，X0 常开接点断开，M0 不得电，当次品通过时，X0＝On，X0 常开接点闭合，同时光电计数开关 X1 检测到有产品通过，X1＝On，M0 得电并自锁，当下一个产品通过时，次品正好在下一个位置，X1 上升沿常开接点接通，Y0 线圈得电并自锁，同时 M1 得电，M0 失电。推杆电磁阀得电后，将次品推出，触及限位开关后，X2＝On，常闭接点 X2 断开，Y0 线圈失电，M1 失电，推杆在弹簧的作用下返回原位。

② 假如第二个产品也是次品，由于 X0，X1 仍然闭合，M0 线圈又会重新得电。

9.5 三条传送带控制

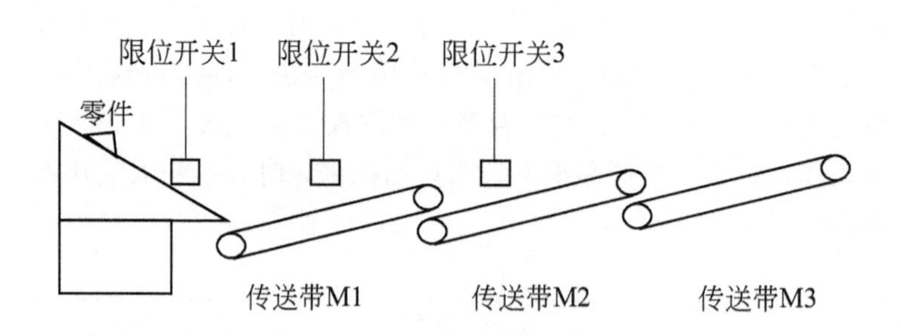

图9-9　示意

控制要求

按下启动按钮，系统进入准备状态，当有零件经过限位开关 1 时，启动传送带 M1，零件经过限位开关 2 时，启动传送带 M2，零件经过限位开关 3 时，启动传送带 M3，如果三个限位开关在皮带上 30s 之内未检测到零件则需闪烁报警，如果限位开关 1 在 1min 之内未监测到零件，则停止全部传送带。

元件说明

表 9-5 元件说明

PLC 软元件	控 制 说 明
X0	启动按钮,按下时,X0 状态由 Off→On
X1	停止按钮,按下时,X1 状态由 Off→On
X2	限位开关 1,零件经过时,X2 状态由 Off→On
X3	限位开关 2,零件经过时,X3 状态由 Off→On
X4	限位开关 3,零件经过时,X4 状态由 Off→On
T0	计时 60s 定时器,时基为 100ms 的定时器
T1	计时 30s 定时器,时基为 100ms 的定时器
T2	计时 30s 定时器,时基为 100ms 的定时器
T3	计时 30s 定时器,时基为 100ms 的定时器
Y0	传送带 1 接触器
Y1	传送带 2 接触器
Y2	传送带 3 接触器
Y3	报警灯

控制程序

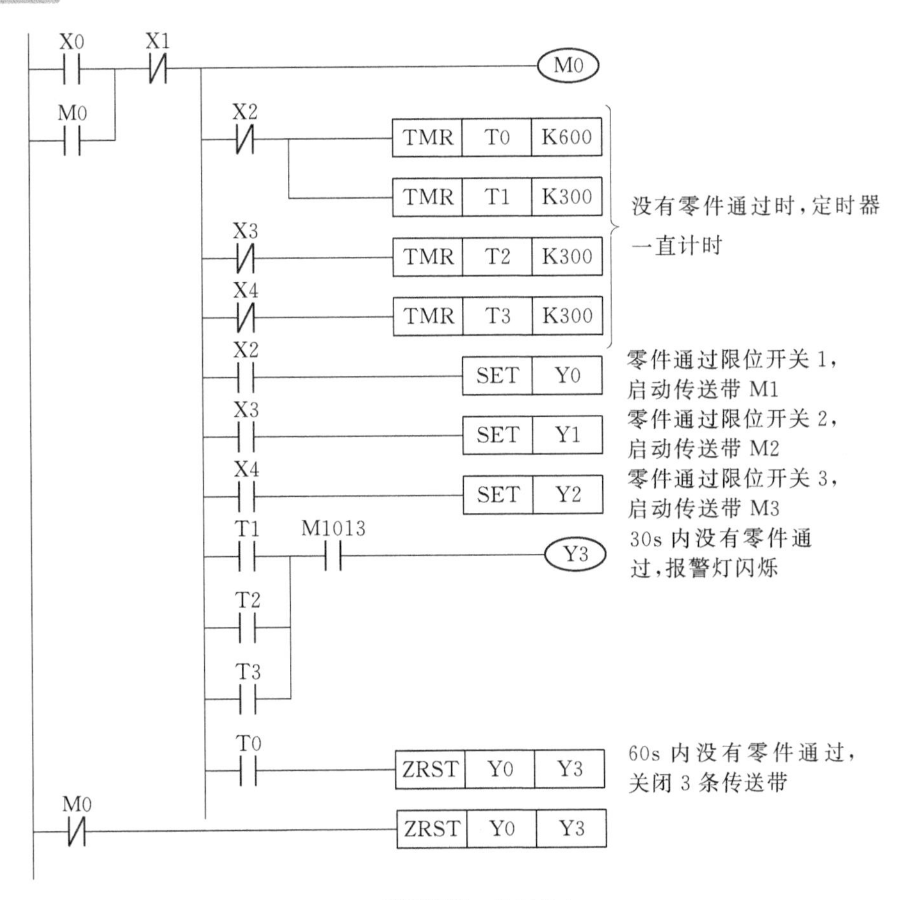

图 9-10 控制程序

程序说明

① 按下启动按钮 X0，X0＝On，M0 得电自锁，当有零件通过限位开关 1 时，X2＝On，Y0 线圈得电自锁，第一条传送带启动，当有零件通过限位开关 2 时，X3＝On，Y1 线圈得电自锁，第二条传送带启动，当有零件通过限位开关 3 时，X4＝On，Y2 线圈得电自锁，第三条传送带启动。

② 当限位开关 1～3 在 30s 内没有零件通过，X2～X4 的常闭接点闭合使定时器 T1～T3 动作，报警灯 Y3 闪烁报警。

③ 当限位开关 1 在 60s 内没有零件通过，X2 的常闭接点闭合使定时器 T0 动作，Y0～Y3 复位，传送带全部停止。

④ 按下停止按钮 X1，M0 失电，Y0～Y3 复位，系统停止。

Chapter 10

第10章 工业机械控制PLC程序设计案例

台达 PLC

10.1 切割机控制

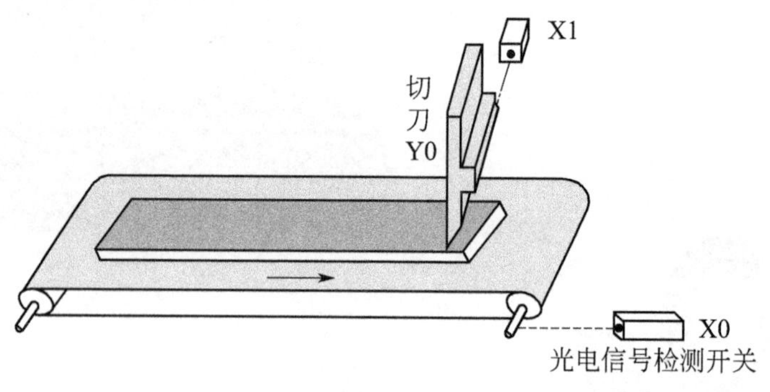

图 10-1 示意

控制要求

在工业加工中，自动光电传感式机械切割机应用场合十分广泛，其核心的控制部分可用PLC 控制，配合光电检测器件可实现流水线作业。

传送带滚轴转动一次，X0 接通一次，当 C235 计数到 1000 次时，切刀 Y0 动作一次，完成一次切割过程。

元件说明

表 10-1 元件说明

PLC 软元件	控 制 说 明
X0	光电信号检测开关，信号到达时，X0 状态由 Off→On
X1	机头上行启动按钮，按下启动时，X1 状态由 Off→On
C235	16 位计数器
Y0	切刀运动接触器

控制程序

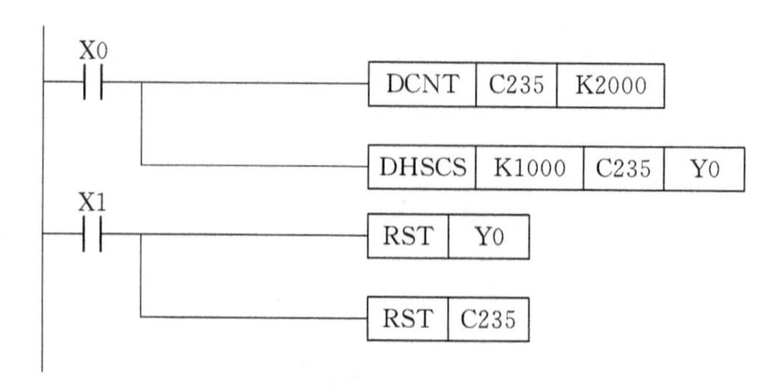

图 10-2 控制程序

程序说明

① 光电开关 X0 为高速计数器 C235 的外部计数输入点；传送带滚轴每转一周，X0 由 Off→On 变化一次，C235 计数一次。

② 在 DHSCS 指令中，当 C235 计数达到 1000 时（即传送带滚轴转动 1000 转），Y0＝On，且以中断的方式立即将 Y0 的状态输出到外部输出端，使切刀下切。

③ 切刀下切，切割动作完成时，X1＝On，则 C235 被清零，Y0 被复位，切刀归位，X1＝Off。这样，C235 又重新计数，重复上述动作，如此反复循环。

10.2 流水线运行的编码与译码

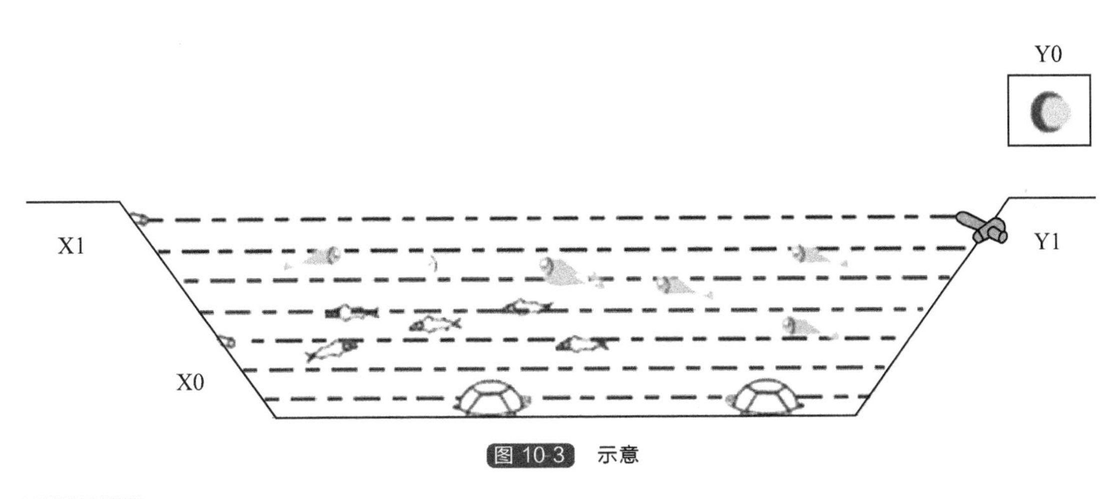

图 10-3 示意

控制要求

对一水产养殖场的液面进行实时监控，当液面高度低于下极限且持续 2min，开始启动报警系统。报警系统启动后，报警指示灯亮，同时打开进水阀门进行供水。当水位到达正常水位后，警报解除。

元件说明

表 10-2 元件说明

PLC 软元件	控 制 说 明
X0	液面下限水位传感器,水位低于下限时,X1 状态由 On→Off
X1	液面上限水位传感器,水位高于上限时,X1 状态由 Off→On
M1000	开机运行常开接点
M1048	警报点状态标志
M1049	设定警报点监控标志
Y0	报警指示灯
Y1	进水阀门

控制程序

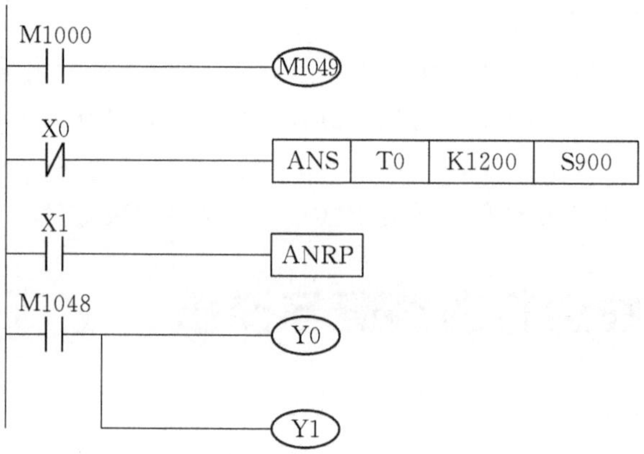

M1000
M1049
X0
ANS
T0
K1200
S900
X1
ANRP
M1048
Y0
Y1

图 10-4 控制程序

程序说明

① 当液面高度低于下极限时，X0＝Off，两分钟后，Y0＝On，Y1＝On，报警指示灯亮，同时打开进水阀门进行给水。

② 当液面高度到达正常水位后，X1＝On，Y0＝Off，Y1＝Off，停止进水，警报解除。

10.3 车间换气系统控制

进气扇M2
进气口
S2 气流传感器
排气扇M1
出气口
气流传感器S1

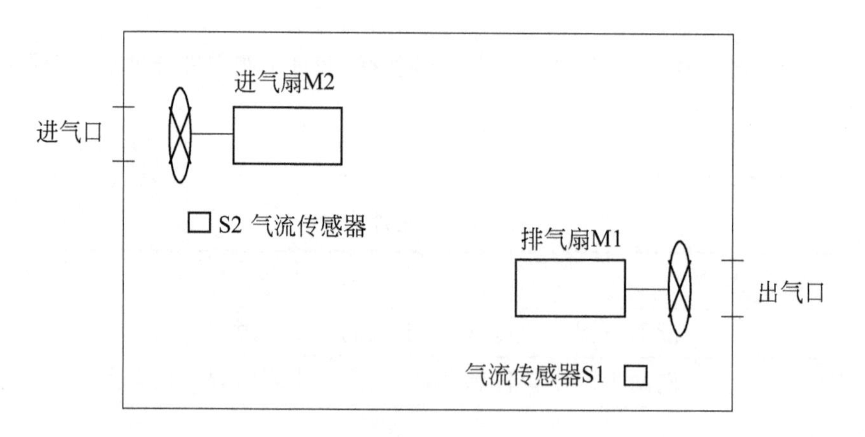

图 10-5 示意

控制要求

某车间要求空气压力要稳定在一定范围，所以要求只有在排气扇 M1 运转后，排气流传感器 S1 检测到排风正常后，进气扇 M2 才能开始工作，如果进气扇或者排气扇工作 5s 后，各自传感器都没有发出信号，则对应的指示灯闪动报警。

元件说明

表 10-3 元件说明

PLC 软元件	控 制 说 明
X0	启动按钮,按下时,X0 的状态由 Off→On
X1	停止按钮,按下时,X1 的状态由 Off→On
X2	排气流传感器,检测到排气正常时,X2 的状态为 On
X3	进气流传感器,检测到进气正常时,X3 的状态为 On
T0	计时 5s 定时器,时基为 100ms 的定时器
M1013	占空比周期为 1s 的时钟脉冲
Y0	排气风扇
Y1	进气风扇
Y2	排气扇指示灯
Y3	进气扇指示灯

控制程序

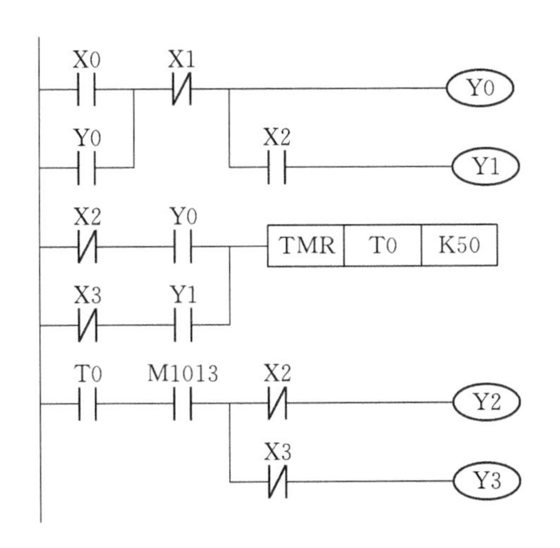

图 10-6 控制程序

程序说明

① 按下启动按钮，X0=On，Y0 线圈得电自锁，排气扇得电启动，排气流传感器 S1 检测到排风正常，X2 节点闭合，Y1 线圈得电，进气扇工作；如果进气扇或者排气扇工作正常，X2、X3 常闭节点均断开，定时器 T0 不得电；如果进气扇或者排气扇工作不正常，X2、X3 只要有一个不工作，其常闭节点就闭合，定时器 T0 得电 5s 后，Y2 和 Y3 将经过秒脉冲 M1013 得电，对应指示灯闪动报警。

② 按下停止按钮，X1=On，X1 常闭接点断开，风扇失电停止工作。

10.4 风机与燃烧机联动控制

图 10-7 示意

控制要求

某车间用一条生产线为产品外表做喷漆处理。其中烘干室的燃烧机与风机连动控制。即燃烧机在启动前 2min 先启动对应的风机。当燃烧机停止 2min 后停止对应的风机。

元件说明

表 10-4 元件说明

PLC 软元件	控制说明	PLC 软元件	控制说明
X0	启动按钮,按下时,X0 的状态由 Off→On	T1	计时 2min 计时器,时基为 100ms 的计时器
X1	停止按钮,按下时,X1 的状态由 Off→On	Y0	风机接触器
T0	计时 2min 计时器,时基为 100ms 的计时器	Y1	燃烧机接触器

控制程序

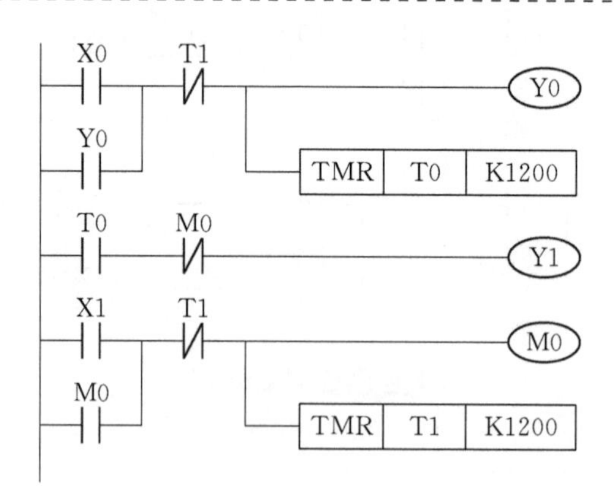

图 10-8 控制程序

程序说明

按下启动按钮，X0=On，Y0=On，Y0 线圈得电自锁，风机启动，定时器 T0 得电延时 2min，T0 节点闭合，Y1=On，燃烧机得电运转。按下停止按钮，X1=On，M0 得电自锁，M0 常闭节点断开 Y1，燃烧机失电停止，计时器 T1 得电延时 2min，T1 常闭节点断开 Y0，风机失电。

10.5 混凝土搅拌机的 PLC 控制

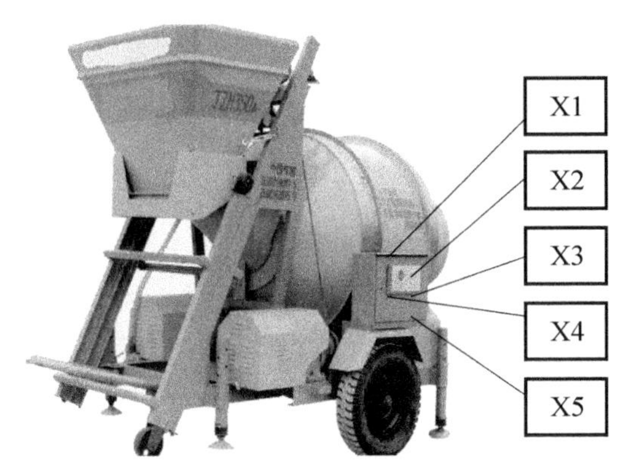

图 10-9 示意

控制要求

一混凝土搅拌机如图 10-9 所示，该搅拌机由搅拌、上料电动机 M1 和水泵电动机 M2 拖动。其中搅拌、上料电动机 M1 可正反转。按下上料按钮，搅拌机上料并正转，按下水泵电动机启动按钮，开始向搅拌机加水，5s 后停止加水，混凝土搅拌完成后，按下反转按钮，混凝土排出。

元件说明

表 10-5 元件说明

PLC 软元件	控制说明
X0	搅拌、上料电动机 M1 热继电器，正常状态时，X0 状态为 On
X1	搅拌、上料电动机 M1 正转停止按钮，按下时，X1 状态由 Off→On
X2	搅拌、上料电动机 M1 正转启动按钮，按下时，X2 状态由 Off→On
X3	搅拌、上料电动机反转启动按钮，按下时，X3 状态由 Off→On
X4	水泵电动机停止按钮，按下时，X4 状态由 Off→On
X5	水泵电动机启动按钮，按下时，X5 状态由 Off→On
T0	计时 5s 计时器，时基为 100ms 的计时器
Y0	搅拌、上料电动机 M1 正转接触器
Y1	搅拌、上料电动机 M1 反转接触器
Y2	水泵电动机 M2 接触器

控制程序

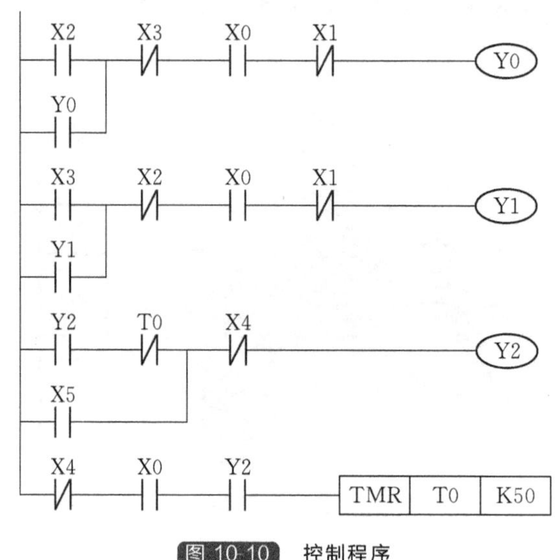

图 10-10 控制程序

程序说明

① 按下启动按钮，X2=On，Y0=On，搅拌、上料电动机 M1 正转，开始向搅拌机上料，上料完成后直接开始搅拌。如果上料过程中想要停下，按下 X1 即可。

② 上料结束后，按下水泵电动机启动按钮，X5=On，Y2=On，开始向搅拌机注水，同时定时器开始计时，计时 5s 后断开水泵电动机，停止注水。

③ 搅拌完成后，按下搅拌机反转按钮，X3=On，混凝土导出，结束后按下 X1，搅拌机停止。

10.6 硫化机 PLC 控制

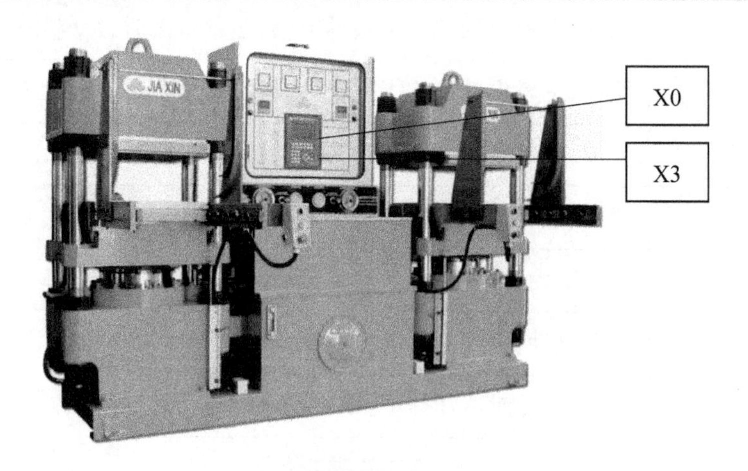

图 10-11 示意

控制要求

某轮胎硫化机的一个工作周期步骤如下：初始合模、进汽、反料延时、进汽、硫化延时、放汽显示、放汽延时、开模。要求按下启动按钮，硫化机合模，合模到位时开始进汽并进行反料延时，然后进汽并硫化延时，延时时间到后放汽并显示，放汽结束后开模。

元件说明

表 10-6　元件说明

PLC 软元件	控制说明
X0	初始启动按钮,按下时,X0 状态由 Off→On
X1	合模到位行程开关,合模到位时,X1 状态由 Off→On
X2	开模到位行程开关,开模到位时,X2 状态由 Off→On
X3	总停止按钮,按下时,X3 状态由 Off→On
T0	计时 5s 定时器,时基为 100ms 的定时器
T1	计时 6s 定时器,时基为 100ms 的定时器
T2	计时 5s 定时器,时基为 100ms 的定时器
Y0	合模接触器
Y1	进汽接触器
Y2	放汽接触器
Y3	放汽指示灯
Y4	开模接触点

控制程序

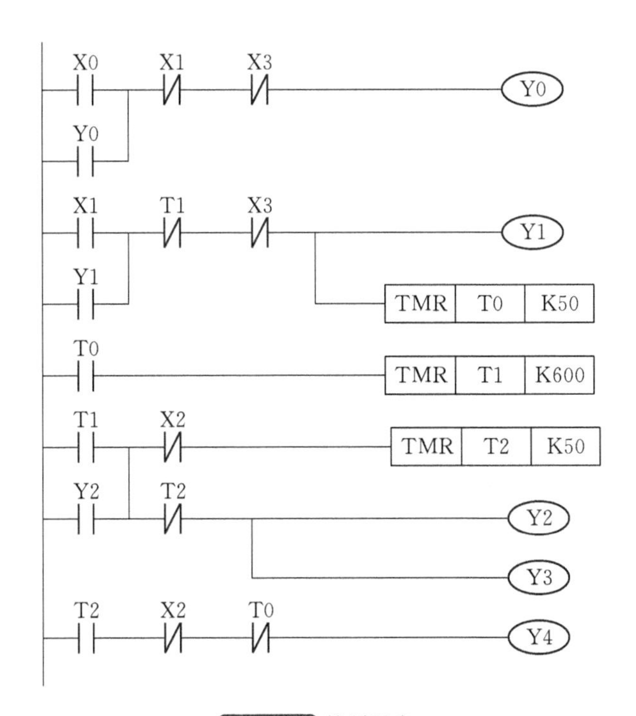

图 10-12 控制程序

程序说明

① 按下启动按钮，X0=On，Y0=On，开始合模，合模到位时，行程开关X1=On，故其常闭断开，常开闭合，Y0=Off，Y1=On，开始进汽、反料，计时器T0延时5s后，反料结束开始硫化，计时器T1延时60s，同时保持进汽，硫化结束后开始放汽，同时放汽指示灯亮，此时进汽电磁阀不打开。放汽5s后结束并开模。

② 该过程中，反料阶段允许打开模具，但硫化阶段不允许打开模具。

10.7 原料掺混机

图10-13 示意

控制要求

有一原料渗混机有A料和B料，当按下加工启动开关（X1）后，A料控制阀（Y1）开始送料，且搅拌器电机（Y3）开始转动，设置时间（50s）到达后换由B料控制阀（Y2）开始送料，且搅拌器电机（Y3）持续转动，直到工作时间到达。

元件说明

表10-7 元件说明

PLC软元件	控制说明
X1	加工启动开关，按下时，X1状态由Off→On
Y1	A料出口阀
Y2	B料出口阀
Y3	搅拌器电机接触器
M0～M2	内部辅助继电器
T0	A料送料的时间，计时时间为100s
T1	A料+B料送料的总时间，计时时间为100.1s

控制程序

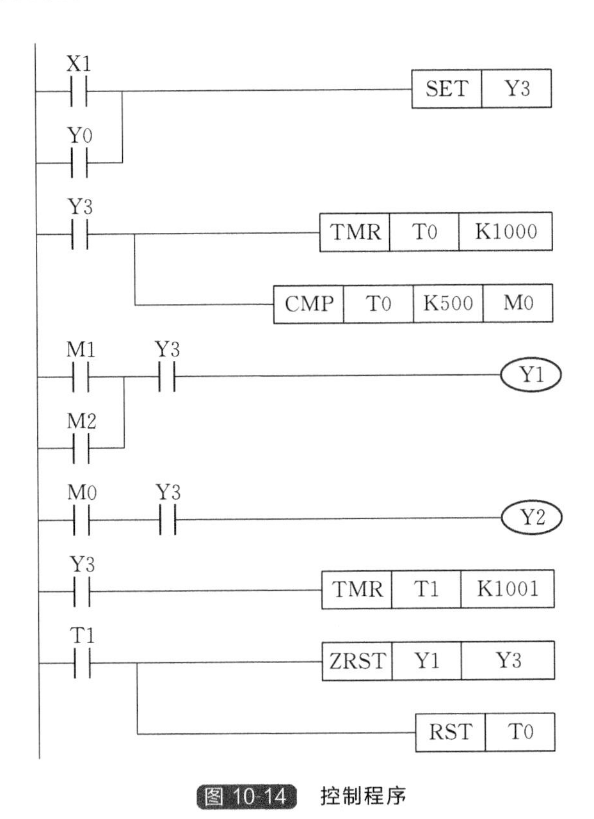

图 10-14 控制程序

程序说明

① 当按下加工开关后，X1 由 Off→On 变化，SET 指令执行，Y3 被置位，TMR 指令执行，T0、T1 开始计时。

② 同时，CMP 指令也被执行，当 T0 当前值小于等于 500 时，M1 及 M2 为 On，Y1 导通，开始送 A 料；当 T0 当前值大于 500 的内容值时，M0 变为 On，而 M1 及 M2 变为 Off，此时 Y2 导通，Y1 关闭，开始送 B 料，停止送 A 料。

③ 当 T1 当前值等于 1001（送料总时间＋100ms 延迟）时，T1 常开接点变为 On，ZRST 和 RST 指令执行，Y1～Y3、T0 被复位，搅拌机停止工作，直到再次按下加工开关。

备注：比较设置输出 CMP 指令使用说明

CMP	S1	S2	D

S1：比较值 1，类别可为：K，H，KnX，KnY，KnM，KnS，T，C，D，E，F。

S2：比较值 2，类别可为：K，H，KnX，KnY，KnM，KnS，T，C，D，E，F。

D：比较结果，可为 Y，M，S。

① 将操作数 S1 和 S2 的内容作大小比较，其比较结果在 D 作表示。

② 大小比较以代数来进行，全部的数据以有号数二进制数值来作比较。因此 16 位指令，b15 为 1 时，表示为负数，32 位指令，则 b31 为 1 时，表示为负数。

10.8 风机的 PLC 控制

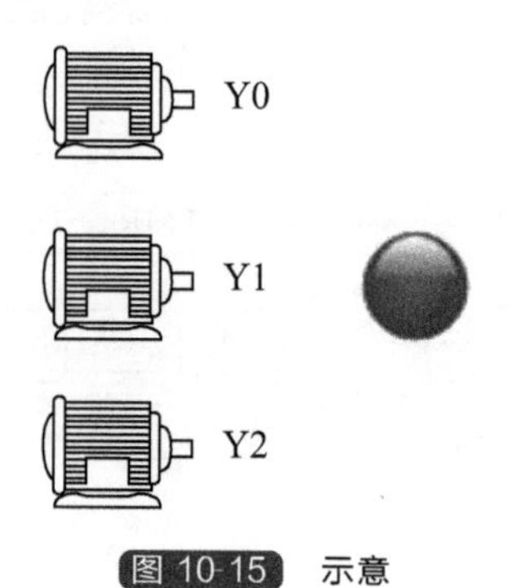

图 10-15 示意

控制要求

三台通风机用各自的启停按钮控制其运行，并采用一个指示灯显示三台通风机的运行状态。

① 3 台风机都不运行，指示灯常亮。

② 1 台风机运行，指示灯慢闪（T=1s）。

③ 两台及其以上风机运行，指示灯快闪（T=0.4s）。

元件说明

表 10-8 元件说明

PLC 软元件	控制说明
X0	监视开关，按下时 X0=On，松开时 X0=Off
X1	1 号风机启动按钮，按下时，X1 状态由 Off→On
X2	1 号风机停止按钮，按下时，X2 状态由 Off→On
X3	2 号风机启动按钮，按下时，X3 状态由 Off→On
X4	2 号风机停止按钮，按下时，X4 状态由 Off→On
X5	3 号风机启动按钮，按下时，X5 状态由 Off→On
X6	3 号风机停止按钮，按下时，X6 状态由 Off→On
Y0	指示灯
Y1	1 号风机电机接触器
Y2	2 号风机电机接触器
Y3	3 号风机电机接触器

控制程序

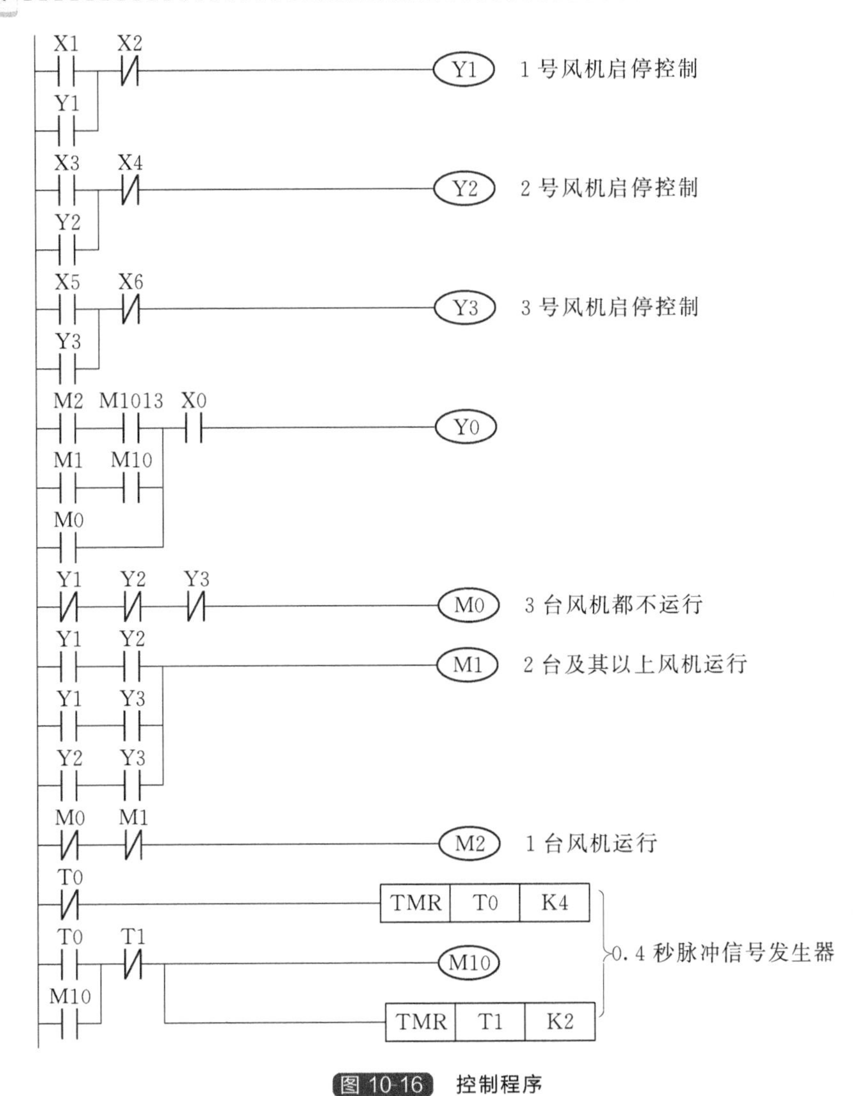

图 10-16 控制程序

程序说明

① 1 号、2 号、3 号风机的启停控制过程相似，下面以一号风机为例进行介绍。按下 1 号风机启动按钮 X1，X1=On，Y1=On 并自锁，1 号风机启动；按下 1 号风机停止按钮 X2，X2=On，Y1=Off，1 号风机停止运行。

② 当一台风机运行时，输出继电器 Y1、Y2、Y3 中只有一个得电，因此 M1=Off，M0=Off。所以 M2=On，M1013（周期为 1s 的时钟脉冲），闭合监视开关 X0，X0=On，Y0=On，指示灯慢闪。

③ 当两台及以上风机运行时，输出继电器 Y1、Y2、Y3 中必有两个得电，因此 M1=On，M0=Off。所以 M2=Off，M1=On，通过 M10 提供的 0.4s 脉冲，使 Y0=On，指示灯快闪。

④ 当三台电动机都不运行时，Y1、Y2、Y3 均未得电，M0=On，Y0=On，指示灯常亮。

⑤ 0.4s 脉冲信号发生器电路介绍：每隔 0.4s，T0=On 一次，其常闭接点断开，使 T0 复位后，又马上开始计时，0.4s 后，又一次 T0=On，如此循环。T0 常开接点闭合，辅助

继电器 M10 得电并自锁，同时定时器 T1 开始计时，0.2s 后 T1 常闭接点断开，M10 和 T1 失电。再过 0.2s 后，定时器 T0 的常开接点再次接通。如此往复循环，构成周期为 0.4s 的脉冲信号发生器电路。

10.9 自动加料控制

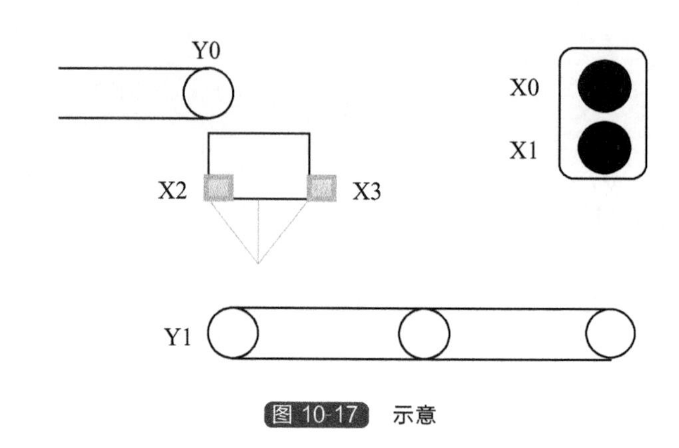

图 10-17 示意

控制要求

自动加料是一些工业设备和工业生产线所拥有的一项功能，这里使用 PLC 来介绍如何在工业现场实现这一功能。

元件说明

表 10-9 元件说明

PLC 软元件	控制说明
X0	启动按钮,按下时,X0 的状态由 Off→On
X1	停止按钮,按下时,X1 的状态由 Off→On
X2	料斗闸门开限位开关,触碰时,X2 的状态由 Off→On
X3	料斗闸门关限位开关,触碰时,X3 的状态由 Off→On
X4	料斗满传感器,检测到信号时,X4 的状态由 Off→On
X5	料斗空传感器,检测到信号时,X5 的状态由 Off→On
M1002	开机启始正向(RUN 的瞬间“On”)脉冲
M0～M3	内部辅助继电器
T0	计时 10s 定时器
Y0	进料电机接触器
Y1	出料电机阀接触器
Y2	开闸门电机接触器
Y3	关闸门电机接触器

控制程序

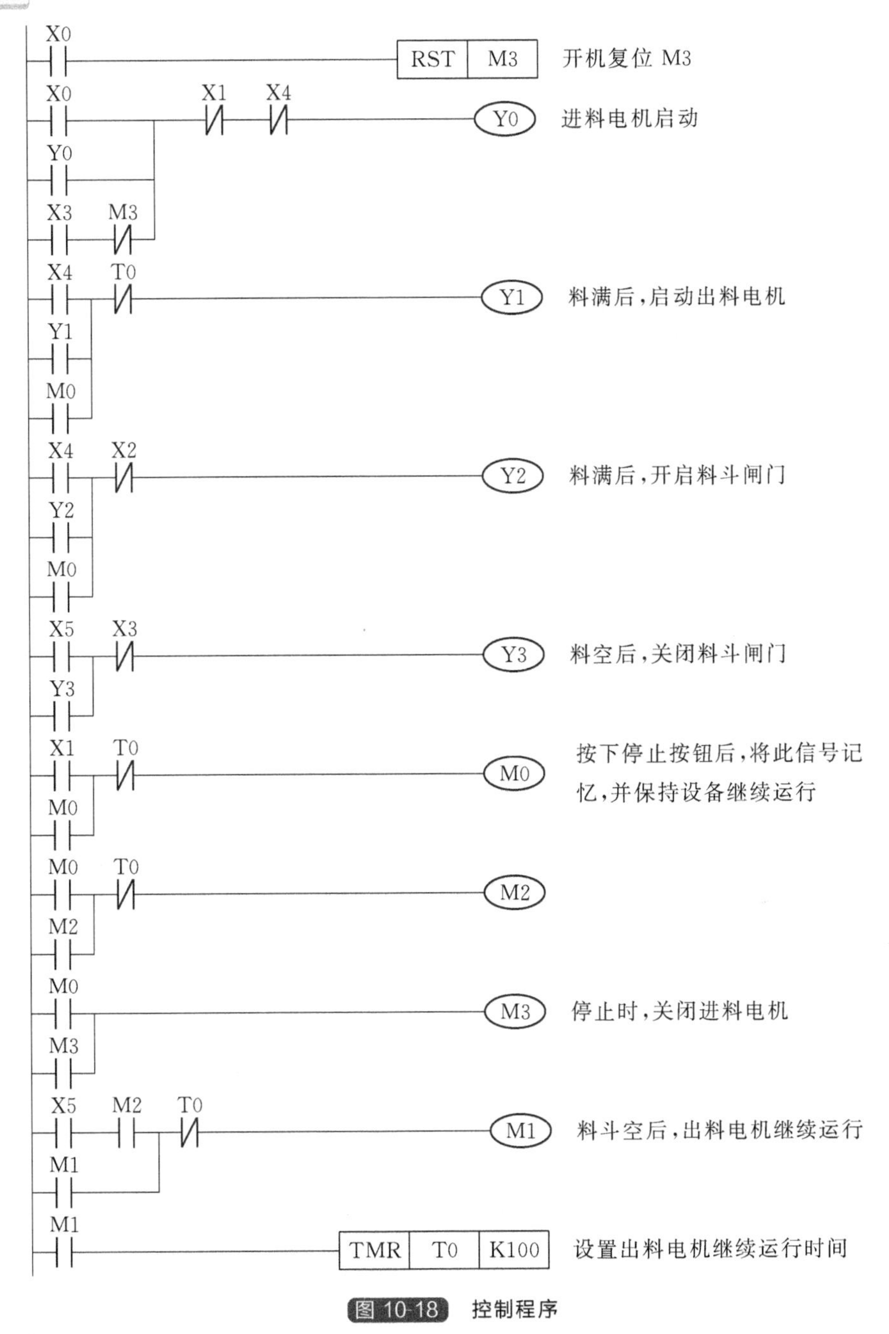

图 10-18 控制程序

程序说明

① 启动时，按下启动按钮 X0，X0=On，Y0=On，Y0 得电自锁，RST 指令执行，M3 被复位。进料电机启动。当料斗中的货物达到规定的重量后，X4=On，料斗满信号发出，Y0 失电，进料电机停止，同时，Y1=On，Y2=On，出料电机和开闸门电机启动，货物传输至出料传送带。当闸门完全打开时，碰到开闸门限位开关 X2，X2=On，Y2 失电，闸门停止打开。

② 当货物从料斗中清空后，料斗空信号发出，X5=On，Y3=On，关闸门电机启动。当闸门完全关闭时，碰到关闸门限位开关 X3，X3=On，Y3 失电，闸门停止关闭。同时，

Y0＝On，进料电机再次打开，开始进料，再次进行刚才的工作过程。

③ 在货物运输过程中，如想要关闭系统，则按下停止按钮 X1，X1＝On，M0＝On，M2＝On，M3＝On，正在进行的工作仍然进行，一直到料斗中的货物清空。此时，料斗空信号发出 X5，X5＝On，则由于 M2＝On，所以，M1＝On，定时器开始计时，同时，Y3＝On，关闸门电机启动，当闸门完全关闭时，碰到关闸门限位开关 X3，X3＝On，Y3 失电，闸门停止关闭。10s 计时到达后，T0＝On，M1、M2、Y1 全部失电，出料电机停止。让出料电机延时 10s 停止是为保证出料传送带上的货物全部运完。

10.10 空气压缩机轮换控制

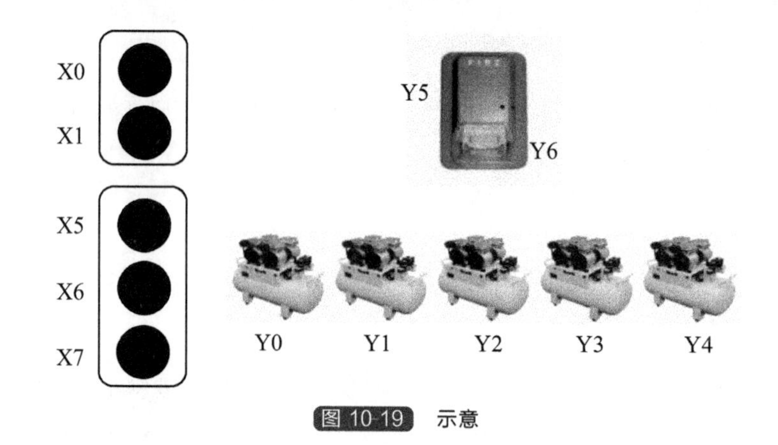

图 10-19 示意

控制要求

本案例中该工作场所拥有 5 台空气压缩机，正常情况下需要 3 台空压机才能满足需要，另外两台备用。当 3 台中的任何 1 台出现故障时，2 台备用的空压机将自行启动一台进行补充，并且进行灯光和声音报警。这时，需要工作人员切断故障空压机和 PLC 的连接。

元件说明

表 10-10 元件说明

PLC 软元件	控制说明
X0	启动按钮，按下时，X0 的状态由 Off→On
X1	停止按钮，按下时，X1 的状态由 Off→On
X2	减压 1/3 传感器，减压时，X2 的状态由 Off→On
X3	减压 2/3 传感器，减压时，X3 的状态由 Off→On
X4	正常压力传感器，检测到信号时，X4 的状态由 Off→On
X5	1 号空压机切断按钮，按下时，X5 的状态由 Off→On
X6	2 号空压机切断按钮，按下时，X6 的状态由 Off→On
X7	3 号空压机切断按钮，按下时，X7 的状态由 Off→On
M1013	1s 时钟脉冲
M0～M2	内部辅助继电器
Y0	1 号空压机接触器
Y1	2 号空压机接触器
Y2	3 号空压机接触器

续表

PLC 软元件	控制说明
Y3	1 号备用空压机接触器
Y4	2 号备用空压机接触器
Y5	报警蜂鸣器
Y6	报警闪烁灯

控制程序

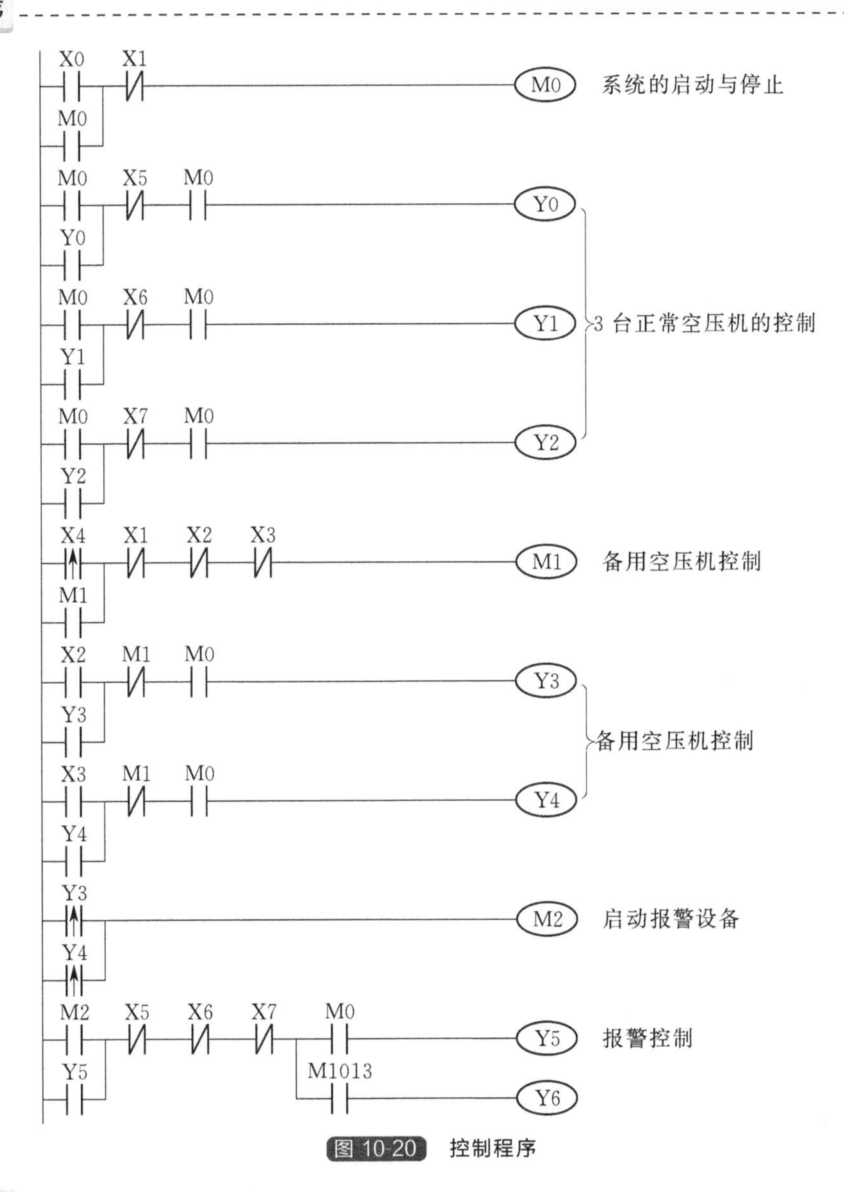

图 10-20 控制程序

程序说明

① 启动时，按下启动按钮 X0，X0＝On，M0＝On，M0 得电自锁，自动控制系统启动。此时，Y0＝On，Y1＝On，Y2＝On，Y0、Y1、Y2 得电自锁，三台正常空压机启动，若工作压力正常，则正常压力传感器发出信号，X4＝On，M1＝On。若出现故障，减压 1/3 时，减压 1/3 压力传感器发出信号，X2＝On，Y3＝On，一台备用空压机启动，并且 M2＝On，Y5＝

On，Y6=On，报警蜂鸣器和闪烁灯发出报警信号。这时，工作人员需手动切断故障空压机与电源的连接，以1号空压机出现故障为例，按下切断按钮X5，X5=On，Y0失电，空压机断电，并且Y5、Y6失电，报警停止。然后，工作人员须彻底切断故障设备的电源，以便安全维修。

② 若故障发生时，减压2/3，减压1/3传感器和减压2/3传感器发出信号，X2=On，X3=On，两台备用空压机启动，并且M2=On，Y5=On，Y6=On，报警蜂鸣器和闪烁灯发出报警信号。这时，工作人员需手动切断故障空压机与电源的连接，以1号、2号空压机出现故障为例，按下切断按钮X5和X6，X5=On，X6=On，Y0、Y1失电，空压机断电，并且Y5、Y6失电，报警停止。同样，工作人员须彻底切断故障设备的电源，以便安全维修。

③ 需要彻底停止系统时，按下停止按钮X1，X1=On，M0失电，空压机控制系统停止。

10.11 弯管机的PLC控制

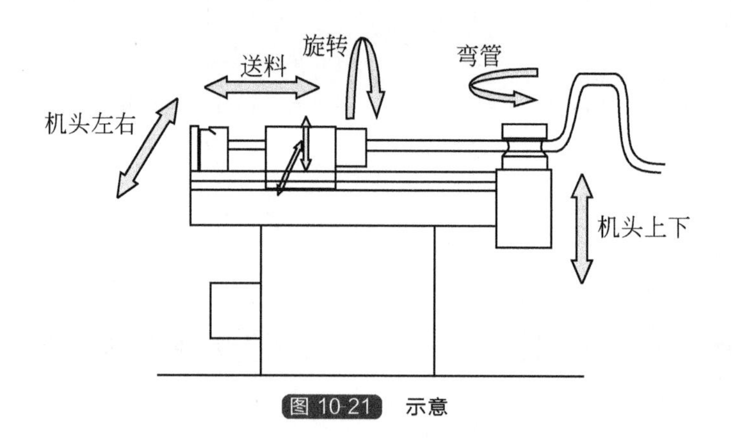

图10-21 示意

控制要求

弯管机在弯管时，首先使用传感器检测是否有管。若没有管，则等待；若有管，则延时2s后，电磁卡盘将管子夹紧。随后检测被弯曲的管上是否安装有连接头。若没有连接头，则弯管机将管子松开推出弯管机等待下一根管子的到来，同时废品计数器计数；若有连接头，则弯管机在延时5s后，启动主电动机开始弯管。弯管完成后，正品计数器计数，并将弯好的管子推出弯管机。系统设有启动按钮和停止按钮。当启动按钮被按下时，弯管机处于等待检测管子的状态。任何时候都可以用停止按钮停止弯管机的运行。

元件说明

表10-11 元件说明

PLC软元件	控制说明
X0	启动按钮,按下时,X0状态由Off→On
X1	停止按钮,按下时,X1状态由Off→On
X2	管子检测传感器,有管时,X2的状态由Off→On
X3	连接头检测传感器,有连接头时,X3的状态由Off→On
X4	弯管到位检测开关,弯管到位时,X4的状态由Off→On
Y0	电磁卡盘接触器
Y1	推管液压阀接触器
Y2	弯管主电机接触器

控制程序

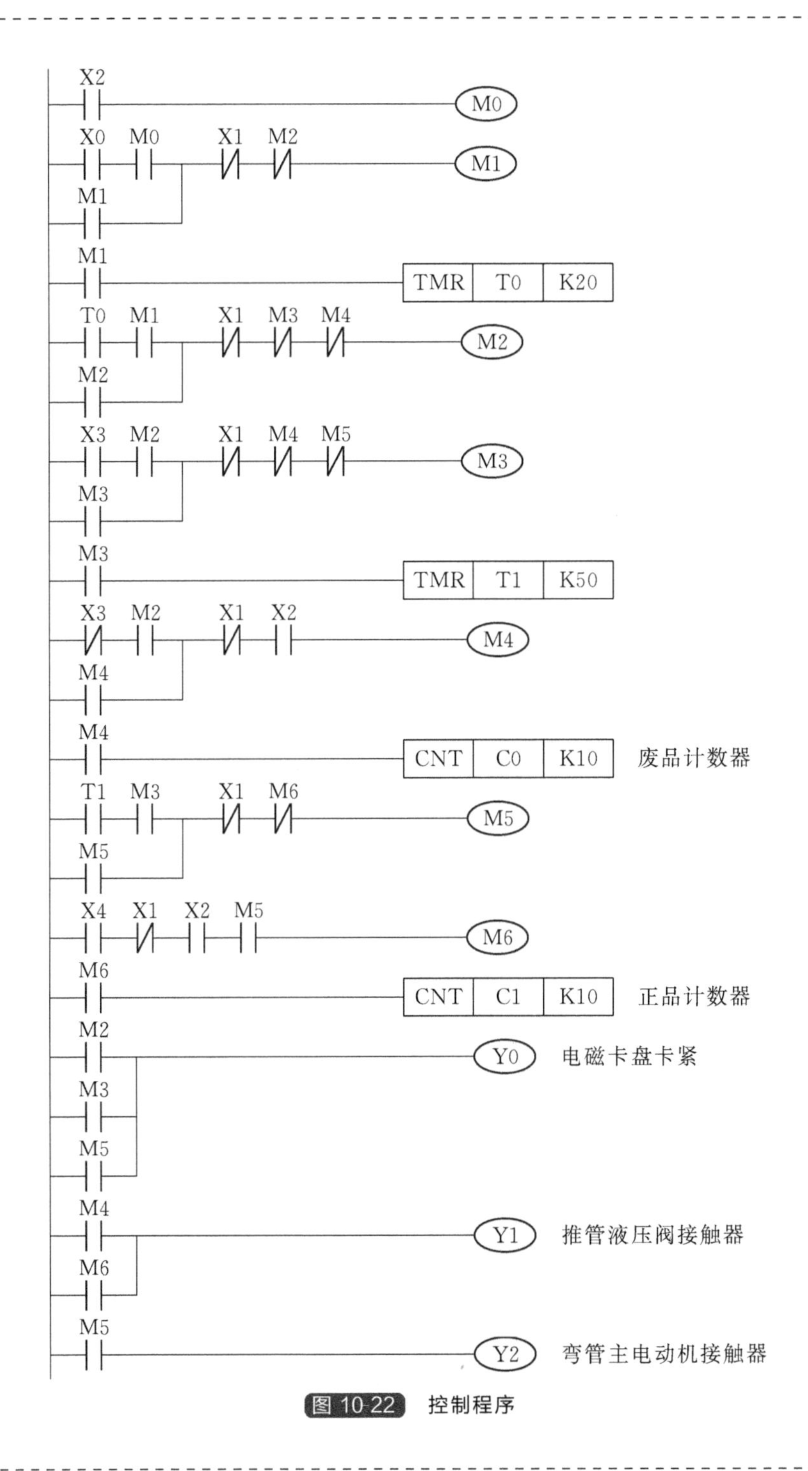

图 10-22 控制程序

程序说明

① 当管子检测传感器检测到有管子时，X2=On 并保持，M0=On，按下启动按钮，X0=On，M1=On 并自锁，T0 计时器开始 2s 计时，2s 后，T0=On，M2=On 并自锁，Y0=On 电磁卡盘将管子夹紧，同时 M1、T0 失电。

② 检测被弯曲的管上是否安装有连接头，若没有连接头，X3=Off，M4=On 并自锁，

M2＝Off，Y0＝Off，电磁卡盘松开，Y1＝On，弯管机将管子松开推出弯管机，同时废品计数器 C0 计数；若有连接头，X3＝On，M3＝On 并自锁，M2＝Off，Y0 仍得电，电磁卡盘仍夹紧。同时 T1 计时器开始 5s 计时，5s 后，T1＝On，M5＝On 并自锁，T1＝Off，M3＝Off，Y0 仍得电，电磁卡盘仍夹紧，同时 Y2＝On，弯管主电动机启动，开始弯管。

③ 弯管到位后，弯管到位检测开关 X4＝On，M6＝On，M5＝Off，Y2＝Off，Y0＝Off，弯管主电动机停止，电磁卡盘松开，Y1＝On，弯管机将管子松开推出弯管机，同时正品计数器 C1 计数。

④ 出现紧急情况时按下停止按钮 X1，弯管机立即停止工作。

10.12 加热反应炉

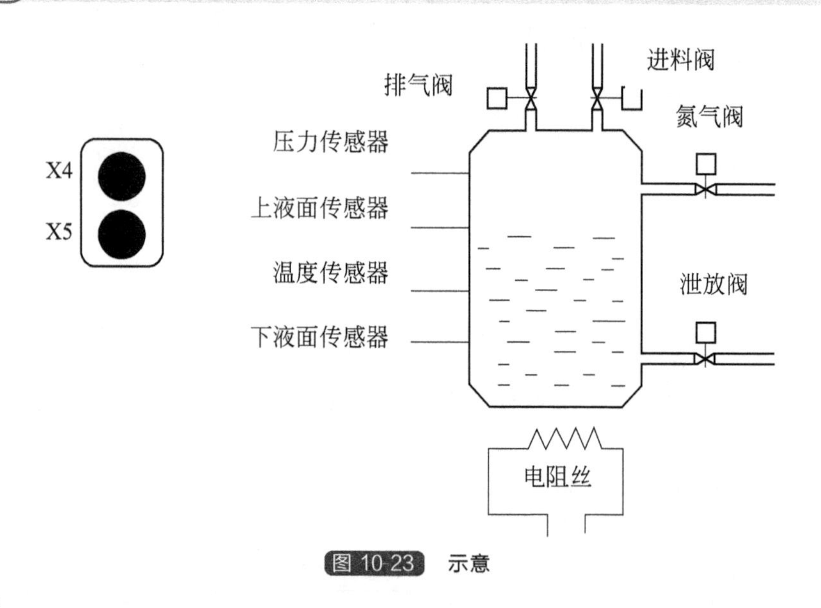

图 10-23 示意

控制要求

按启动按钮后，系统运行；按停止按钮后，系统停止。系统会自动完成送料，加热，泄放过程。

元件说明

表 10-12 元件说明

PLC 软元件	控制说明
X0	下液面传感器，液体下降至低液面以下时，X0 的状态由 On→Off
X1	炉内温度传感器，温度升至给定值时，X1 的状态由 Off→On
X2	上液面传感器，液体上升至高液面时，X2 的状态由 Off→On
X3	炉内压力传感器，压力上升至给定值时，X3 的状态由 Off→On
X4	启动按钮，按下时，X4 的状态由 Off→On
X5	停止按钮，按下时，X5 的状态由 Off→On
Y0	排气阀
Y1	进料阀
Y2	氮气阀
Y3	泄放阀
Y4	加热炉电阻丝

控制程序

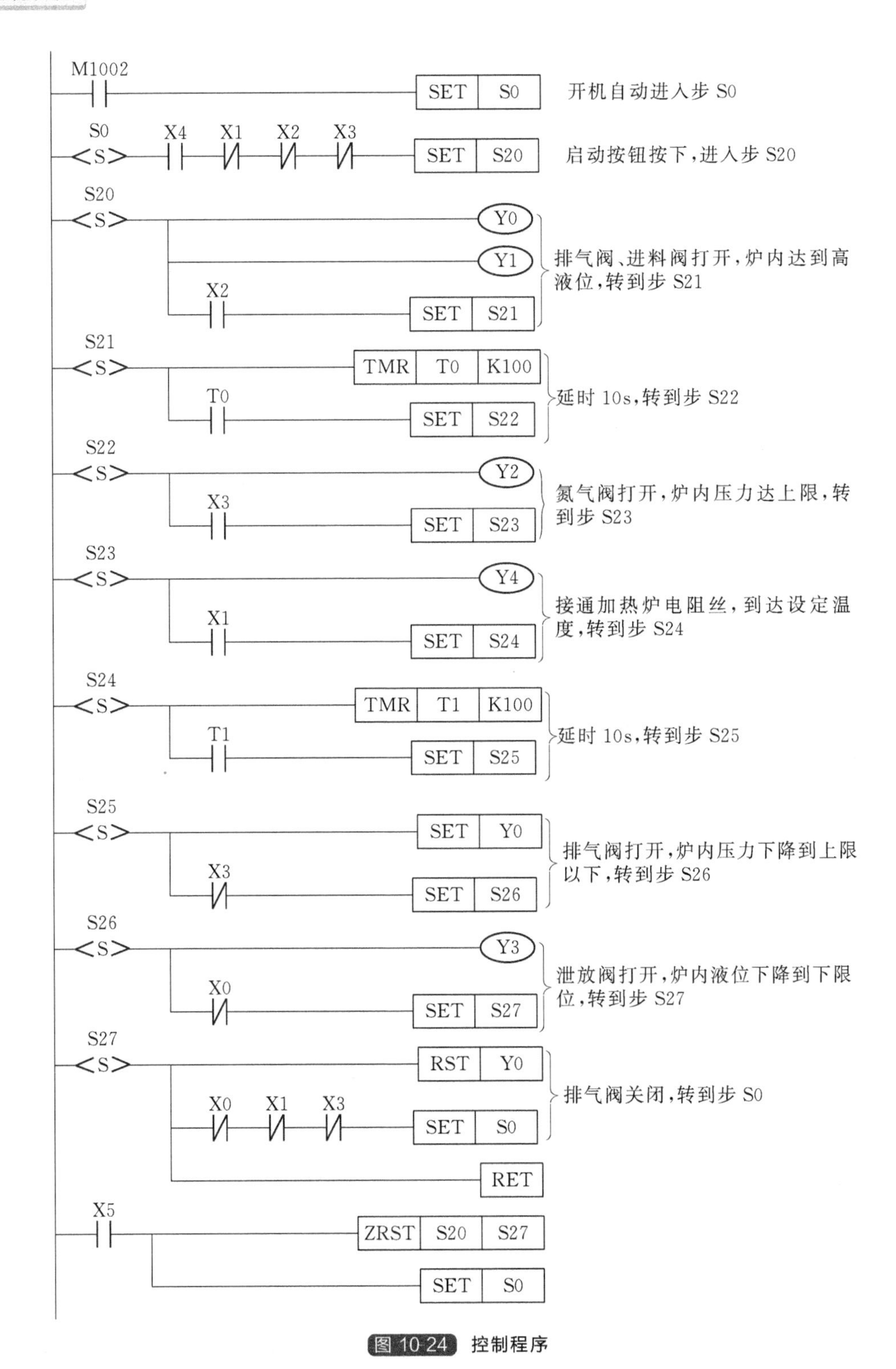

图 10-24 控制程序

程序说明

（1）第一阶段：送料控制

① 检测上液面传感器X2、炉内温度传感器X1、炉内压力传感器X3均小于给定值，即为Off。

② 按下启动按钮，X4=On，Y0=On，Y1=On，排气阀、进料阀开启。

③ 当液位上升到高液位时，X2=On，定时器T0开始定时，Y0=Off，Y1=Off，排气阀、进料阀被关闭。

④ 延时10s，T0=On，Y2=On，氮气阀开启，炉内压力上升。

⑤ 当压力上升到给定值时，X3=On，氮气阀关闭。送料过程结束。

(2) 第二阶段：加热反应控制

① X3=On，Y4=On，接通加热炉电阻丝。

② 当温度升到给定值时，定时器T1开始定时，X1=On，Y4=Off，加热过程结束。

(3) 第三阶段：泄放过程

延时10s，T1=On，Y0=On，排气阀打开，炉内压力下降到给定值时，X3=Off，Y3=On，泄放阀打开，当炉内液体降到低液位以下时，X0=Off，Y0=Off，Y3=Off，排气阀、泄放阀关闭，系统恢复到原始状态，准备进入下一循环。

如发生紧急情况，按下停止按钮，X5=On，系统即刻停止。

10.13 气囊硫化机

控制要求

气囊硫化机是橡胶硫化的新工艺，硫化机主要用于其周长在1200mm以下的圆模V带的硫化。硫化机结构包括缸门、锁紧环、模具、胶带、胶套和缸体及外压气进出口和内压气进出口。

装在圆模上的半成品套上胶套后装入缸内，闭合缸门并使之转过一个角度（合齿）。然后依次通入外压蒸汽。由于外压蒸汽压力高于内压蒸汽，在压差作用下胶套对半成品进行加压硫化，硫化时间根据胶带的型号调整。硫化后，按以上相反的程序动作取出产品，结束一次硫化周期。

元件说明

表10-13 元件说明

PLC软元件	控制说明	PLC软元件	控制说明
X0	关门到位行程开关，机床门闭合时，X0的状态由Off→On	Y1	分齿
X1	开门到位行程开关，机床门打开时，X1的状态由Off→On	Y2	开门装置
X2	启动按钮，按下时，X2的状态由Off→On	Y3	关门装置
X3	压力传感器，压力小于设定值时，X3的状态由Off→On	Y4	进外压汽
Y0	合齿	Y5	进内压汽
		Y6	排气阀
		Y7	指示灯

控制程序

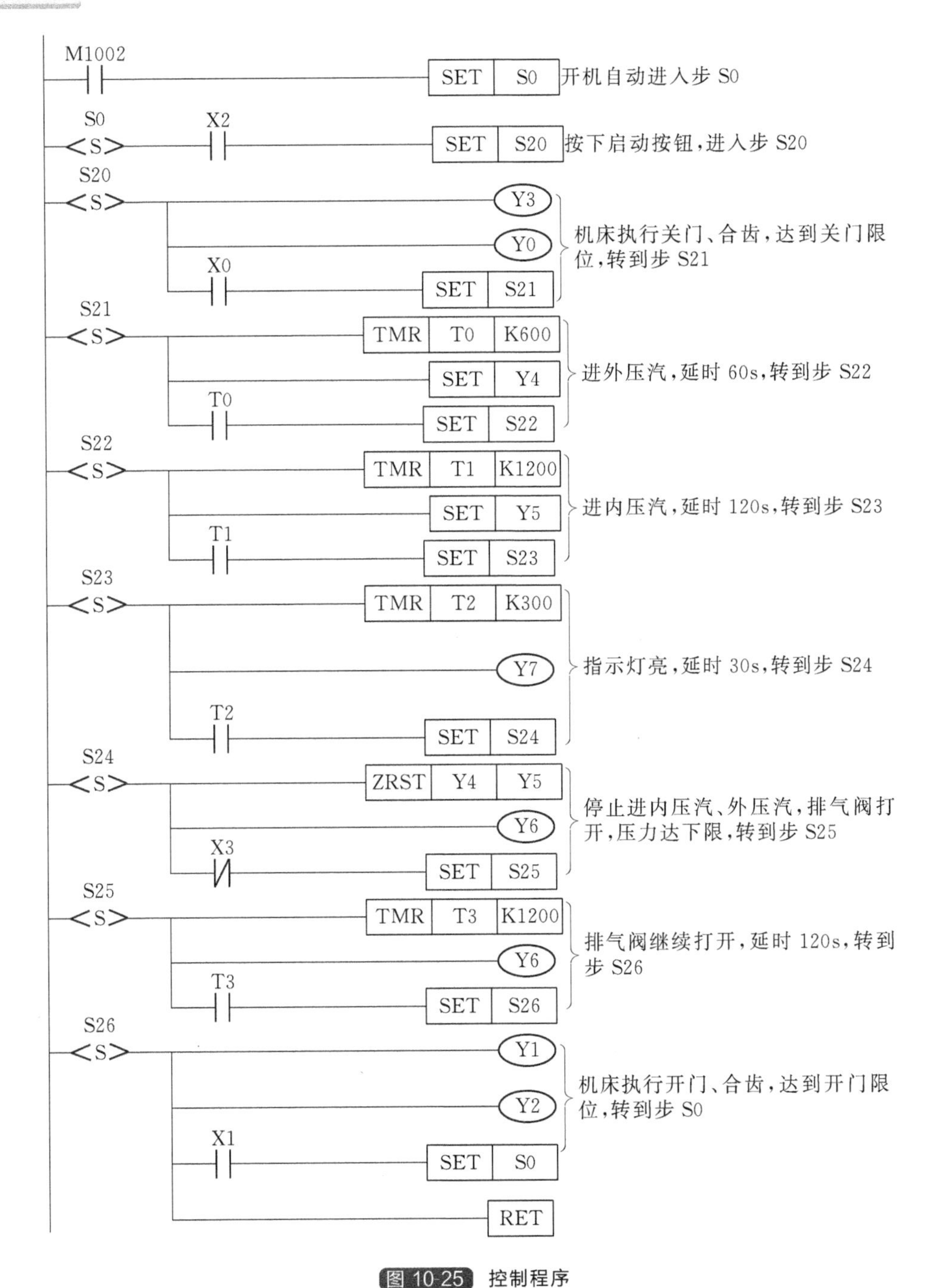

图 10-25 控制程序

程序说明

① 初始状态：M1002＝On，S0 置位并保持。

② 按下启动按钮，X2＝On，程序进入步 S20，Y0＝On，Y3＝On，机床执行关门动作，并进行合齿，当机床门闭合后，关门到位行程开关 X0＝On，程序进入步 S21，Y4 置位并保持，开始进外压汽，T0 定时器开始计时，60s 后，T0＝On，程序进入步 S22，T1 定时器开始

计时，Y5置位并保持，开始进内压汽，T1定时器计时120s后，T1=On，程序进入步S23，Y7=On，加工指示灯亮，T2定时器开始计时，30s后，程序进入步S24，Y4、Y5被复位，停止进外压汽和内压汽，Y6=On，排气阀被打开，当气压降到设定值以下时，X3=Off，程序进入步S25，Y6=On，排气阀继续打开，T3定时器开始计时，120s后，T3=On，程序进入步S26，Y1=On，Y2=On，机床执行开门动作，并进行分齿，当机床门打开后，开门到位行程开关X1=On，S0置位并保持，再次按下启动按钮X2，可进行下一次循环。

10.14 大小球分拣系统

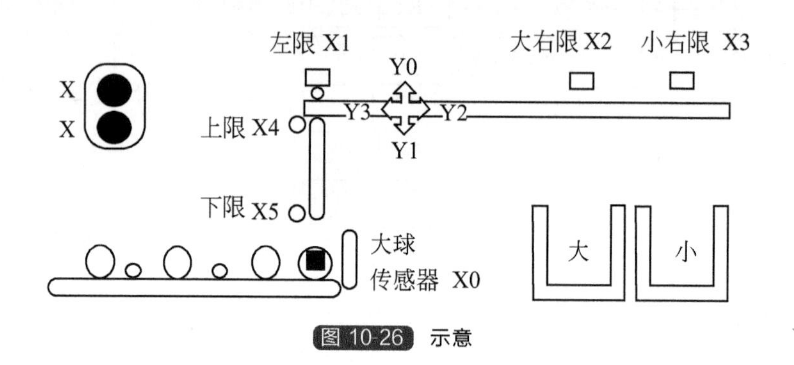

图 10-26 示意

控制要求

① 动作要求：分开大小两种皮球，并搬到不同的箱子存放。配置控制盘以供控制。

② 机械手臂动作：下降、夹取、上升、右移、下降、释放、上升、左移，依序完成皮球的搬运。

③ 连续运行：在原点位置按自动启动按钮，开始循环运行。如果按下停止按钮，则不管何时何处按，机械臂最终都要停止在原始位置。

元件说明

表 10-14 元件说明

PLC 软元件	控制说明	PLC 软元件	控制说明
X0	大球传感器，检测为大球时，X0的状态由Off→On	X6	启动按钮，按下时，X6的状态由Off→On
X1	机械手臂左限，触碰时，X1的状态由Off→On	X7	停止按钮，按下时，X7的状态由Off→On
X2	大球右移行程开关，碰到时，X2的状态由Off→On	M0	内部辅助继电器
X3	小球右移行程开关，碰到时，X3的状态由Off→On	T0～T2	计时3s定时器，时基为100ms的定时器
X4	上限开关，机械手臂上升至上限位时，X4的状态由Off→On	Y0	机械手臂上升
		Y1	机械手臂下降
X5	下限开关，机械手臂处于原始位置时，X5的状态由Off→On	Y2	机械手臂右移
		Y3	机械手臂左移
		Y4	机械手臂夹取

控制程序

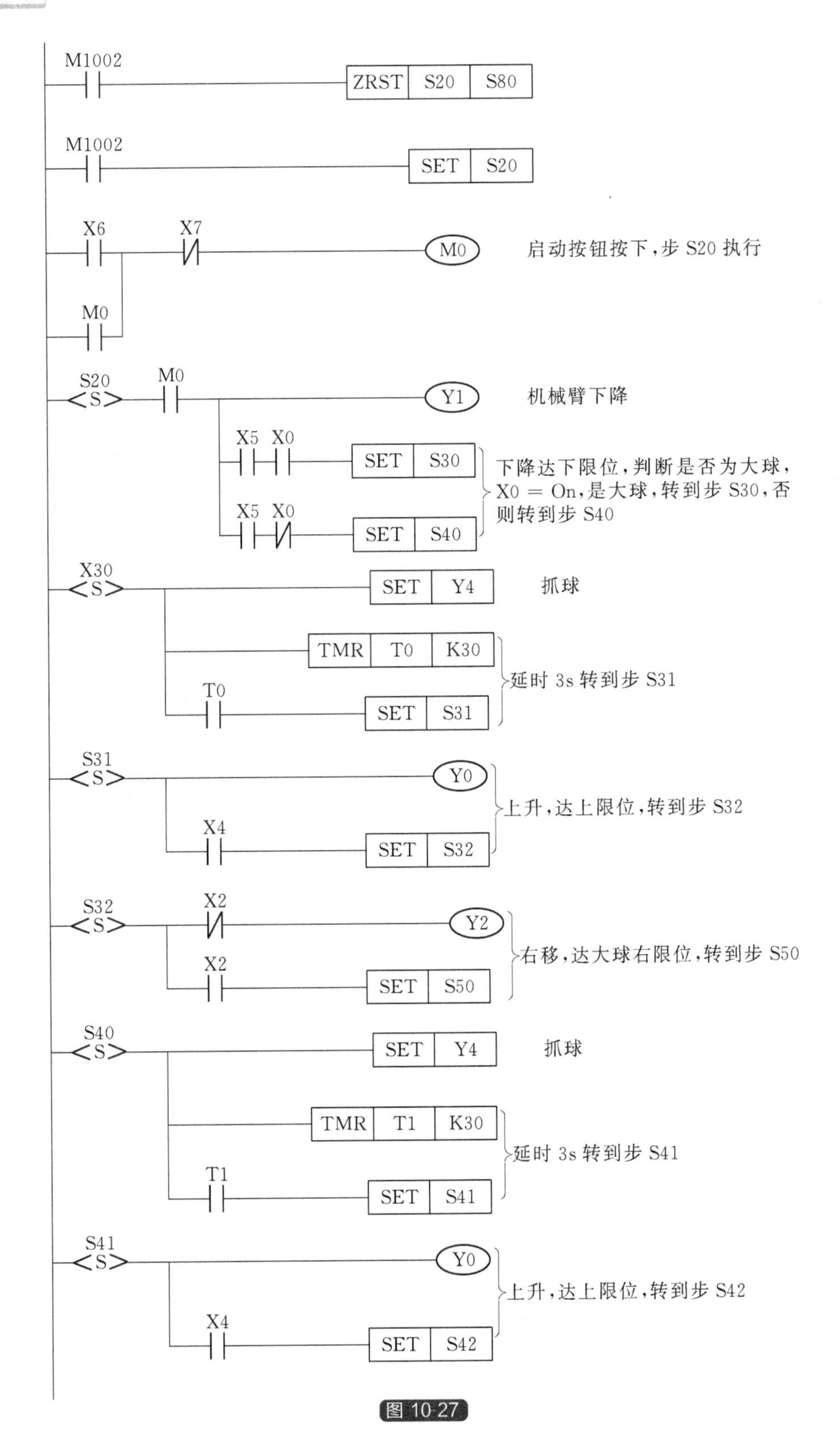

M1002
ZRST S20 S80
M1002
SET S20
X6 X7
M0
启动按钮按下，步 S20 执行
M0
S20
M0
Y1
机械臂下降
X5 X0
SET S30
下降达下限位，判断是否为大球，X0 = On，是大球，转到步 S30，否则转到步 S40
X5 X0
SET S40
X30
SET Y4
抓球
TMR T0 K30
延时 3s 转到步 S31
T0
SET S31
S31
Y0
上升，达上限位，转到步 S32
X4
SET S32
S32
X2
Y2
右移，达大球右限位，转到步 S50
X2
SET S50
S40
SET Y4
抓球
TMR T1 K30
延时 3s 转到步 S41
T1
SET S41
S41
Y0
上升，达上限位，转到步 S42
X4
SET S42

图 10-27

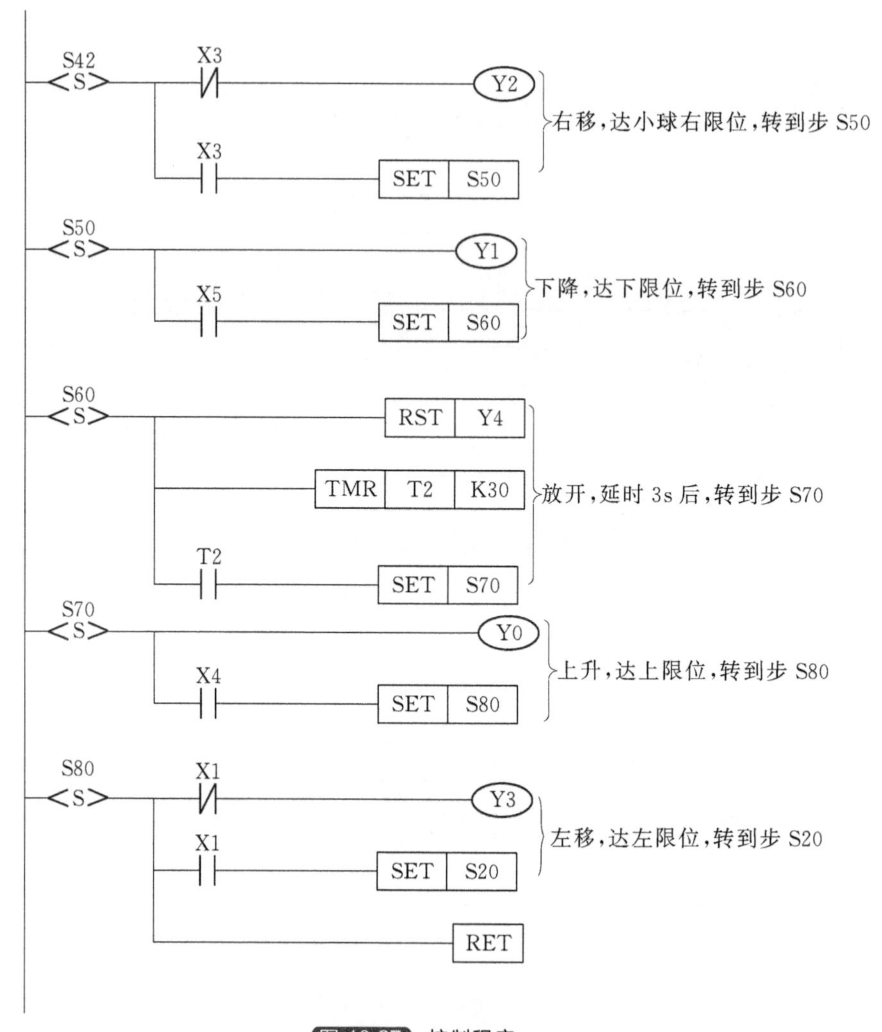

图 10.27 控制程序

程序说明

① 初始状态：M1002＝On，S20～S80 清零，S20 置位并保持。

② 当机械臂处于原始位置时，下限位开关 X5＝On，按下启动按钮，X6＝On，M0＝On 并保持，程序进入步 S20，Y1＝On，机械手臂下降，大球传感器判断是否为大球，若是大球，X0＝On，程序进入步 S30，Y4 置位并保持，机械手臂执行抓取动作，T0 定时器完成 3s 计时后，T0＝On，程序进入步 S31，Y0＝On，机械手臂上升，上升到达上限位，X4＝On，机械手臂停止上升，程序进入步 S32，Y2＝On，机械手臂右移，移动到大球右限位，X2＝On，机械手臂停止右移，程序进入步 S50，Y1＝On，机械手臂下降，下降到达下限位开关时，X5＝On，机械手臂停止下降，程序进入步 S60，Y4 被复位，机械手臂将大球释放，T2 定时器完成 3s 计时后，T2＝On，程序进入步 S70，Y0＝On，机械手臂上升，上升到达上限位开关时 X4＝On，机械手臂停止上升，上升至上限位时，程序进入步 S80，Y3＝On，机械手臂左移，移动到左限位开关，X1＝On，机械手臂停止左移，程序返回步 S20，完成依次一次循环。大球传感器判断为不是大球的循环过程与之类

似，不再赘述。

③ 按下停止按钮，X7＝On，M0＝Off，机械手臂完成动作返回原点后，下次循环不再执行。

10.15 剪板机的控制

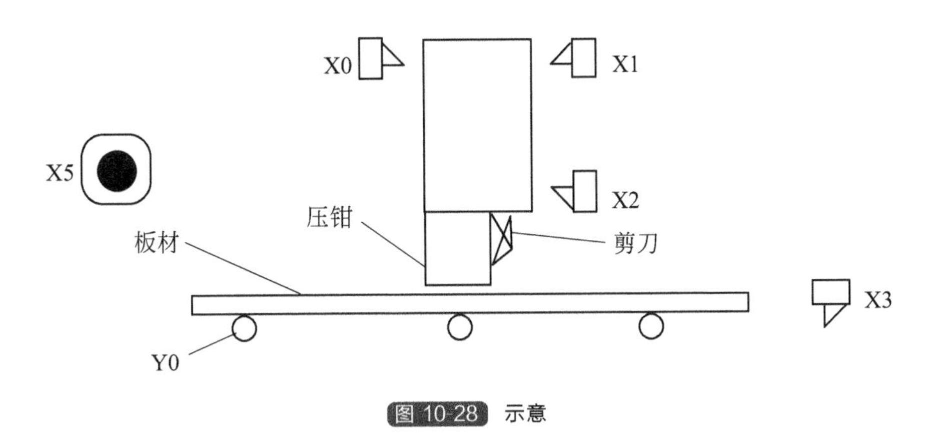

图 10-28 示意

控制要求

剪板机是用一个刀片相对另一个刀片做往复直线运动剪切板材的机器。剪板机属于锻压机械的一种，主要作用就是金属加工行业。产品广泛适用于航空、轻工、汽车、船舶等行业。剪板机可使用 PLC 进行控制，完成需要的操作。

板材平移运动到位后，压钳压紧板材，压紧后剪刀向下运动切断板材，随后剪刀和压钳同时回到初始状态，进行下一次剪切。

元件说明

表 10-15 元件说明

PLC 软元件	控制说明	PLC 软元件	控制说明
X0	压钳限位开关，触碰时，X0 的状态由 Off→On	M1002	启动时接通一个扫描周期的辅助继电器
X1	剪刀上限位开关，触碰时，X1 的状态由 Off→On	M0～M7	内部辅助继电器
X2	剪刀下限位开关，触碰时，X2 的状态由 Off→On	Y0	压钳下行接触器
		Y1	送料电动机接触器
X3	板材到位限位开关，触碰时，X3 的状态由 Off→On	Y2	剪刀下行接触器
X4	压力继电器，到达设置值时，X4 的状态由 Off→On	Y3	压钳上行接触器
		Y4	剪刀上行接触器
X5	剪板机启动按钮，按下时，X0 的状态由 Off→On	C0	16 位计数器，用于设置需操作的板材数量

控制程序

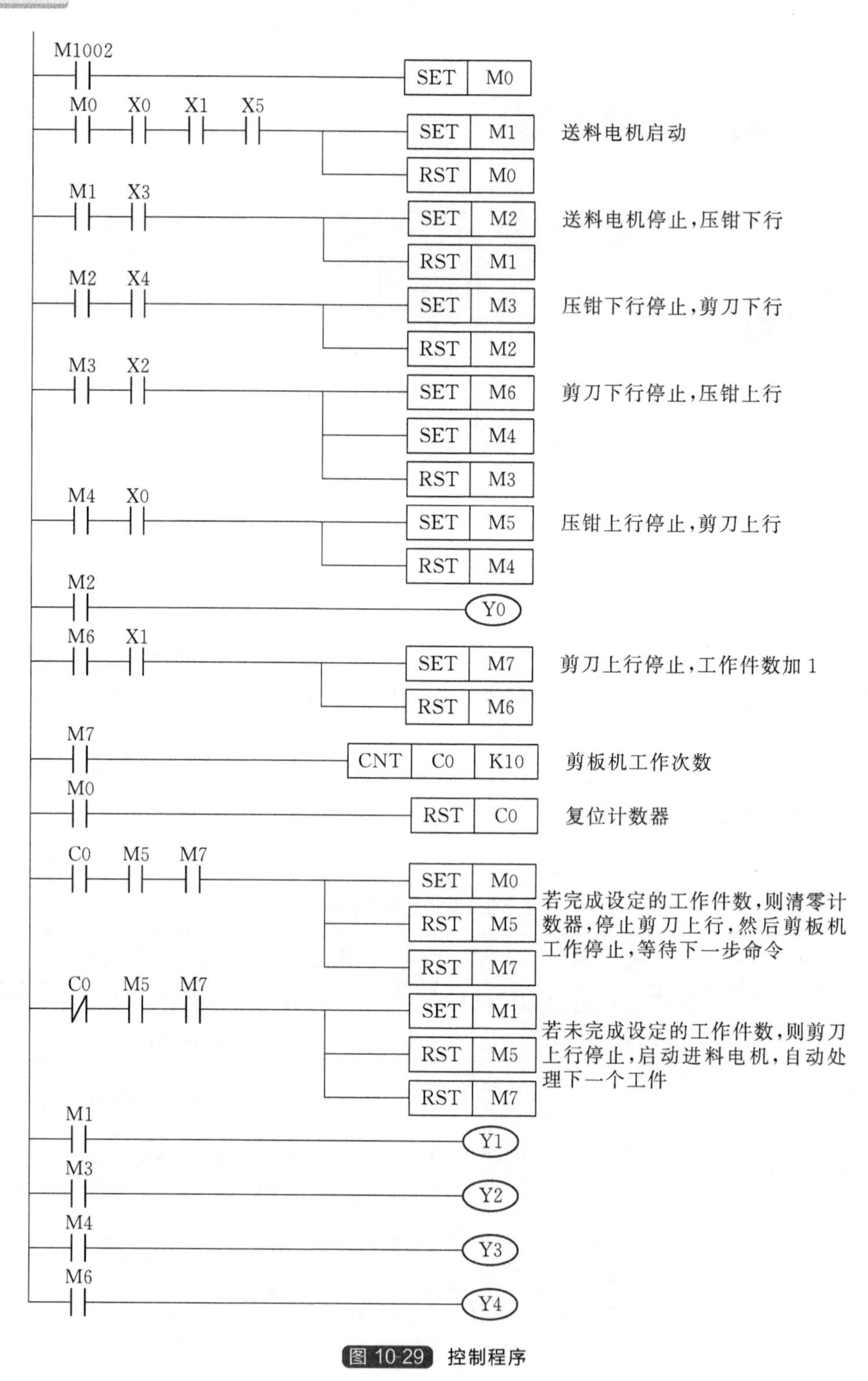

图 10-29 控制程序

程序说明

① PLC 通电后，M1002 接通一个扫描周期，M1002＝On，M0 置位，同时计数器 C0

被清零。按下启动按钮X5，X5=On，同时，因为压钳和剪刀都在初始位置，即X0=On，X1=On，所以M1置位，Y1=On，送料电动机接通，另外，M0复位，C0做好计数准备。板材到位以后，X3=On，M1复位，Y1失电，板材停止移动，同时，M2置位，Y0=On，压钳下行。压钳到位以后，X4=On，此时，M2复位，Y0失电，压钳停止下行；M3置位，Y2=On，剪刀开始下行。

② 当剪刀下行到位后，X2=On，程序进入并行序列，此时，M3复位，Y2失电，剪刀停止下行，同时，M6置位，Y4=On，剪刀开始上行。剪刀上行至初始位置后，X1=On，M6复位，Y4失电，剪刀停止上行，M7置位，计数器加1。另外，在并行分支上，M4置位，Y3=On，压钳上行。压钳上行到位后，X0=On，M4复位，Y3失电，压钳停止上行，并且M5置位。此时，并行序列合并，其又分为两种情况：

a. 当工作次数未到达设定值时，在M5、M7置位的情况下，使M5、M7自身复位，M1置位，程序返回到第三个网络，自行开始下一个工作。

b. 当工作到达设定值时，在本案例中即计数器C0计数10次时，C0=On，M5、M7被自身复位，M0置位，程序回到启动步，即第二个网络，等待下一次启动。

10.16 电动葫芦升降机

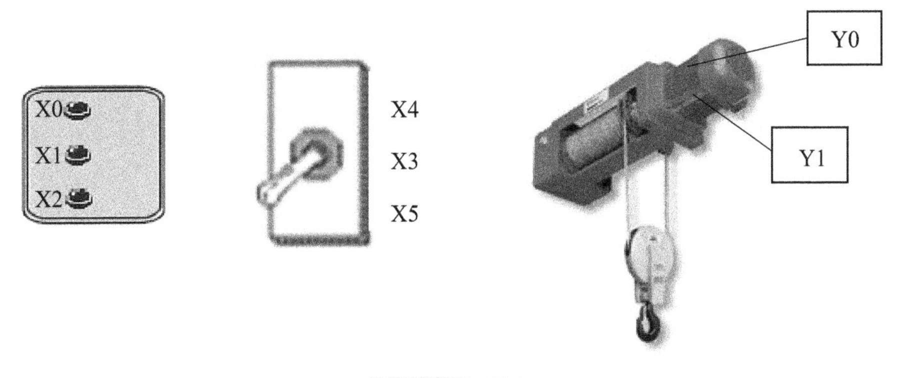

图10-30 示意

控制要求

① 手动方式下，可手动控制电动葫芦升降机上升、下降。

② 自动方式下，电动葫芦升降机上升6s→停9s→下降9s→停9s，重复运行1h后发出声光信号并停止运行。

元件说明

表10-16 元件说明

PLC软元件	控制说明	PLC软元件	控制说明
X0	自动方式启动按钮，按下时，X0状态由Off→On	X1	手动上升启动按钮，按下时，X1状态由Off→On

续表

PLC 软元件	控制说明	PLC 软元件	控制说明
X2	手动下降启动按钮，按下时，X2 状态由 Off→On	T0～T5	时基为 100ms 的定时器
X3	停止拨动开关，推上时，X3 状态由 Off→On	Y0	电机上升接触器
X4	手动模式拨动开关，推上时，X4 状态由 Off→On	Y1	电机下降接触器
X5	自动模式拨动开关，推上时，X5 状态由 Off→On	Y2	蜂鸣器
		Y3	指示灯

控制程序

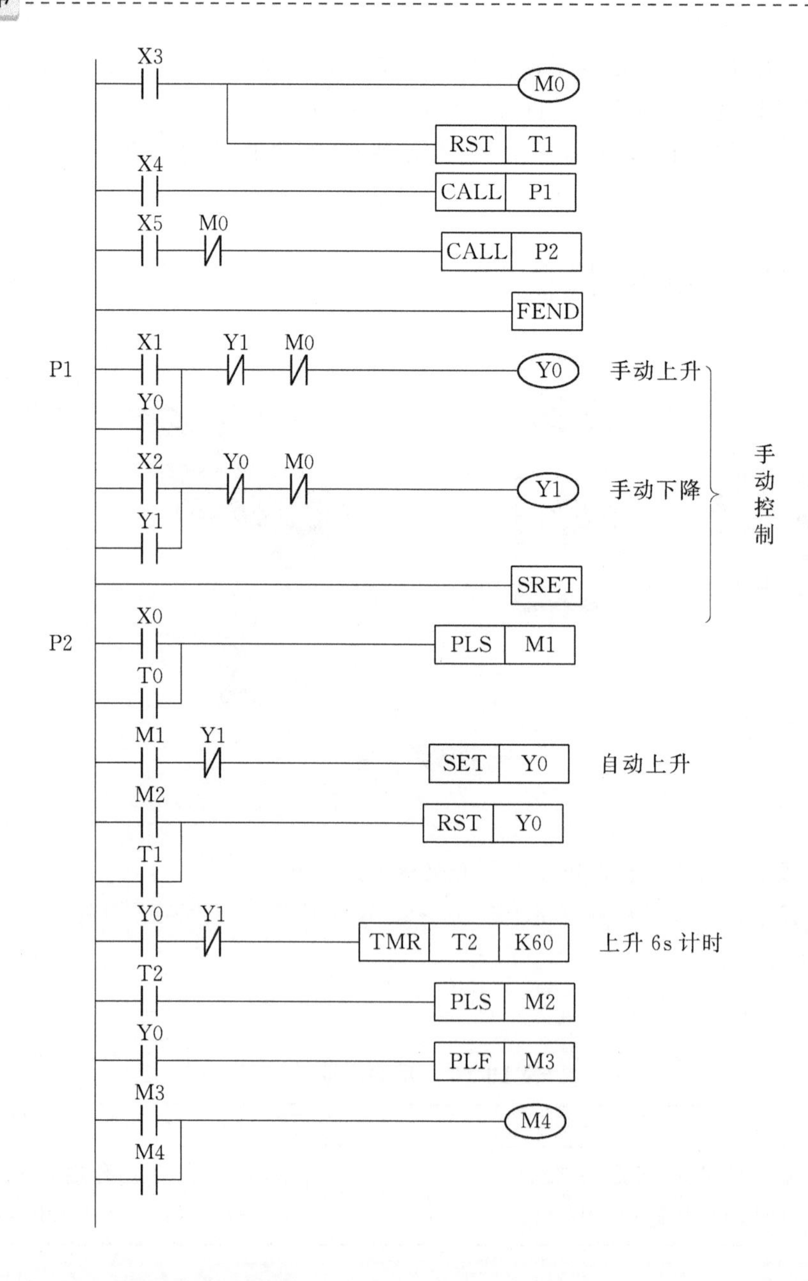

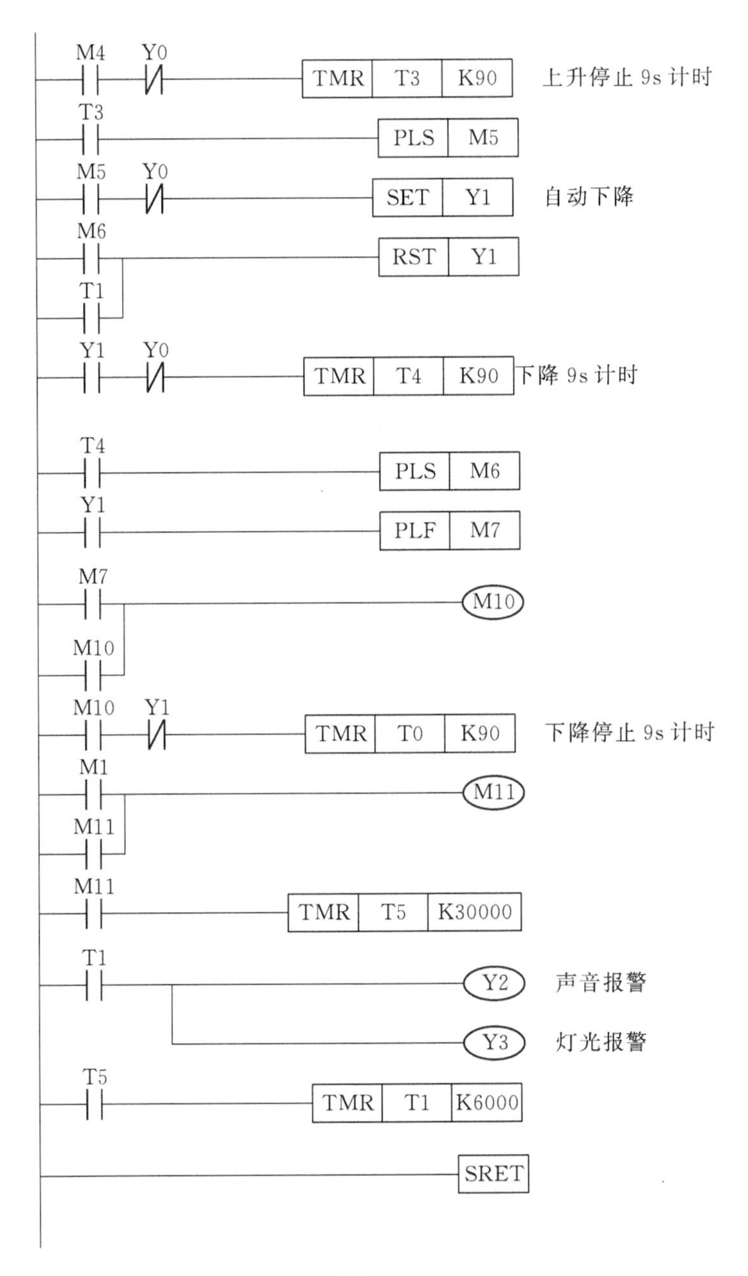

图 10-31 控制程序

程序说明

① 当选择手动控制方式时，推上手动模式拨动开关 X4，X4=On，CALL P1 指令执行，将跳转到指针 P1 处，执行 P1 子程序。按下手动上升按钮，X1=On，Y0=On 并自锁，电动葫芦上升。按下停止按钮，X3=On，Y0=Off，电动葫芦停止上升；下降工作过程与上升工作过程相似，不再赘述。

② 当选择自动控制方式时，推上自动模式拨动开关 X5，X5=On，CALL P2 指令执行，将跳转到指针 P2 处，执行 P2 子程序。按下自动方式启动按钮，X0=On，其上升沿使 M1=On，Y0 置位并保持，电动葫芦上升，同时计时器 T2 开始 6s 计时，计时器 T5 开始

3000s 计时，T2 计时时间到，T2＝On，其上升沿使 M2＝On，Y0 被复位，电动葫芦停止上升，同时其下降沿使 M3＝On，M4＝On 并自锁，计时器 T3 开始 9s 计时，9s 后，T3＝On，其上升沿使 M5＝On，Y1 置位并保持，电动葫芦下降，同时计时器 T4 开始 9s 计时，9s 后，T4＝On，其上升沿使 M6＝On，Y1 复位并保持，电动葫芦停止下降，其下降沿使 M7＝On，M10＝On 并自锁，计时器 T0 开始 9s 计时，T0 计时时间到，开始进入第二次循环，T0＝On，其上升沿使 M1＝On，Y0 置位并保持。

③ 由于定时器有最大计时限制，因此使用定时器 T5 和 T1 接力计时 1 小时。

④ 当循环时间到达 1 小时后，T1＝On，Y2＝On，Y3＝On，发出声光信号。同时 Y0、Y1 被复位，电动葫芦停止上升或下降。

Chapter 11

第11章 其他应用PLC程序设计案例

11.1 旋转圆盘 180° 正反转控制

控制要求

按下启动按钮，电动机带动转盘正转 180°，然后反转 180°，不断重复以上过程。按下急停按钮，转盘立即停止。按下到原位停止按钮，圆盘旋转到 180°原位时碰到限位开关停止。

元件说明

表 11-1　元件说明

PLC 软元件	控制说明	PLC 软元件	控制说明
X0	启动按钮，按下时，X0 的状态由 Off→On	X3	常闭限位开关，初始时在原位受压断开
X1	原位停止按钮，按下后，圆盘转到 180°原位处停止	Y0	电机正转接触器
X2	立即停止按钮，按下后，圆盘立刻停止转动	Y1	电机反转接触器

控制程序

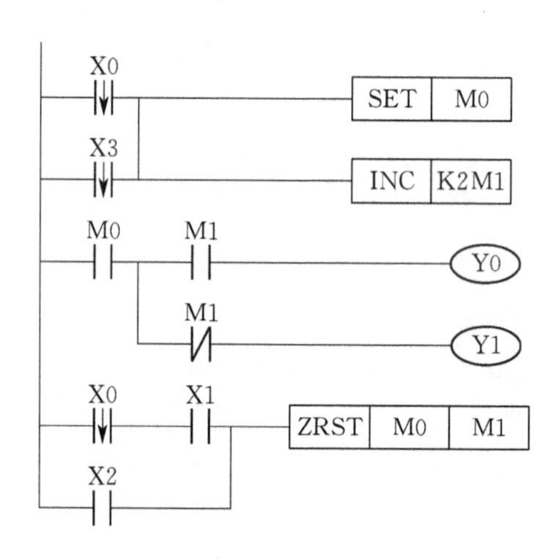

图 11-1　控制程序

程序说明

① 初始状态，转盘在原位时限位开关受压常闭接点断开。按下启动按钮，X0＝On，在松开按钮时，X0＝Off，X0 的下降沿使 M0 置位，执行 INC 指令使 M1＝On，Y0＝On，圆盘正转，转动后限位开关常闭接点闭合，转动 180°后，限位开关常闭接点受压断开，X3 下降沿又接通一次，再执行一次 INC 指令，M1＝Off，M1 常闭接点闭合，Y1＝On，圆盘反转，转动后限位开关常闭接点闭合，转动 180°后限位开关又受压，常闭接点断开，X3 下降沿再接通一次，执行一次 INC 指令，M1＝On，M1 常开接点闭合，Y1＝On，圆盘正转，

重复上述过程。

② 按下原位停止按钮，X1=On，当圆盘碰到限位开关时停止转动。

③ 按下立即停止按钮，X2=On，M0 和 M1 复位，Y0=Y1=Off，圆盘立即停止转动。

11.2 选择开关控制三个阀门顺序开启、逆序关闭

控制要求

用一个按钮控制三个阀门顺序启动、逆序关闭。要求每按一次按钮顺序启动一个阀门，全部启动后每按一次按钮逆序停止一个阀门，如果前一个阀门因故障停止，后一个阀门也要停止。

元件说明

表 11-2 元件说明

PLC 软元件	控制说明	PLC 软元件	控制说明
X0	控制按钮，按下时，X0 产生一个上升沿	Y0	阀门一
M0～M6	内部辅助继电器	Y1	阀门二
M1002	初始化继电器，PLC 第一次上电时执行该行程序	Y2	阀门三

控制程序

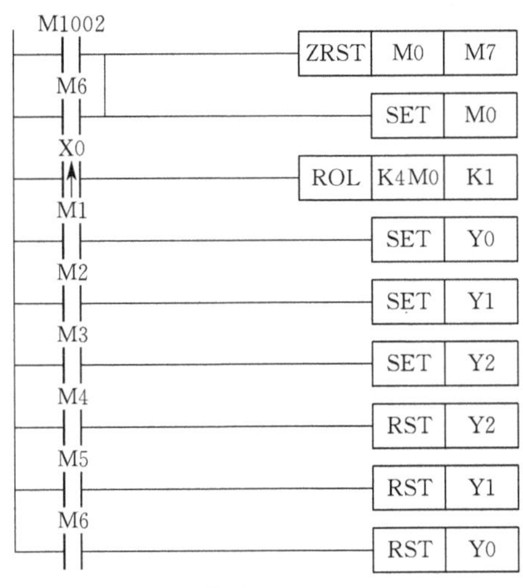

图 11-2 控制程序

程序说明

初始状态 M0=On。

① 第一次按下按钮 M1=On，Y0 置位，开启第一个阀门；

② 第二次按下按钮 M2=On，Y1 置位，开启第二个阀门；

③ 第三次按下按钮 M3=On，Y2 置位，开启第三个阀门；

④ 第四次按下按钮 M4=On，Y2 复位，关闭第三个阀门；

⑤ 第五次按下按钮 M5=On，Y1 复位，关闭第二个阀门；

⑥ 第六次按下按钮 M6=On，Y0 复位，关闭第一个阀门；同时 M0～M7 复位，M0=On，返回初始状态，完成一次三个阀门顺序开启、逆序关闭的过程。

11.3 物流检测控制

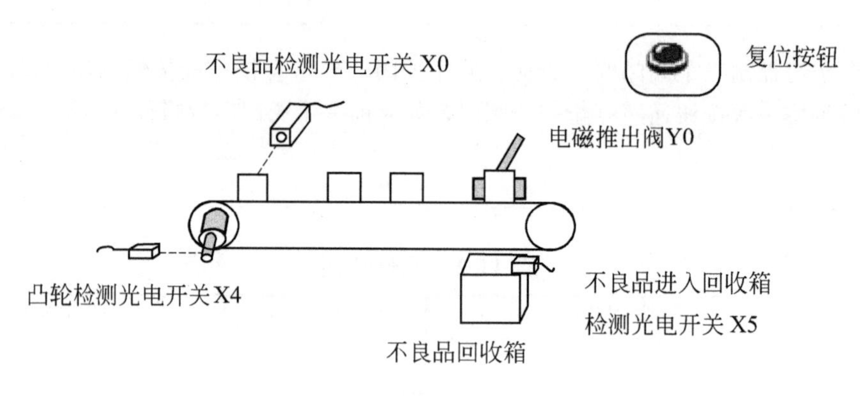

图 11-3 示意

控制要求

产品被传送至传送带上作检测，当光电开关检测到有不良品时（高度偏高），在第 4 个定点将不良品通过电磁阀排出，排出到回收箱后电磁阀自动复位。当在传送带上的不良品记忆错乱时，可按下复位按钮将记忆数据清零，系统重新开始该检测。

元件说明

表 11-3 元件说明

PLC 软元件	控制说明	PLC 软元件	控制说明
X0	不良品检测光电开关，检测到不良品时，X0 的状态由 Off→On	X3	复位按钮
X1	凸轮检测光电开关，检测到有产品通过时，X1 的状态由 Off→On	M0～M3	内部辅助继电器
X2	进入回收箱检测光电开关，不良品被排出时，X2 的状态由 Off→On	Y0	电磁阀推出杆

控制程序

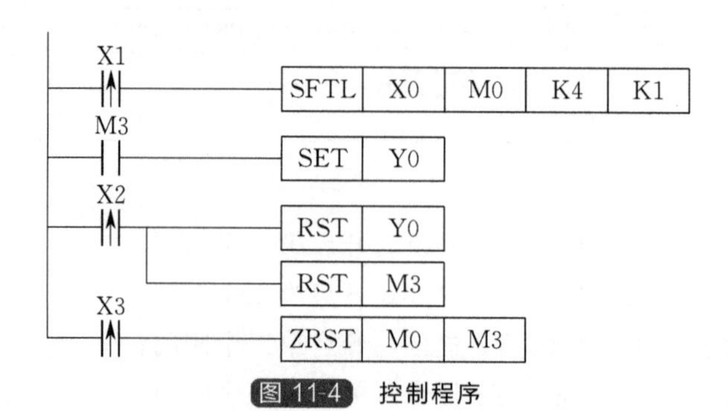

图 11-4 控制程序

程序说明

① 凸轮每转一圈，产品从一个定点移到另外一个定点，X1 由 Off→On 变化一次，SFTL 指令被执行一次，M0～M3 的内容往左移位一位，X0 的状态被传到 M0。

② 当 X0＝On，即有不良品产生时（产品高度偏高），“1”的数据进入 M0，移位 3 次后到达第 4 个定点，M3＝On，“SET Y0”指令执行，Y0＝On 且被保持，电磁阀动作，不良品被推到回收箱。

③ 当不良品确认已经被排出，X2 由 Off→On 变化一次，M3 和 Y0 将被复位为 Off，电磁阀被复位，直到下一次有不良品产生时才有动作。

④ 当按下复位按钮，X3 由 Off→On 变化一次，M0～M3 的内容被全部复位为“0”，保证传送带上产品发生不良品记忆错乱时，重新开始检测。

11.4 发动机转速测量

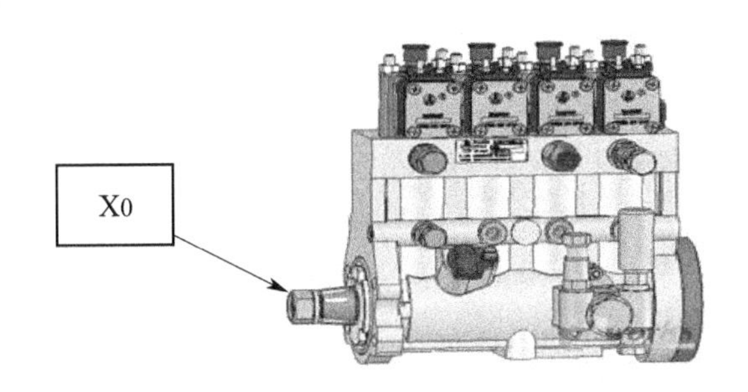

图 11-5 示意

控制要求

通过测速传感器和应用指令配合测量发动机主轴的转速。

元件说明

表 11-4 元件说明

PLC 软元件	控制说明
X0	SPD 指令启动开关，按下时，X0 的状态由 Off→On
X1	高速脉冲发生器，当发动机主轴转动时，X1 状态由 Off→On

控制程序

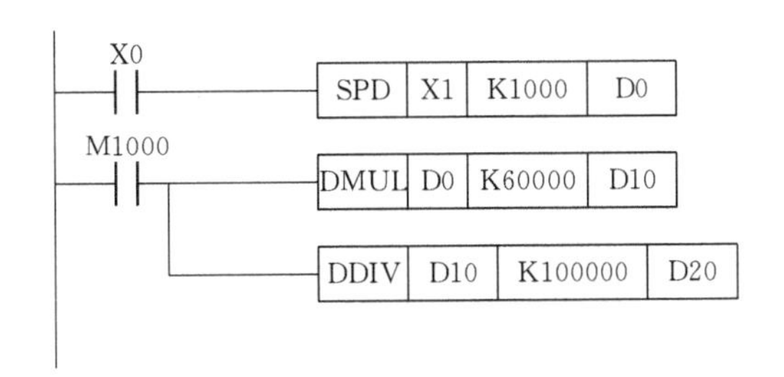

图 11-6 控制程序

程序说明

① 当 X0 接通时，X0=On，SPD 指令启动。

② 发动机每转动一圈，X1 发出一次脉冲，一秒内 X1 发出的脉冲数被记录在 D0、D1 中。

③ 该案例用下式计算发动机转速：

$$N=\frac{D0}{nt}\times 60\times 10^3(r/min)$$

式中 N——发动机的转速，r/min；

n——发动机转动一圈发出的脉冲数；

t——接受脉冲的时间，ms。

假设发动机转动一圈 X1 发出的脉冲数为 100，在 1000ms 内测得的脉冲数为 D0=1667，则可算出发动机的转速为

$$N=\frac{D0}{nt}\times 60\times 10^3=\frac{1667}{100\times 1000}\times 60000\approx 1000(\mathrm{r/min})$$

④ 发动机转速存储于 D20、D21 中。

11.5 公交简易报站程序

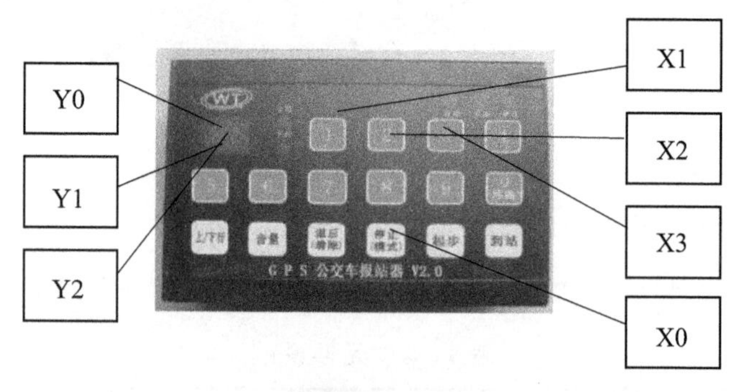

图 11-7 示意

控制要求

当公交车到站时，由司机按下代表本站的按钮或由 GPS 报站器输出信号，启动相应的指示灯和语音提示，也可用于地铁、火车等相似的环境中。

元件说明

表 11-5 元件说明

PLC 软元件	控制说明
X0	停止按钮，按下时，X0 状态由 Off→On
X1	一站点启动按钮，按下启动时，X1 状态由 Off→On
X2	二站点启动按钮，按下启动时，X2 状态由 Off→On
X3	三站点启动按钮，按下启动时，X3 状态由 Off→On

续表

PLC 软元件	控制说明
Y0	一站点指示灯和语音提示
Y1	二站点指示灯和语音提示
Y2	三站点指示灯和语音提示
M0～M2	内部辅助继电器
M1000	开机后始终保持接通

控制程序

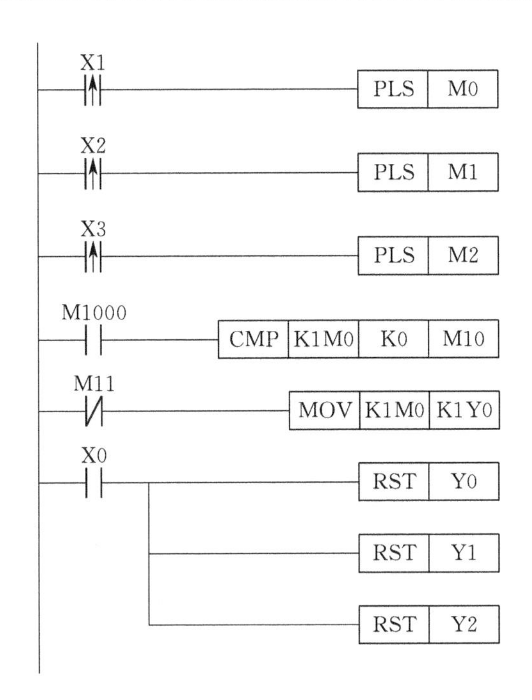

图 11-8 控制程序

程序说明

① 当公交车到一站时，按下启动按钮，X1＝On，PLS 指令执行，M0＝On，则 K1M0＞0，CMP 指令，则 M11＝Off，MOV 指令执行，相应的指示灯与语音提示 Y0 启动，且将保持此状态，直至到达下一站时，得到新的到站信号。

② 当按下停止按钮 X0 时，RST 指令执行，Y0、Y1、Y2 复位指示灯熄灭，语音提示停止。

11.6 自动售水机

控制要求

顾客向投币口投入硬币，按下启动按钮售水机出水口出水，松开按钮停止出水，不论售水机有几次暂停出水，保证顾客得到完整的 2min 使用时间。

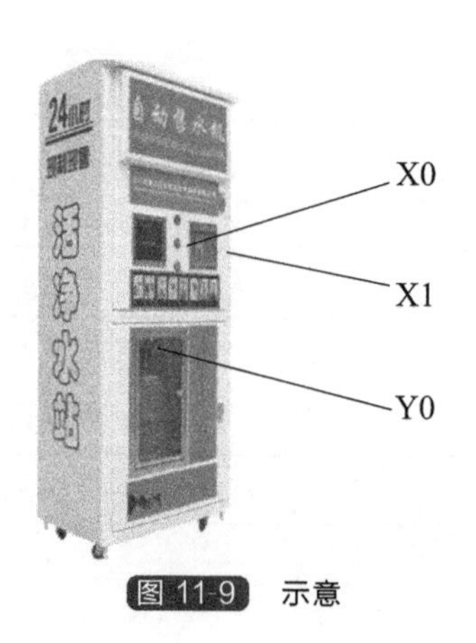

图 11-9 示意

元件说明

表 11-6 元件说明

PLC 软元件	控制说明	PLC 软元件	控制说明
X0	启动按钮，按下时，X0 状态由 Off→On	T0	计时 120s 定时器，时基为 100ms 的定时器
X1	投币感应装置，有硬币投入时，X1 状态由 Off→On	D10	保存的时间记录值
M0	内部辅助继电器	Y0	出水阀门

控制程序

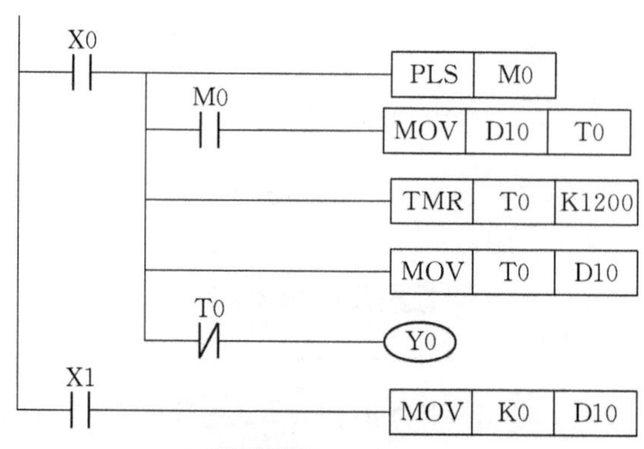

图 11-10 控制程序

程序说明

① 顾客投入适当的硬币后，X1=On，将保存 T0 时间值的 D10 中数值清零。

② 顾客按下启动按钮，X0=On，PLS 指令执行，M0 接通一个扫描周期，先使 T0 清零，使 T0 从零开始计时 2min（T0=K1200），此时，Y0=On，出水阀门打开。

③ 如果松开启动按钮，定时器停止计时，当前使用的时间被保存，暂时中断出水。

④ 再次按下启动按钮，定时器会从上次保存的时间开始继续计时。这是因为 T0 在运行时，T0 的当前值被传送到 D10 保存，而下次启动时，D10 的数值被传到 T0 中，作为 T0 的当前值。因此，T0 将从停止的地方继续运行。这样即使出水过程有几次中断，可以保证顾客得到完整的 2min 的出水时间。

11.7 循环程序的应用

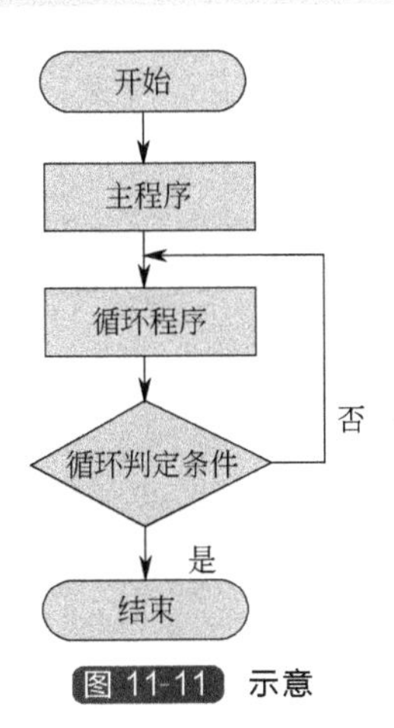

图 11-11 示意

控制要求

本案例属于原理说明，对于冲床来讲，为避免机器因人为疏忽导致的一些器件损坏，使用了一系列互锁和联锁结构。

元件说明

表 11-7 元件说明

PLC 软元件	控制说明
X0	跳转启动按钮，按下时，X0 状态由 Off→On
X1	启动按钮，按下时，X1 状态由 Off→On
Y1	指示灯

控制程序

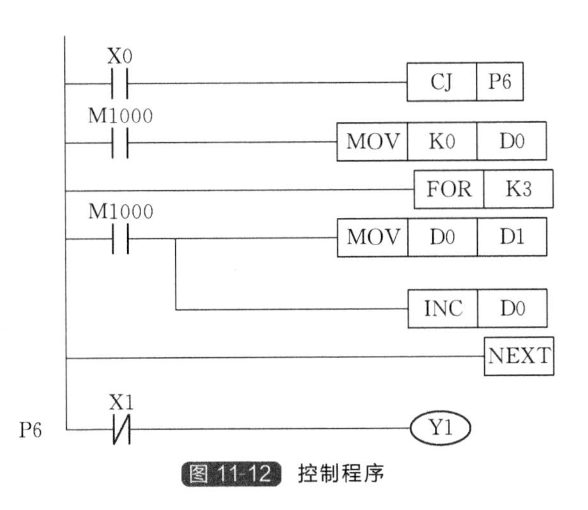

图 11-12 控制程序

程序说明

① 当 X0=Off 时，PLC 执行 FOR→NEXT 程序。

② 当 X0=On 时，PLC 不执行 FOR→NEXT 程序，直接跳转到 P6 处。

11.8 模具成型

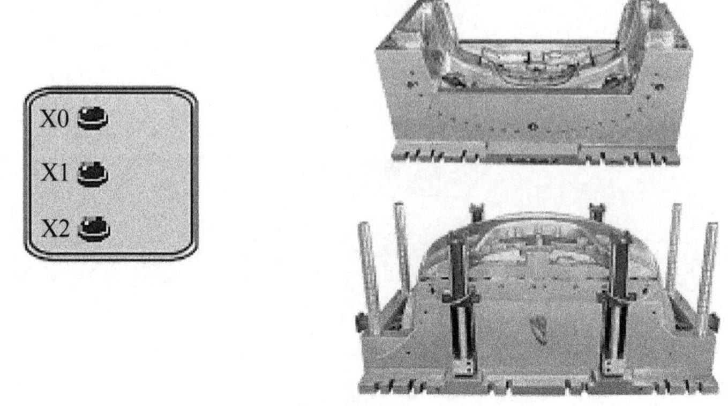

图 11-13 示意

控制要求

① 在试验模式下，工程师先根据经验试验模具压制成型时间。

② 在自动模式运行情况下，每触发一次启动按钮，就按照试验时设置的时间对模具进行压制成型。

元件说明

表 11-8 元件说明

PLC 软元件	控制说明
X0	试验按钮，按下时，X0 的状态由 Off→On
X1	试验模式选择开关，选择时，X1 的状态由 Off→On
X2	自动模式选择开关，选择时，X2 的状态由 Off→On
T0	时基为 100ms 的定时器
T1	时基为 100ms 的定时器
D0	记录上一次试验模式下压制成型的时间
Y0	启动机床接触器
M0～M1	内部辅助继电器

控制程序

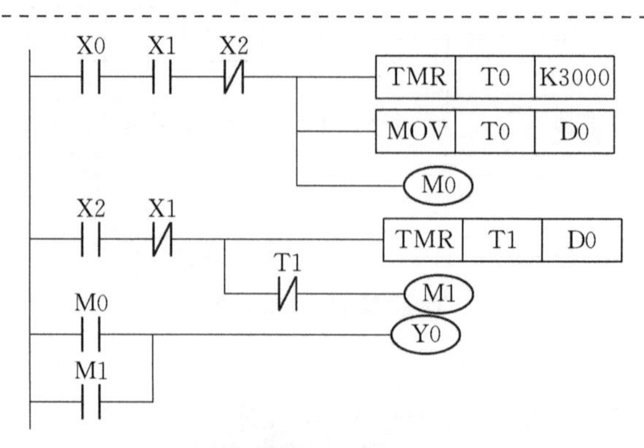

图 11-14 控制程序

程序说明

① 选择试验模式时，X1=On，按下试验按钮后，X0=On，Y0=On，开始压制模具，同时 T0 计时器开始计时，T0 的当前值被传到 D0 中；当完成模具压制过程后，松开试验按钮，Y0=Off，停止压制模具。

② 按下自动模式按钮，X2=On，Y1=On，机床开始自动压制模具，同时 T1 计时器开始计时，到达预设值（D0 中内容值）后，T1=On，Y1=Off，自动压制模具成型。

11.9 冰激凌机

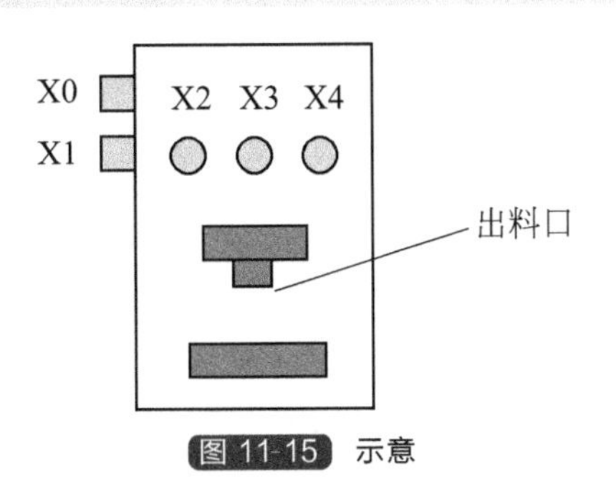

图 11-15 示意

控制要求

冰激淋机的原理十分简单，这里描述使用 PLC 程序进行控制的一种方法，要求可以提供配料数目可扩展的控制程序，可以理解为 MC/MCR 指令的简单应用。

元件说明

表 11-9 元件说明

PLC 软元件	控制说明	PLC 软元件	控制说明
X0	冰激淋机启动按钮，按下时，X0 的状态由 Off→On	X3	2 号配料加料按钮，按下时，X3 的状态由 Off→On
X1	冰激淋机关闭按钮，按下时，X1 状态由 Off→On	X4	混合配料加料按钮，按下时，X4 的状态由 Off→On
X2	1 号配料加料按钮，按下时，X2 状态由 Off→On	M0	内部辅助继电器
		Y0	1 号配料内部阀门
		Y1	2 号配料内部阀门

控制程序

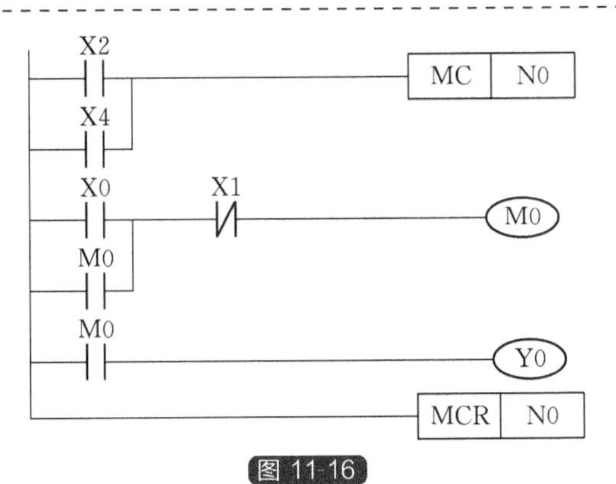

图 11-16

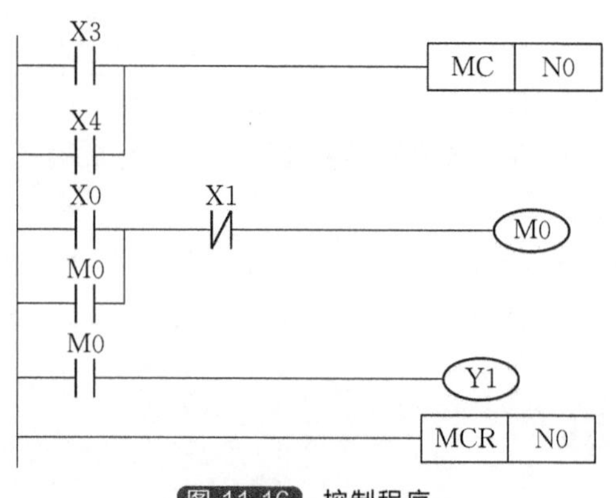

图 11-16 控制程序

程序说明

① 启动冰激淋机时按下启动按钮 X0，X0＝On，M0＝On，M0 得电并自锁，冰激淋机通电运行。

② 需要添加 1 号配料时，按下 X2，X2＝On，MC-MCR 之间的程序被执行，此时，Y0＝On，1 号配料阀门打开，开始添加 1 号配料。需要添加 2 号配料时，与添加 1 号配料时操作相似，按下 X3＝On，第二个 MC-MCR 之间的程序被执行，2 号配料阀门打开，开始添加 2 号配料。添加混合配料时，按下 X4，X4＝On，两个 MC-MCR 之间的程序都被执行，Y0＝On，Y1＝On，两个配料阀门都打开，由此添加混合配料。

③ 关闭冰淇淋机时，按下 X1，X1＝On，M0 失电，冰激淋机关闭。

11.10 智能灌溉

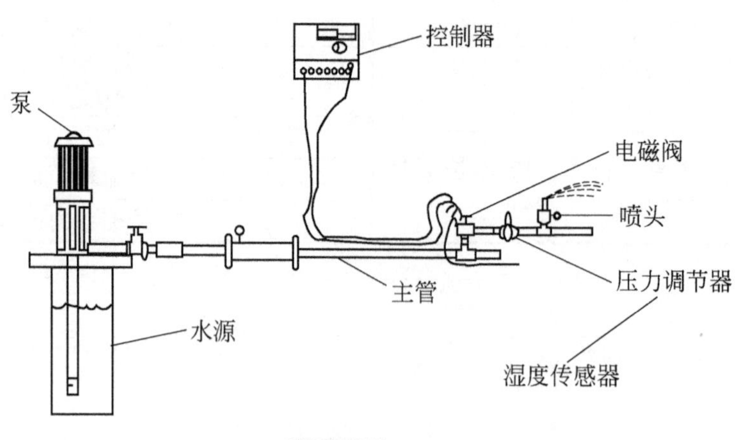

图 11-17 示意

控制要求

植物的生长对土壤湿度的要求非常高，对湿度传感器的测量值与设定值进行比较，决定水阀门的开度，使土壤湿度达到要求。当土壤严重干旱时，开关 X4 自动打开，控制阀门开度为 100％；当土壤干旱时，开关 X3 自动打开，控制阀门开度为 50％；当土壤比较干旱时，开关 X2 自动打开，控制阀门开度为 25%。

元件说明

表 11-10　元件说明

PLC 软元件	控制说明	PLC 软元件	控制说明
X0	系统启动按钮，按下时，X0 状态由 Off→On	X3	50%开度按钮，按下时，X3 状态由 Off→On
X1	系统关闭按钮，按下时，X1 状态由 Off→On	X4	100%开度按钮，按下时，X4 状态由 Off→On
		Y1	阀门位置的驱动输出
X2	25%开度按钮，按下时，X2 状态由 Off→On	D0	喷水阀门开度寄存器

控制程序

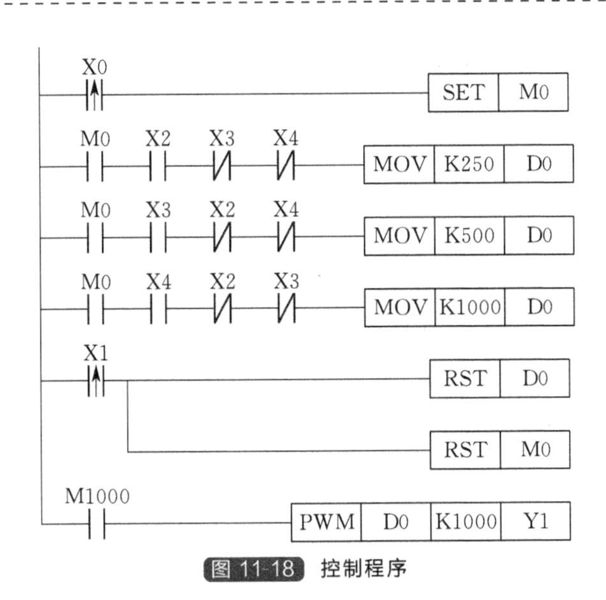

图 11-18　控制程序

程序说明

① 本例中通过设置 D0 值的大小来控制喷水阀门的开度。

② 按下系统启动按钮，X0=On，M0 被置位为 On，智能灌溉系统启动。

③ 当湿度传感器的测量值与设定值差距非常大时，即严重干旱，X4=On，D0 值为 K1000，D0/K1000=1，喷水阀打开至 100%开度位置。

④ 当湿度传感器的测量值与设定值差距较大时，即干旱，X3=On，D0 值为 K500，D0/K1000=0.5，喷水阀打开至 50%开度位置。

⑤ 当湿度传感器的测量值与设定值存在差距较小时，即较干旱，X2=On，D0 值为 K250，D0/K1000=0.25，喷水阀打开至 25%开度位置。

⑥ 按下系统关闭按钮，X1=On，D0 值被清零，开度为 0，喷水阀门停止喷水，同时 M0 被复位。

备注：PWM（脉冲波宽调制）指令使用说明：

PWM	S1	S2	D

S1：脉冲输出宽度，类别可为 K，H，KnX，KnY，KnM，KnS，T，C，D，E，F。

S2：脉冲输出周期，类别可为 K，H，KnX，KnY，KnM，KnS，T，C，D，E，F。

D：脉冲输出装置（请使用输出模块为晶体管输出），类别为 Y。

PWM 指令执行时，指定 S1 脉冲输出宽度与由 S2 脉冲输出周期由 D 脉冲输出装置输出。S1、S2 可在 PWM 指令执行时更改。

11.11 密码锁

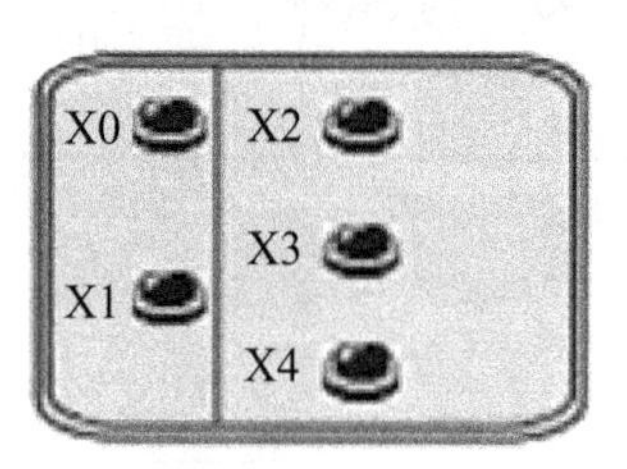

图 11-19 示意

控制要求

① X2、X3 为可按压键。开锁条件为：X2 设定按压次数为三次，X3 设定按压次数为两次；同时，按压 X2、X3 是有顺序的，先按压 X2，再按压 X3。如果按上述规定按压，再按下开锁按钮 X1 密码锁自动打开。

② X4 为不可按压键，一旦按压，再按下开锁键 X1，报警器就发出警报；如果 X2、X3 的按压次数不正确，按下开锁键 X1，报警器同样发出警报。

③ X0 为复位键，按下 X0 后，可重新开锁。如果按错键，则必须进行复位操作，所有计数器都被复位。

元件说明

表 11-11 元件说明

PLC 软元件	控 制 说 明
X0	复位按钮，按下时，X0 状态由 Off→On
X1	开锁按钮，按下时，X1 状态由 Off→On
X2	按键，按下时，X2 状态由 Off→On
X3	按键，按下时，X3 状态由 Off→On
X4	按键，按下时，X4 状态由 Off→On
Y0	开锁接触器
Y1	报警器

控制程序

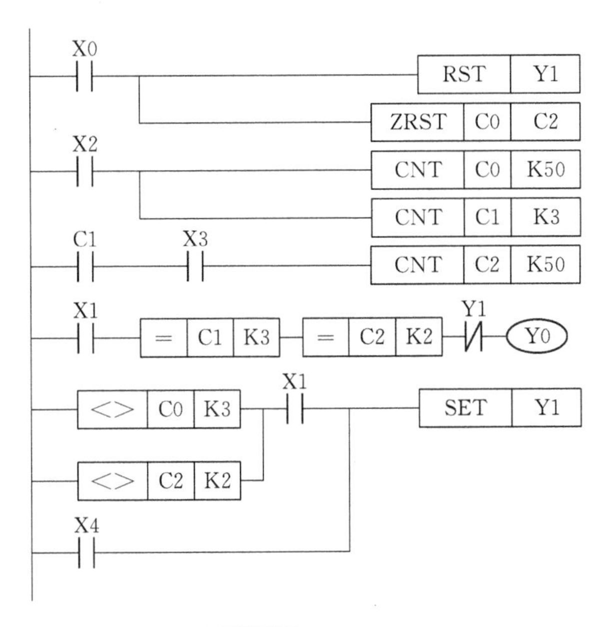

图 11-20 控制程序

程序说明

① 正常开锁时：按下可按压键 X2，X2=On，C0、C1 开始计数，按 X2 共三次，C0、C1 计数三次，C1=On，按下可按压键 X3，X3=On，C2 开始计数，按 X3 共两次，C2 计数两次，按下开锁按钮 X1，X1=On，Y0=On，密码锁打开。

② 不能开锁，报警：按下可按压键 X2 不是三次，或者按下可按压键 X3 不是两次，或者先按压可按压键 X3，按下开锁按钮 X1，X1=On，Y1 置位并保持，报警；按下不可按压键 X4，X4=On，Y1 置位并保持，报警。

③ 按下复位按钮 X0，X0=On，计数器 C0、C1、C2 被复位，Y1 复位，解除报警。

备注 1

因为按下可按压键超过三次 C1 不再计数，所以增加了计数器 C0，且 C0 设定值大于 3，本例设置为 50，同理 C2 设定为 50。

备注 2

LD* 接点型态比较 LD※ 指令使用说明：

LD*	S1	S2

S1：数据来源装置 1，类别可为 K，H，KnX，KnY，KnM，KnS，T，C，D，E，F；

S2：数据来源装置 2，类别可为 K，H，KnX，KnY，KnM，KnS，T，C，D，E，F；

S1 与 S2 的内容作比较的指令，以 API 224（LD=）为例，比较结果为“等于”时，该指令导通，“不等于”时，该指令不导通。

指令说明

LD※ 的指令可直接与母线连接使用，常用比较指令如表 11-12 所示。

表 11-12 常用比较指令一览表

API No.	16-bit 指令	32-bit 指令	导通条件	不导通条件
224	LD＝	DLD＝	S1＝S2	S1≠S2
225	LD＞	DLD＞	S1＞S2	S1 ≦ S2
226	LD＜	DLD＜	S1＜S2	S1 ≧ S2
228	LD＜＞	DLD＜＞	S1≠S2	S1＝S2
229	LD＜＝	DLD＜＝	S1 ≦ S2	S1＞S2
230	LD＞＝	DLD＞＝	S1 ≧ S2	S1＜S2

大小比较是以代数来进行， 全部的数据是以有符号二进制数值来作比较。 因此 16 位指令， b15 为 1 时， 表示为负数， 32 位指令， 则 b31 为 1 时， 表示为负数。

32 位计数器（C200～C254）代入本指令作比较时， 一定要使用 32 位指令（DLD※）。

11.12 产品配方参数调用

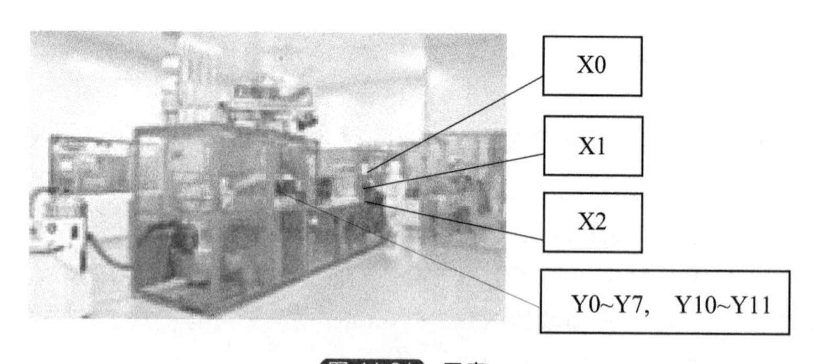

图 11-21 示意

控制要求

本例主要是给出 PLC 中循环和变址寄存器的使用方法。假设某生产线可以生产 3 种配方的化学制剂，每种制剂均由 10 种化学粉末按不同比例混合而成，即每种配方包含 10 个参数。通过选择相应的配方种类开关，来生产该配方的化学制剂。混合过程是，通过控制采用 10 个开关阀的打开时间，控制各种化学粉末进入混合槽的重量，通过搅拌完成化学制剂的生产。

元件说明

表 11-13 元件说明

PLC 软元件	控 制 说 明
X0	配方 1 按钮，按下时，X0 状态由 Off→On
X1	配方 2 按钮，按下时，X1 状态由 Off→On
X2	配方 3 按钮，按下时，X2 状态由 Off→On
D500～D509	配方 1 的数据

续表

PLC 软元件	控　制　说　明
D510～D519	配方 2 的数据
D520～D529	配方 3 的数据
D100～D109	当前配方的数据
Y0～Y7,Y10～Y11	1～10 阀

控制程序

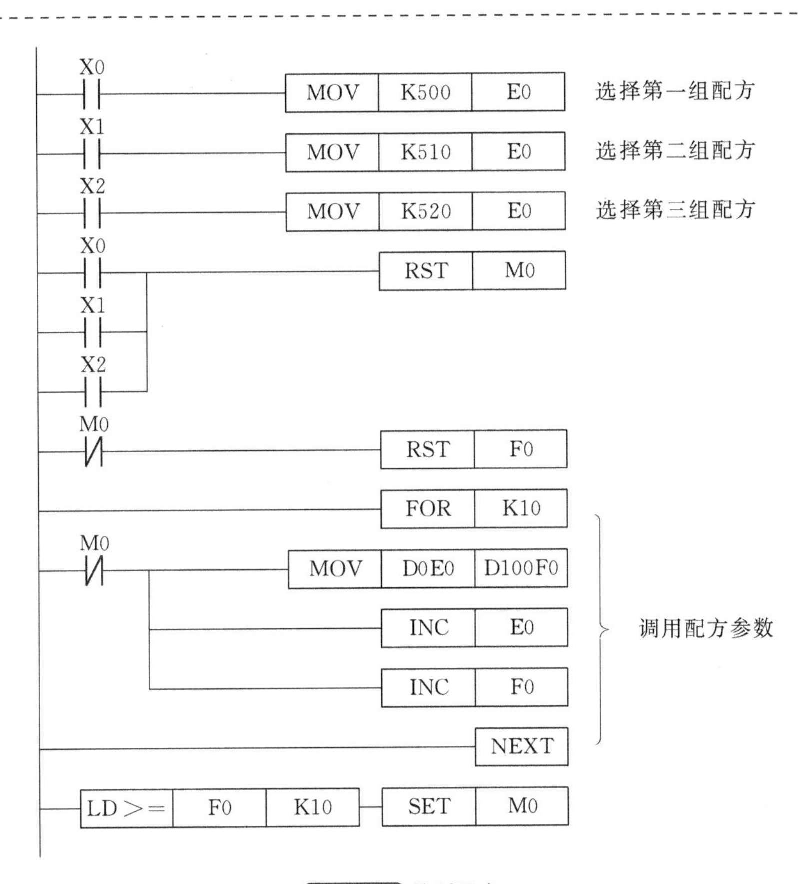

图 11-22 控制程序

程序说明

① 当选择其中一组配方参数时，X0、X1、X2 其中一个将变为 On，E0 的值将分别对应为 K500、K510、K520，而 D0E0 将分别代表 D500、D510、D520，同时【RST M0】指令执行，M0 复位变为 Off，【RST F0】指令和【FOR→NEXT】循环将被执行，因 F0 被复位变为 K0，D100F0 代表 D100。

②【FOR→NEXT】循环执行次数为 10 次，假设选择的是第一组配方，则 D0E0 将从 D500→D509 变化，D100F0 将从 D100→D109 变化，实现第一组配方参数数据的调用。

假设选择的是第一组配方，执行第 1 次循环时，D500 的值将被传送到 D100，执行第 2 次循环时，D501 的值将被传送到 D101……，依此类推，执行第 10 次循环时，D509 的值将被传送到 D109 中。

③ 当循环次数到达时，即 F0＝K10，【SET M0】指令将被执行，M0 被置位变为 On，【FOR →NEXT】循环中的指令因 M0 的常闭接点断开而停止执行。

④ 本例实现的是 10 个参数的 3 组配方数据的传送，通过改变 FOR-NEXT 循环的次数，很容易改变配方中参数个数，而要增加配方的组数，可在程序中增加一条将存放配方数据 D 的起始编号值“MOV”到 E0 的 MOV 指令即可。

11.13 交通灯

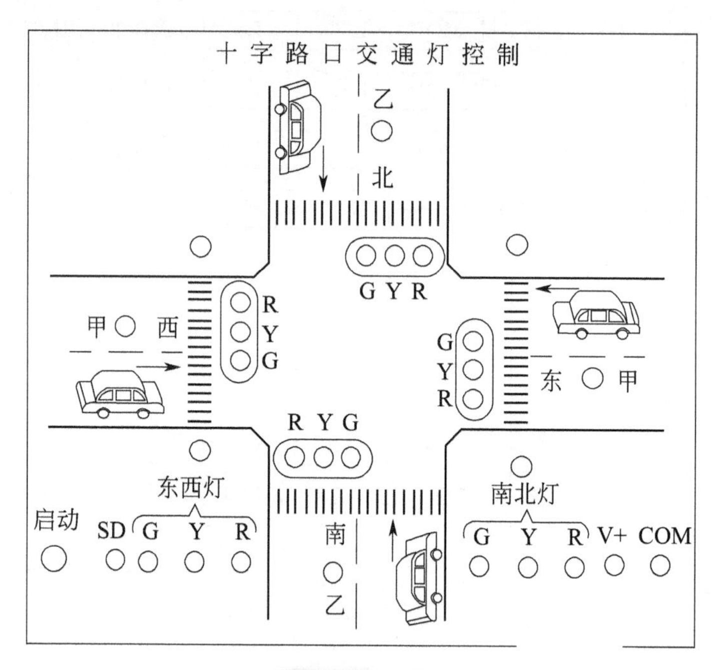

图 11-23 示意

控制要求

开关在十字路口实现红黄绿交通灯的自动控制，南北直行时红灯亮时间为 50s，黄灯亮时间为 3s，绿灯亮时间为 42s，绿灯闪烁时间为 5s，东西横行时的红黄绿灯也是按照这样的规律变化。

元件说明

表 11-14 元件说明

PLC 软元件	控 制 说 明
X0	交通灯启动开关，按下时，X0 状态由 Off→On
Y0	南北红灯信号标志
Y1	南北黄灯信号标志
Y2	南北绿灯信号标志
Y3	东西红灯信号标志
Y4	东西黄灯信号标志
Y5	东西绿灯信号标志

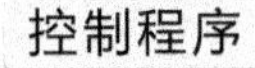

控制程序

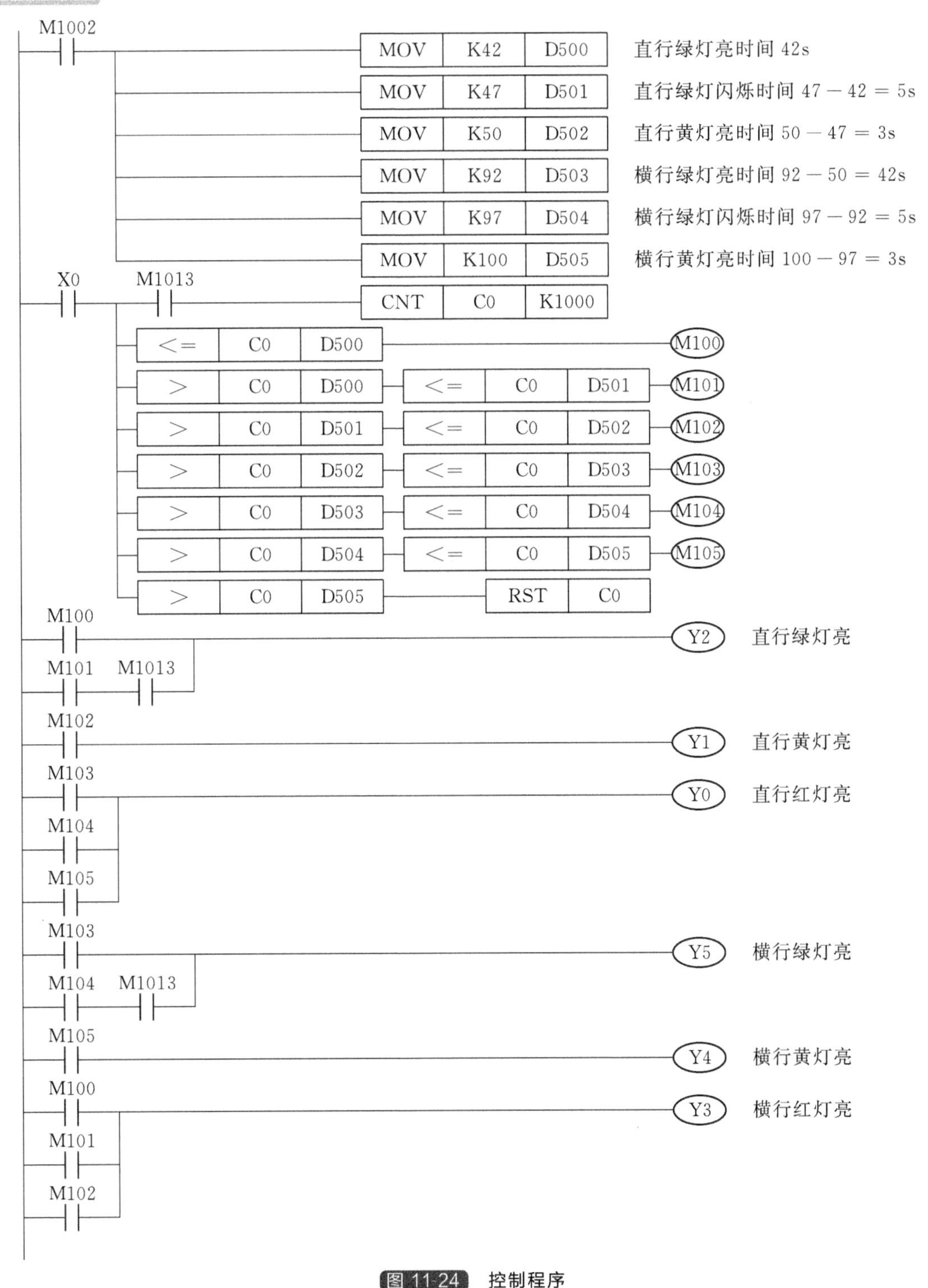

图 11-24 控制程序

程序说明

① 程序运行瞬间，M1002 产生一个正向脉冲，将交通灯延迟时间传送到 D500～D505 中。

② 合上交通灯启动开关，程序启动，计数器 C0 开始计数。

③ 计数值 C0≤42 时，M100＝On，Y2＝On，Y3＝On，直行绿灯亮，横行红灯亮。42＜C0≤47 时，M101＝On，直行绿灯闪亮，横行红灯亮，以此类推。

11.14 花样喷泉的 PLC 控制

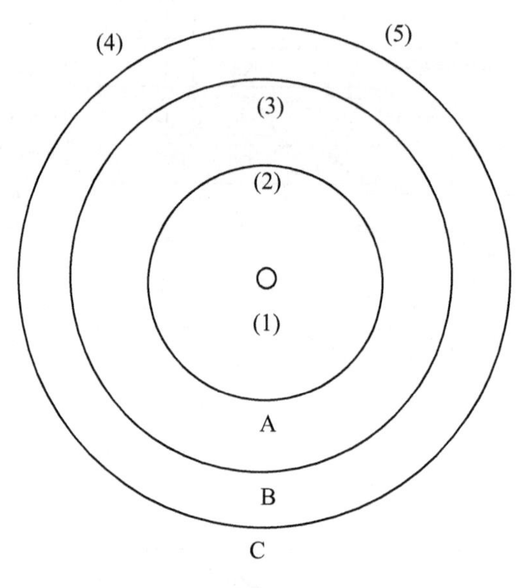

图 11-25 示意

控制要求

花样喷泉平面图如图 11-25 所示。喷泉由 5 种不同的水柱组成。其中，(1) 表示大水柱所在的位置，其水量较大，喷射高度较高；(2) 表示中水柱所在的位置，由 6 个中水柱均匀分布在圆周 A 的轨迹上，其水量比大水柱的水量小，其喷射高度比大水柱较低；(3) 表示小水柱所在的位置，由 50 个小水柱均匀分布在圆周 B 的轨迹上，其水柱较细，其喷射高度比中水柱略低；(4) 和 (5) 表示花朵式和旋转式喷泉所在的位置，各由 16 个喷头组成，均匀分布在圆周 C 的轨迹上，其水量和压力均较弱。图中的 (1) (2) (3) (4) (5) 分别为各水柱相对应的起衬托作用的映灯。

整个过程分为 8 段，每段 1min，且自动转换，全过程为 8min。其喷泉水柱的动作顺序为：启动【1】→【2】→【1＋3＋4】→【2＋5】→【1＋2】→【2＋3＋4】→【2＋4】→【1＋2＋3＋4＋5】→【1】周而复始。在各水柱喷泉喷射的同时，其相应的编号映灯也照亮。直到按下停止按钮，水柱喷泉、映灯才停止工作。

元件说明

表 11-15 元件说明

PLC 软元件	控 制 说 明
X0	启动按钮，按下时，X0 状态由 Off→On
X1	停止按钮，按下时，X1 状态由 Off→On
Y0	大水柱接触器

续表

PLC 软元件	控 制 说 明
Y1	中水柱接触器
Y2	小水柱接触器
Y3	花朵式喷泉接触器
Y4	旋转式喷泉接触器
Y5	大水柱映灯
Y6	中水柱映灯
Y7	小水柱映灯
Y10	花朵式喷泉映灯
Y11	旋转式喷泉映灯

控制程序

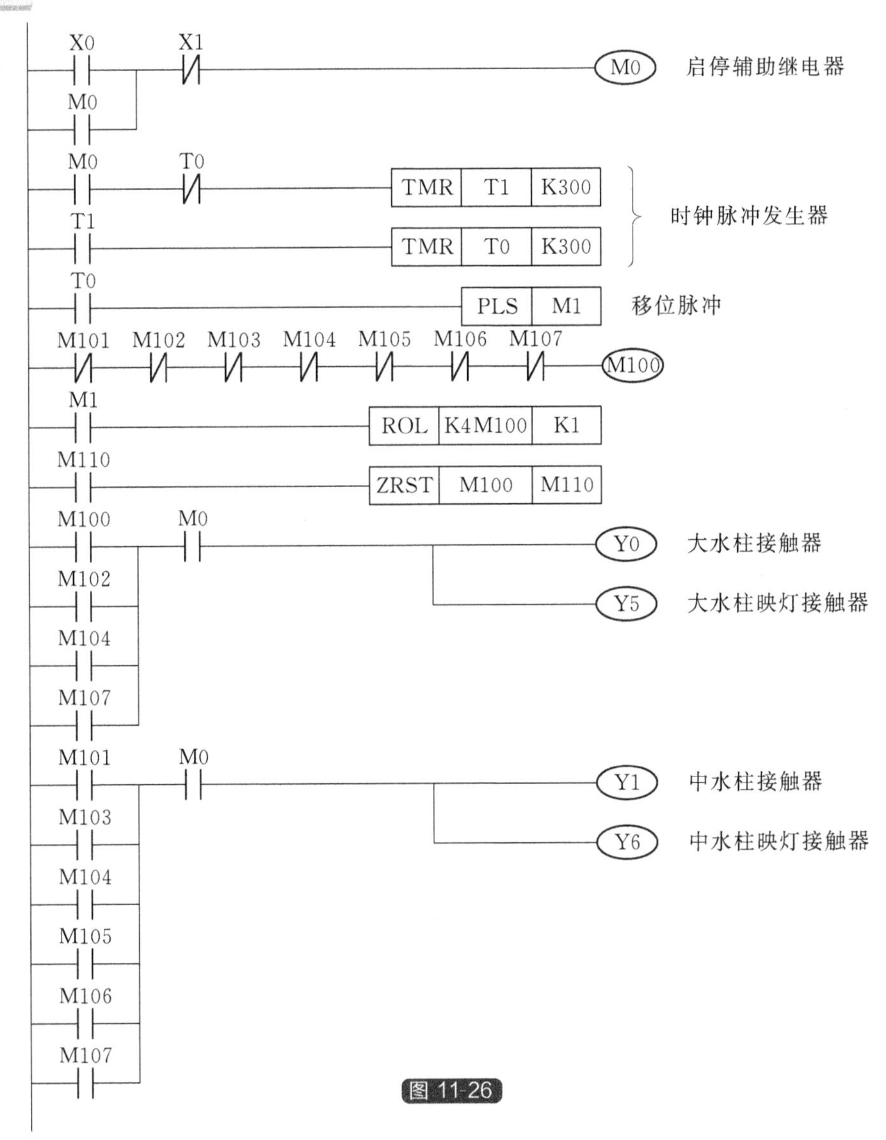

图 11-26

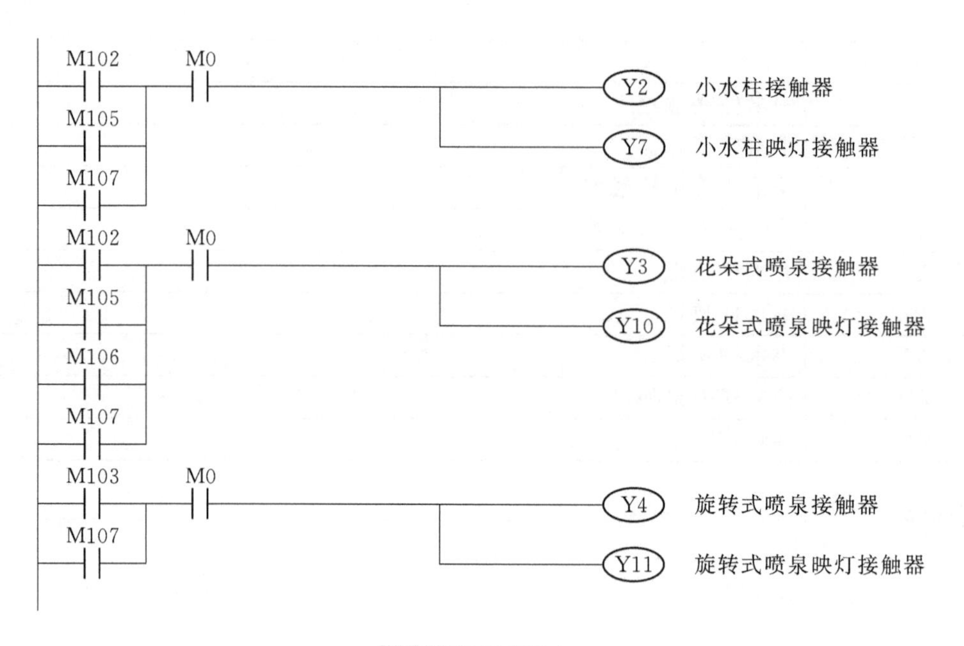

图 11-26 控制程序

程序说明

① 接通电源后，按下启动按钮，X0＝On，M0＝On 并自锁，M100＝On，Y0＝On，Y5＝On，大水柱在大水柱映灯照射下喷出，计时器 T1 开始 30s 计时，T1 计时时间到，T1＝On，计时器 T0 开始 30s 计时，T0 计时时间到，T0＝On，M1 得电 1 个扫描周期，将字元件 K4M100 的内容向左移 1 位，将 M100 中的 1 送入 M101 中，M100＝Off，Y0＝Off，Y5＝Off，大水柱停止喷水，大水柱映灯熄灭，M101＝On，Y1＝On，Y6＝On，中水柱在中水柱映灯照射下喷出，又经过 60s 后，M1 得电 1 个扫描周期，将字元件 K4M100 的内容向左移 1 位，将 M101 中的 1 送入 M102 中……经过 8 个 60s 后，通过字循环左移指令将 1 送入 M110 中，M110＝On，M100～M110 被复位，M100＝On，Y0＝On，Y5＝On，大水柱再大水柱映灯照射下喷出，如此不断循环。

② 按下停止按钮，X1＝On，喷泉停止循环。

11.15 手/自动控制

控制要求

一个 3 工位转台，3 个工位分别完成上料、钻孔和卸料的任务。工位 1 上料器的动作是推进，料到位后退回等待。工位 2 的动作较多，首先将工料夹紧，然后钻头向下进给钻孔，达到钻孔深度后，钻头退回原位；最后将工件松开，等待。工位 3 上的卸料器将加工完成的工件推出，推出后退回等待。

控制系统要求通过选择开关实现自动和手动操作。

元件说明

表 11-16　元件说明

PLC 软元件	控　制　说　明
X0	自动模式选择按钮,按下时,X0 状态由 Off→On
X1	手动模式选择按钮,按下时,X1 状态由 Off→On
X2	上料器前推限位传感器
X3	手动前推按钮,按下时,X3 状态由 Off→On
X4	手动夹紧按钮,按下时,X4 状态由 Off→On
X5	手动钻孔按钮,按下时,X5 状态由 Off→On
X6	手动卸料按钮,按下时,X6 状态由 Off→On
X7	上料器后退限位传感器,发出信号后,X7 状态由 Off→On
T0	计时 3s 定时器,时基为 100ms 的定时器
T1	计时 5s 定时器,时基为 100ms 的定时器
Y0	上料器前推接触器
Y1	上料器后退接触器
Y2	电磁卡盘夹紧
Y3	钻头驱动电机接触器
Y4	卸料器液压阀接触器

控制程序

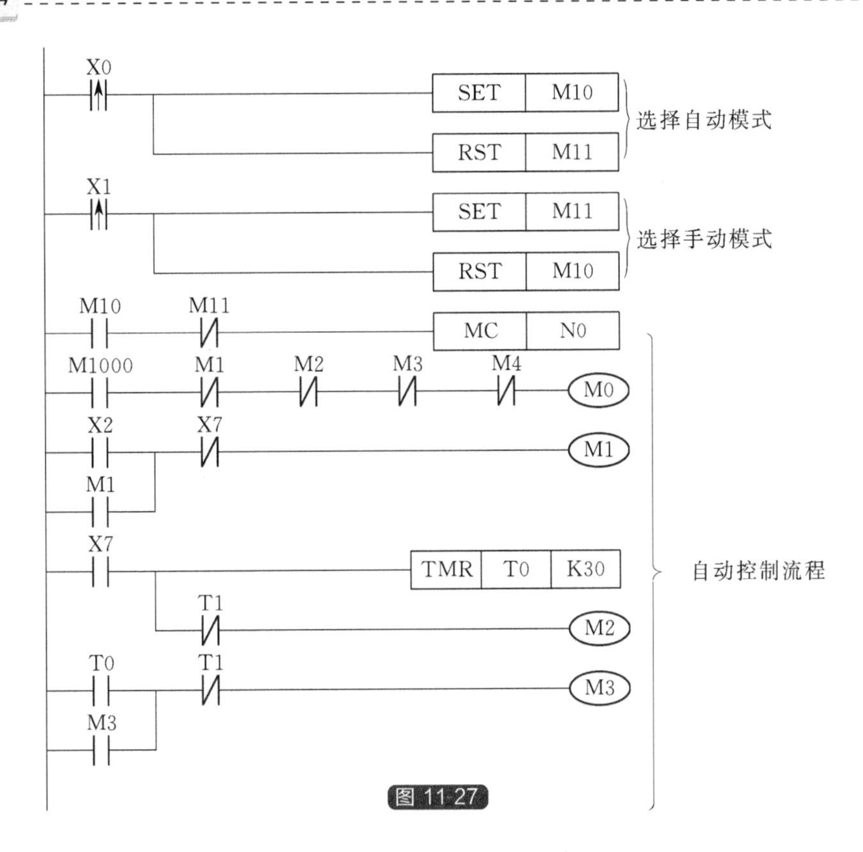

图 11-27

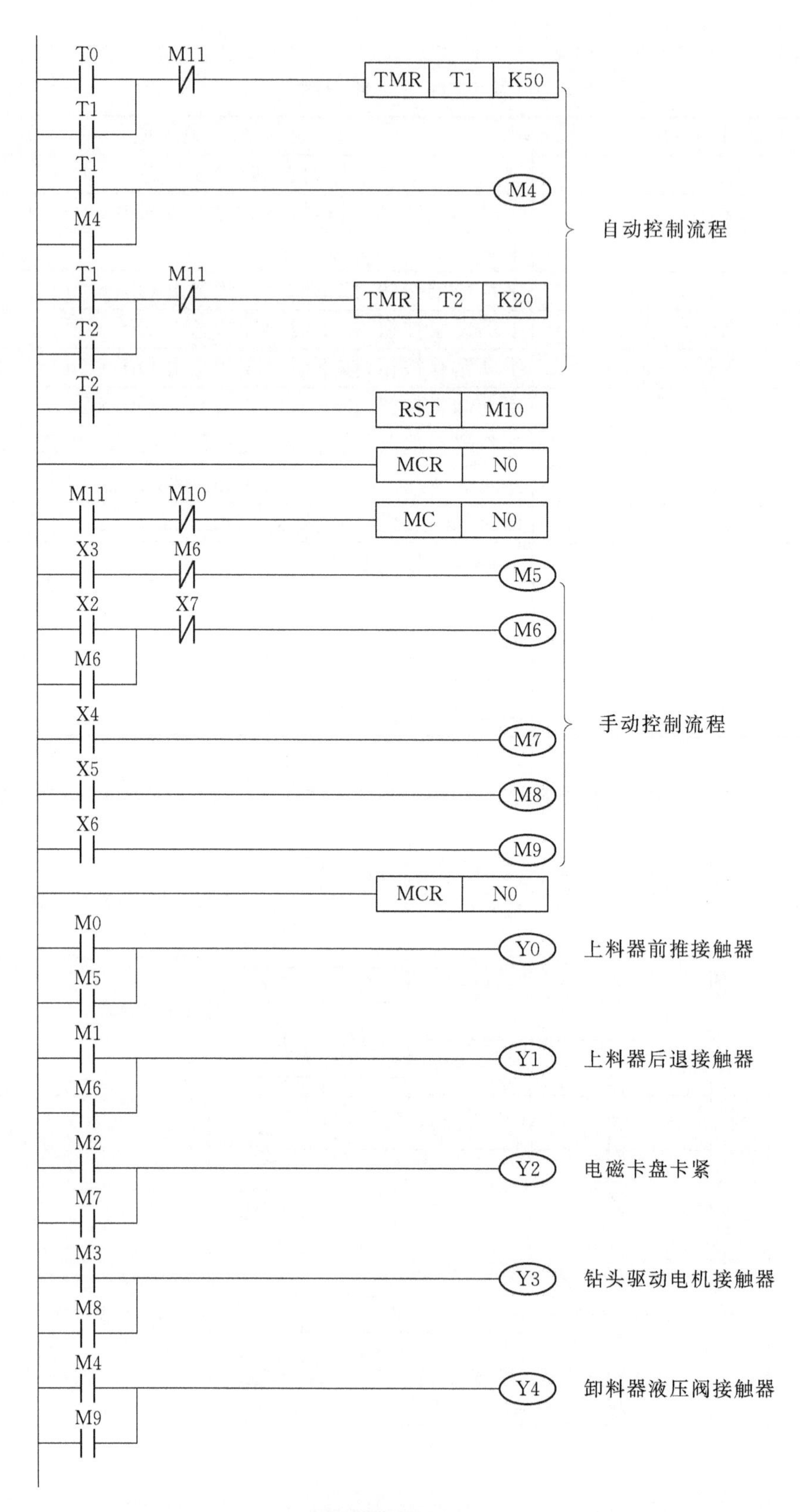

T0
M11
TMR
T1
K50
T1
T1
M4
M4
自动控制流程
T1
M11
TMR
T2
K20
T2
T2
RST
M10
MCR
N0
M11
M10
MC
N0
X3
M6
M5
X2
X7
M6
M6
手动控制流程
X4
M7
X5
M8
X6
M9
MCR
N0
M0
Y0
上料器前推接触器
M5
M1
Y1
上料器后退接触器
M6
M2
Y2
电磁卡盘卡紧
M7
M3
Y3
钻头驱动电机接触器
M8
M4
Y4
卸料器液压阀接触器
M9

图 11-27 控制程序

程序说明

① X0 由 Off→On 变化时，执行自动流程一次，M0=On，Y0=On，上料器将工料推上工作台，到达前推限位后，X2=On，M1=On，Y1=On，上料器回退，到后退限位时，Y1=Off，Y2=On，电磁卡盘夹紧。同时 T0 计时器开始计时，T0 计时器 3s 计时时间到，Y3=On，钻头开始钻孔，同时 T1 计时器开始计时，5s 计时时间到，T1=On，Y2=Off，Y3=Off，停止钻孔，并松开电磁卡盘，Y4=On，工件被卸料器推下工作台，同时 T2 计时器开始计时，2s 后 T2=On，自动流程结束，可再次进行手自动选择。

② 按下手动选择按钮 X1 由 Off→On 变化，可进行手动控制，按下手动前推按钮，X3=On，Y0=On，上料器执行上料操作，到达前推限位后，X2=On，Y1=On，上料器回退，上料器到达后退限位后，按下手动夹紧按钮，X4=On，Y2=On，电磁卡盘夹紧，按下手动钻孔按钮，X5=On，Y3=On，钻头执行钻孔操作，按下手动卸料按钮，X6=On，Y4=On，卸料器将工件推下工作台。此类手动操作没有设计自保持，如钻孔操作，长按为钻孔，松开为停止。

Chapter 12

第12章 PLC、触摸屏实现的恒温恒湿实验室温湿度监控系统设计

台达 PLC

12.1 简介

在进行各类实验时，实验室的温湿度有严格要求，针对不同的实验项目，实验室的温湿度必须得相应改变，以确保实验结果的准确性与可靠性。温度、湿度等参数对实验室的实验有着重要的影响，恒温恒湿实验室的建立与发展为人们解决了这一难题。

在控制系统中，利用可编程逻辑控制器（PLC）可以很好地提高控制系统的控制精度和可靠性，提高系统的抗干扰能力。PLC 不仅控制简单，维护方便而且价格便宜，功能日趋完善。触摸屏是一种具有信息显示与参数设定功能的设备，符合人与外界沟通的自然方式，操作方便，应用范围也越来越广。它补充了 PLC 所不具有的显示功能，降低了 PLC 操作对使用者的要求。

基于上述问题采用基于触摸屏与 PLC 技术的恒温恒湿温湿度监控系统来解决实验室的温湿度监控问题。

12.2 总体方案与硬件选型

12.2.1 控制系统介绍

控制系统方框图如图 12-1 所示。

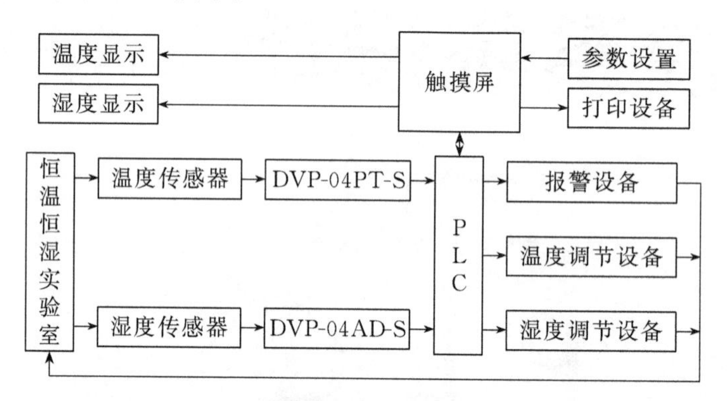

图 12-1 系统方框图

12.2.2 基本设计思路

本设计结合触摸屏与 PLC 技术来达到实验室温度、湿度的自动监控与调节、显示的目的。根据不同实验所需的不同温度、湿度的参数范围（本系统中温度调节范围为 10～40℃，湿度调节范围为 20%RH～90%RH）用户可以把温、湿度等参数输入到触摸屏界面，设定的参数值会通过设定的相应地址传送到 PLC 寄存器中从而控制外部调节设备的输出状态。

12.2.3 硬件设备选型

如表 12-1 所示。

DVP-14SS 为台达 8 入 6 出 PLC 主机，小巧紧凑性能可靠。

DOP-B07S201 为台达 7 寸彩色宽屏触摸屏，操作方便，编程简单易学。

DVP-04PT为台达专用电阻测量模块，跟PLC插件式连接，精度高，PLC编程方便，模块可接4路铂电阻温度传感器，可以通过PLC程序中的FROM和TO语句来读取或写入数据。

DVP-04AD为台达模数转换模块，跟PLC插件式连接，可接受外部4点模拟信号输入（电压或电流皆可），通过DVP-PLC主机程序以指令FROM/TO来读写模块内的数据，可接温度、湿度、压力、流量、气体浓度等多种传感器，编程方便。

表12-1 PLC、触摸屏温湿度监控系统主要硬件设备

设备名称	型　号	说　明	数量	备　注
可编程控制器	DVP-14SS2	8入6出	1	
触摸屏	DOP-B07S201	彩色	1	
温度模块	DVP-04PT-S	可接4路温度传感器	1	
AD转换模块	DVP-04AD-S	可接4路传感器	1	
温度传感器	Pt-100	与DVP-04PT配套	3	三线式铂电阻温度传感器；室内2个，室外1个
湿度传感器	HM1500	1-4VDC放大线形电压输出；	3	室内2个，室外1个
数据打印	HP-1022N	激光打印	1	触摸屏支持的型号之一
温湿度调节设备、声光报警输出设备等	略		4	Y0，Y1，Y2，Y3

12.3 触摸屏界面设计

触摸屏在本系统中的作用主要是数据显示（温湿度显示、图表曲线显示、故障报警显示灯）和参数设定（温湿度调节范围设定、报警上下限设定、补偿设定等）。

12.3.1 首页界面设计与说明

首页面在触摸屏系统中是所有界面的总枢纽，通过首页面可以很方便地切换到触摸屏系

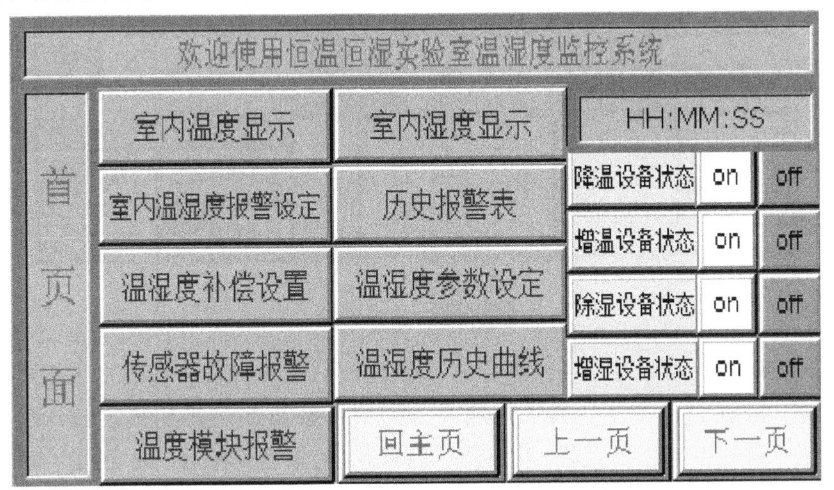

图12-2　首页界面

统的其他界面。首页面中除了可以进入“参数设定界面”、“报警界面”、“历史曲线界面”等常用界面的按钮外，还可切换到“室内温湿度显示”、“温湿度报警设定”、“传感器故障报警”、“温湿度补偿设置”、“温湿度参数设置”、“PLC 温度模块报警”等界面，最后还可点击回主页、上一页、下一页按钮进行不同界面直接切换，如图 12-2 所示，其中“参数设定界面”用于设定恒温恒湿实验室内需要的温湿度参数；“温湿度历史曲线界面”可连接到温湿度历史曲线的界面；“报警界面”可连接到当前报警表，查看当前报警信息，手动操作界面用于在机器出故障时的维修以及调试时使用。首页面中还有各调节温度和湿度设备的工作状态指示灯，当各设备工作在不同状态时相应的指示灯便会闪烁以提醒工作人员。其次，部分界面中还有时间和日期的显示与设定，可方便操作人员随时查看当前时间。

12.3.2 主界面设计与说明

主页界面如图 12-3 所示，主页界面主要由参数显示、控制设备的状态显示以及控制方式间的切换按钮组成。为了使数据更准确，采用了多个传感器测量取平均值的方法（此设计用了两个相同的温度和湿度传感器放在实验室的两个不同位置）。为了节约能源，当室外温湿度满足系统要求时，可通过开窗通风来调节室内温湿度，所以本系统主页操作界面中还有实验室外的温湿度显示，在系统中当触摸屏界面中显示的温度（湿度）超过预设定温度（湿度）的上限值时实验室的降温（除湿）设备 On 状态指示灯就会变为闪烁状态，即实验室内降温（除湿）设备自动开启，直至实验室内温度（湿度）回到设定范围时，Off 状态指示灯闪烁，即实验室内降温（除湿）设备已经关闭。系统得电后，当按下自动按钮时，系统便会按设定的温湿度范围进行实验室的温湿度控制，另外当按下手动界面按钮时，就可进入手动操作界面的相关操作，图 12-4 所示的是手动操作界面。

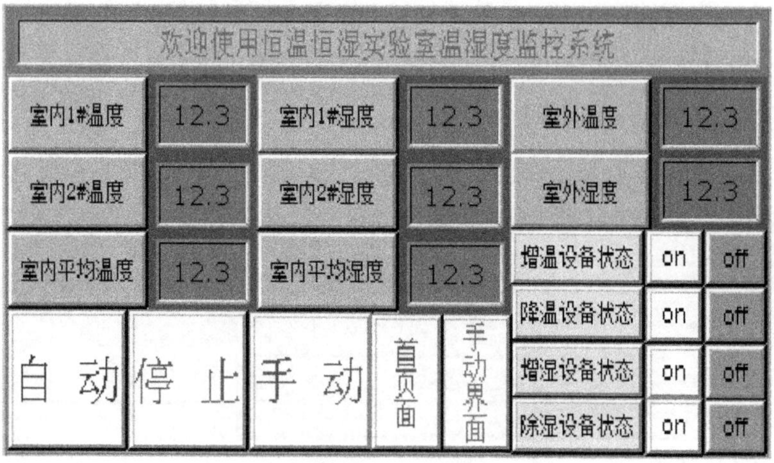

图 12-3 主页界面

当需要手动调试各温湿度控制设备或者当自动控制系统出现故障时可采用手动方式对各设备进行控制。如图 12-4 所示，每个控制设备的切换按钮都是相互独立的，按下相应的按钮便可单独启动或关停各控制设备，并能观察到相应的设备是处于 On 还是 Off 状态，回首页和回主页按钮可实现不同界面间迅速准确切换。

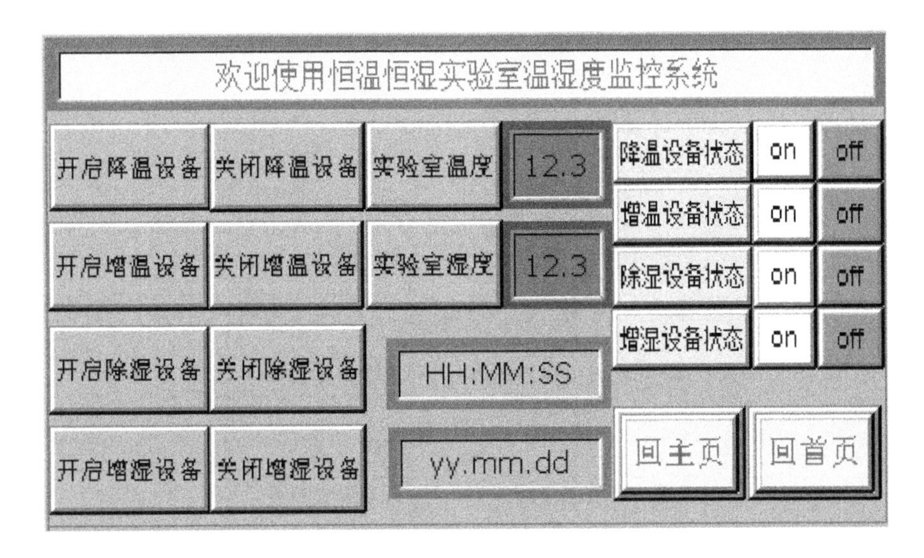

图 12-4 手动操作界面

12.3.3 恒温恒湿实验室温湿度参数设定界面

这里所设置的温湿度范围主要用于外部设备（降温、增温、除湿、增湿设备）的启停。如图 12-5 所示，“####”为数值输入按钮，设备状态指示灯 On 和 Off 显示当前设备的工作状态。

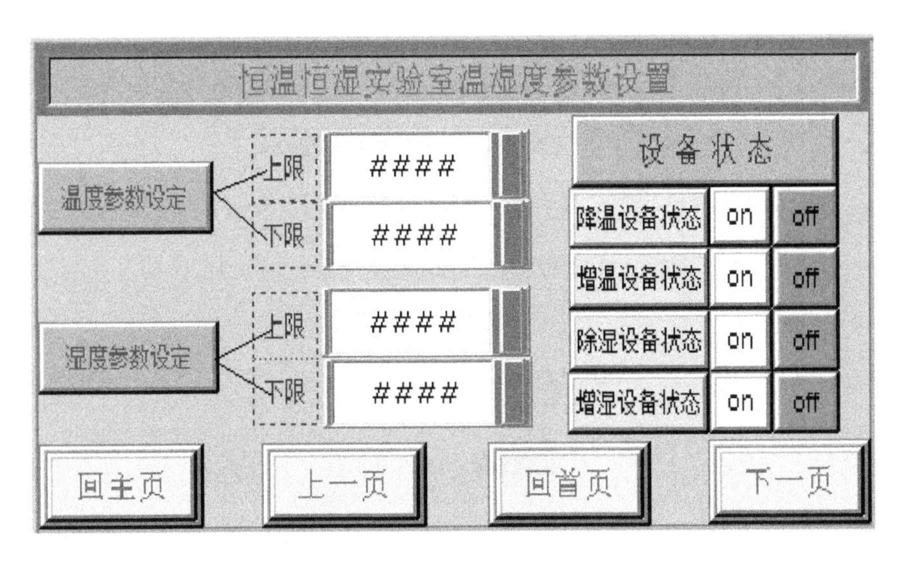

图 12-5 实验室温湿度参数设置

12.4 PLC 程序设计

12.4.1 PLC 流程图设计

PLC 流程图如图 12-6 所示。

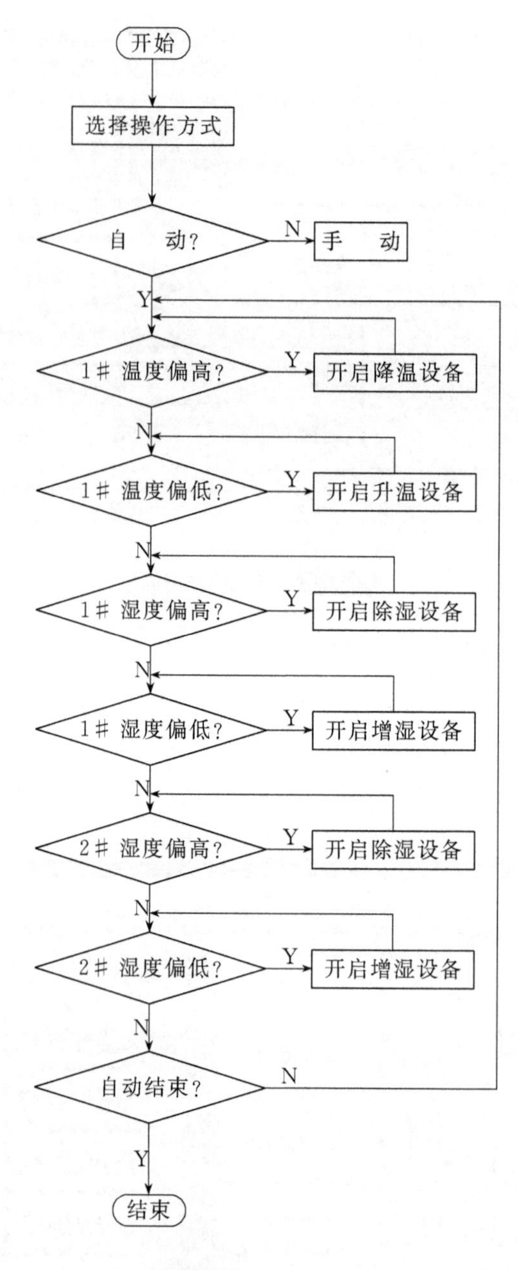

图 12-6 PLC流程图

12.4.2 PLC程序设计

(1) 外部总开关设置程序

M0是恒温恒湿实验室自动控制启动常开按钮，当按下此按钮时M10闭合，M11断开，程序进入自动控制模式。M1是恒温恒湿实验室手动控制启动常开按钮，当按下此按钮时M10断开，M11闭合，程序进入手动工作模式。M2是程序的停止按钮，当按下此按钮时M10、M11均断开，手动与自动程序均停止工作。控制梯形图如图12-7所示。

```
  M0
──┤├──┬────────────────────────────[SET  M10]
      └────────────────────────────[RST  M11]
  M1
──┤├──┬────────────────────────────[SET  M11]
      └────────────────────────────[RST  M10]
  M2
──┤├──┬────────────────────────────[RST  M10]
      └────────────────────────────[RST  M11]
```

图 12-7 自动、手动模式控制梯形图

(2) 手动模式下外部设备驱动程序

进入手动工作模式后可对相应的温湿度设备进行调试、控制如图 12-8 所示。按下 M100 时增温设备开启，按下 M101 时增温设备关闭，按下 M102 时降温设备开启，按下 M103 时降温设备关闭，按下 M104 时增湿设备开启，按下 M105 时增湿设备关闭，按下 M106 时除湿设备开启，按下 M107 时除湿设备关闭。

```
  M100
──┤├───────────────────────────────[SET  Y0]
  M101
──┤├───────────────────────────────[RST  Y0]
  M102
──┤├───────────────────────────────[SET  Y1]
  M103
──┤├───────────────────────────────[RST  Y1]
  M104
──┤├───────────────────────────────[SET  Y6]
  M105
──┤├───────────────────────────────[RST  Y6]
  M106
──┤├───────────────────────────────[SET  Y7]
  M107
──┤├───────────────────────────────[RST  Y7]
```

图 12-8 手动模式下温湿度设备开启与关闭程序

说明：要想进入此控制程序，在 PLC 得电后必须在未按下 M2 按钮的条件下按下 M1 按钮，且在触摸屏上要进入主界面并按下手动界面按钮才能进入手动工作模式。

(3) 温度采集与温度补偿程序

1) FROM 指令使用说明

K1：特殊模块所在之编号；K18：欲读取特殊模块之 CR (Controlled Register) 编号；D40：存放读取数据的位置；K3：一次读取的数据笔数。DVP 系列 PLC 利用此指令读取特殊模块的 CR 数据，如图 12-9 所示。

M1000 上电导通，通路开启。PLC 从第一个温控模块中将存储在 CR＃18、CR＃19、CR＃20 的温度当前值取出放在 D40、D41、D42 里（其中 D40、D41 里存放的是实验室内部

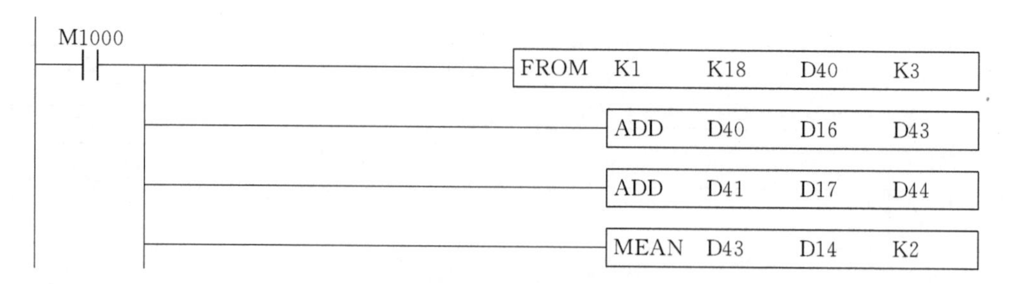

图 12-9 温度采集程序

的温度值，D42 里存放的是实验室外部的温度值），经过补偿之后，在触摸屏对应地址中显示出来。在本程序中 D42 直接显示在触摸屏而没有加上补偿值（实验室外的温度仅与室内温度形成对比，对其精度要求不高）。

2）误差补偿说明

由于导线电阻等各种因素的影响 PLC 读取到的温度实时值会出现些许偏差，这就需要进行温度补偿，考虑到不同传感器的误差不一样，所以给每个传感器加上不同的补偿值，温度传感器 1 的补偿值存储地址为 D16，温度传感器 2 的补偿值的存储地址为 D17，补偿值是系统现场调试后的测量值与实际测量值的差值。用户通过计算后可以直接将此值输入到触摸屏中，补偿程序如图 12-10 所示。

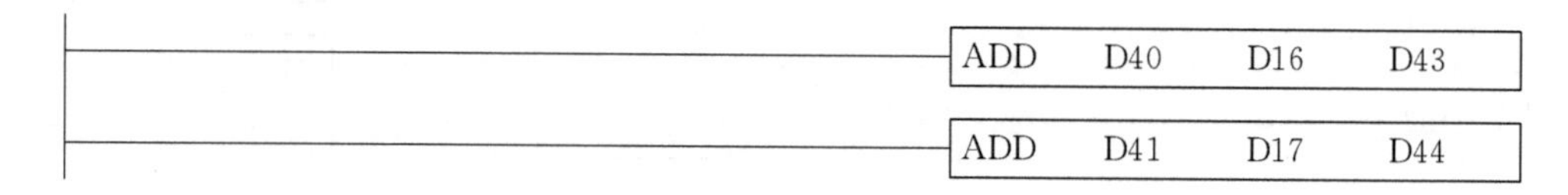

图 12-10 温度补偿程序

3）MEAN 平均值计算指令说明

D43：预取平均值之起始装置；D14：存放平均值装置；K2：取平均值装置个数。此程序段说明将实验室内两传感器读取的温度 D43 和 D44 求取平均温度后存放在 D14 中，如图 12-11 所示。

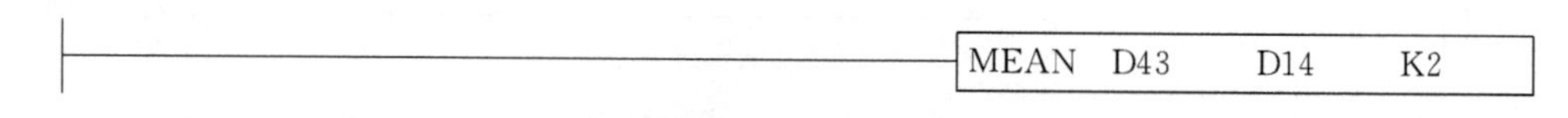

图 12-11 温度平均值程序

（4）湿度数据采集程序

1）确定 A/D 模块的模式

A/D 模块的模式分为电流模式和电压模式两种。

考虑到 HM1500 湿度传感器在 1～4V 范围内线性变化，根据 A/D 转换特性曲线选择电压模式中的 0 方式，其数值变化范围是－8000～8000。

模式设定程序说明：

对 AD 模块的 CR#1 写入 H0，CH1 设为模式 0（电压输入范围为－10～＋10V）。如图 12-12 所示。

注：K0：0 号特殊模块；K1：欲写入特殊模块之 CR（Controlled Register）编号，即 CR#1；H0：写入 CR 的数据；K1：写入一笔数据。

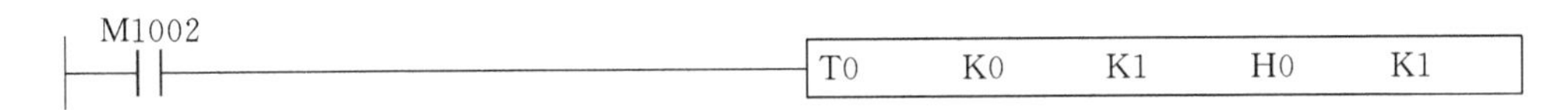

图 12-12 模块写入程序

2）湿度采集及转换程序

湿度采集及转换程序如图 12-13 所示。

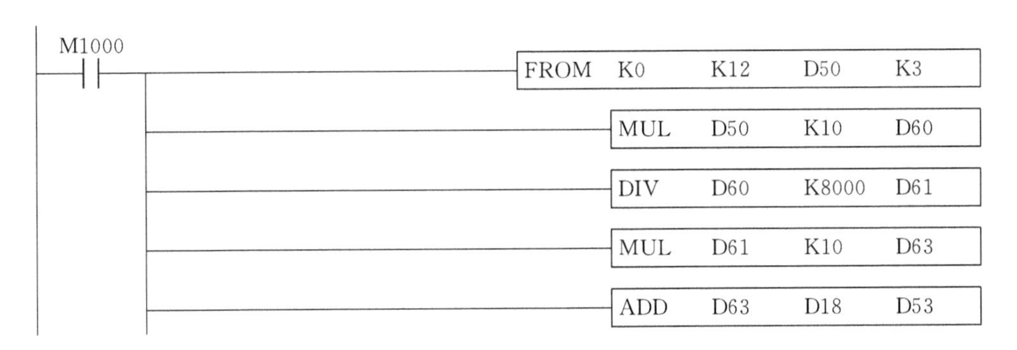

图 12-13 湿度采集及转换程序

湿度采集 FROM 指令说明：将编号 0 号的 A/D 模块通过 CR＃12、CR＃13、CR＃14 采集到的湿度值读取到 D50、D51 和 D52 中，一次读取三笔数据。

乘法 MUL 指令说明：D50 中的湿度传感器 1 的采集值乘以一个常数 10，然后把所得值放到 D60 中。

除法 DIV 指令说明：D60 中的值除以常数 8000，所得值放到 D61 中，（D61 中存放的是商，D62 中存放的是余数），此时所得到的是对应的电压值。

乘法 MUL 指令说明：D61 中的值乘以常数 10，所得值放到 D63 中，此时所得到的值是湿度值。

加法 ADD 指令说明：D63 中的值加上 D18 中的补偿值之后存放到 D53 中，D53 就是最终的显示在触摸屏上的百分制湿度值。

（5）自动工作模式中的温湿度调节设备驱动程序

此处以温度调节设备驱动为例。通过温度平均值与设定值上限比较，若显示值大于区域内温度设定值上限，则区域内的降温设备动作。同理，通过温度平均值与设定值下限比较，若显示值小于区域温度设定值的下限，则区域内的增温设备动作，部分程序如图 12-14、图 12-15 所示。

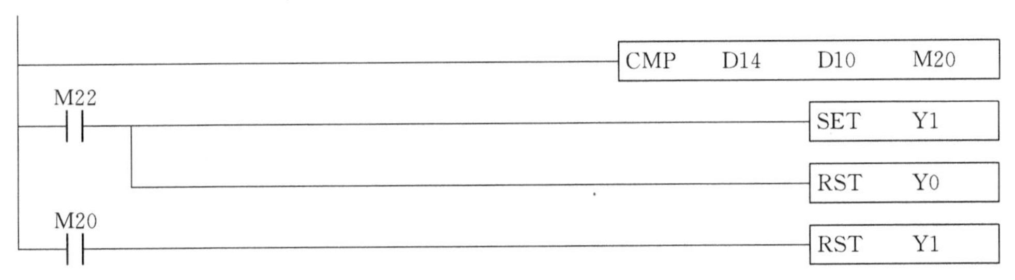

图 12-14 温度平均值与设定值下限比较程序

图 12-15 温度平均值与设定值上限比较程序

如图 12-14 所示，将温度的平均值 D14 与设定的下限值 D10 进行比较，若平均值低于下限值，则 M22 导通，此时增温设备 Y1 工作。如图 12-15 所示，将温度的平均值 D14 与设定的上限值 D11 进行比较，若平均值高于上限值，则 M30 导通，此时降温设备 Y0 开，增温设备 Y1 关闭。

（6）超限报警

采用了触摸屏界面报警以及报警灯和报警铃两种报警措施。

如图 12-16 所示，此程序使用的是比较指令。第一条程序是温度超限报警，将 D14 中实验室内的平均温度值与实验室温度下限值 D10 和温度上限值 D11 比较，当 D14 中的值小于等于 D10 中的值，或大于等于 D11 中的值时，M32 和 M20 置“1”，M12 所控制的报警指示灯会亮起，提醒工作人员及时查看界面、了解报警信息。第二条程序为湿度超限报警。原理与温度超限报警一样（注：D15 中是湿度平均值，D12 是湿度下限值，D13 是湿度上限值）。

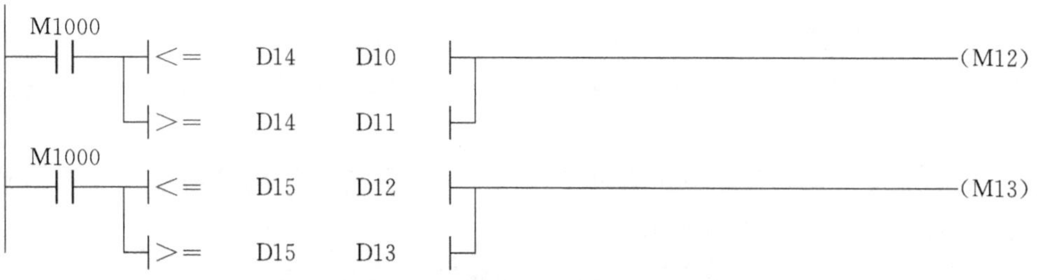

图 12-16 实验室温度、湿度超限报警程序

12.5 PLC、触摸屏综合监控系统应用前景

凡需要温湿度监控的场合，比如食品生产加工与保鲜存储、医药仓储及物流、蔬菜大棚、作物育种箱、温湿度环境模拟试验箱、果蔬保鲜库、军药库、粮储、智能家居、机房、图书馆等众多的领域，都可使用该系统。

由于 PLC 的可靠性，加之触摸屏可以方便地设定相关温湿度控制范围和报警范围，多彩的数据图表显示和直接连接打印机等功能，必将使得 PLC、触摸屏组成的监控系统得到广泛的应用。

另外，由于 DVP03-AD 可以接受输出模式为电压信号，又可用于输出模式为电流信号的传感器，因此该系统也可用于压力、流量、气体浓度等多种物理量的综合监控。

索　　引

1. 本书案例基本指令检索一览表

一般指令

序号	助记符	功能	操作数	示例
1	LD	A 接点逻辑运算开始	X、Y、M、S、T、C	4.9,4.14,5.14
2	LDI	B 接点逻辑运算开始	X、Y、M、S、T、C	4.9,5.1,5.14
3	AND	串联 A 接点	X、Y、M、S、T、C	2.12,4.12,4.13
4	ANI	串联 B 接点	X、Y、M、S、T、C	4.9,4.11,5.14
5	OR	并联 A 接点	X、Y、M、S、T、C	4.9,4.14,4.13
6	ORI	并联 B 接点	X、Y、M、S、T、C	5.8
7	ANB	串联回路方块	无	7.6,9.5
8	ORB	并联回路方块	无	9.3,9.4,8.5
9	MPS	存入堆栈	无	9.5
10	MRD	堆栈读取(指针不动)	无	9.5
11	MPP	读出堆栈	无	9.5

输出指令

序号	助记符	功能	操作数	示例
1	OUT	驱动线圈	Y、S、M	2.1,2.2,2.3
2	SET	动作保持(ON)	Y、S、M	2.4,2.10,8.6
3	RST	接点或寄存器清除	Y、M、S、T、C、D、E、F	2.4,2.10,2.14

定时器、计数器

序号	助记符	功能	操作数	示例
1	TMR	16 位定时器	T-K 或 T-D	2.18,4.9,4.10
2	CNT	16 位计数器	C-K 或 C-D(16 位)	5.3,5.6,5.12

主控指令

序号	助记符	功能	操作符	示例
1	MC	公共串联接点的连接	N0～N7	6.1,11.9,11.15
2	MCR	公共串联接点的接除	N0～N7	6.1,11.9,11.15

接点上升沿/下降沿检出指令

序号	助记符	功能	操作符	示例
1	LDP	上升沿检出动作开始	S、X、Y、M、T、C	2.5,2.17
2	LDF	下降沿检出动作开始	S、X、Y、M、T、C	2.11

脉冲输出指令

序号	助记符	功能	操作符	示例
1	PLS	上升沿检出	Y、M	2.4.2,11.5,11.6
2	PLF	下降沿检出	Y、M	2.12,10.16

结束指令

序号	助记符	功能	操作符	示例
1	END	程序结束	无	2.5,2.6

其他指令

序号	助记符	功能	操作符	示例
1	P	指针	P0～P255	3.5
2	I	中断插入指针	I□□□	3.10

步进梯形指令

序号	助记符	功能	操作符	示例
1	RET	程序返回主母线	无	10.12,10.13

2. 本书案例应用指令检索一览表

- 指令按字母排列

序号	指令码		功 能	示 例
	16 位	32 位		
1	ADD	DADD	BIN 加法	3.9
2	ALT	—	On/Off 交替输出	2.5,6.4
3	AND&	DAND&	S1&S2	3.3
4	BMOV	—	全部传送	3.1
5	CJ	—	条件转移	3.5,11.7
6	CALL	—	调用子程序	3.6,10.16
7	CMP	DCMP	比较设定输出	10.7,11.5
8	CML	DCML	反转传送	3.1
9	—	DCOS	二进制浮点数 COS 运算	3.2.2
10	—	DSIN	二进制浮点数 SIN 运算	3.2.1
11	—	DTAN	二进制浮点数 TAN 运算	3.2.3
12	DHSCS	—	高速计数器	10.1
13	DI	—	中断禁止	3.10
14	DIV	DDIV	BIN 除法	3.9,3.12
15	DEC	DDEC	BIN 减 1	5.11
16	EI	—	中断允许	3.10
17	FEND	—	主程序结束	3.6,3.10
18	FOR	—	循环范围开始	11.7

续表

序号	指令码		功　能	示　例
	16 位	32 位		
19	FROM	—	扩展模块 CR 数据读出	12.4.2
20	HOUR	DHOUR	计时仪	5.7
21	IRET	—	中断返回	3.10
22	INC	DINC	BIN 加 1	2.14,5.5,6.8
23	INT	DINT	二进制浮点数→BIN 整数	3.12
24	LD＝	DLD＝	S1＝S2	11.11
25	LD＜＞	DLD＜＞	S1≠S2	11.11
26	LD＞	DLD＞	S1＞S2	11.13
27	LD＜＝	DLD＜＝	S1 ≦ S2	11.13
28	LD＞＝	DLD＞＝	S1 ≧ S2	11.12
29	MOV	DMOV	数据传送	3.1,11.5
30	MUL	DMUL	BIN 乘法	3.9,11.4
31	NEXT	—	循环范围结束	11.7,11.12
32	NEG	DNEG	求补码	3.3
33	PWM	—	脉冲波宽调制	11.10
34	ROR	DROR	右循环移位	6.6,6.9
35	ROL	DROL	左循环移位	6.9,11.2,11.14
36	SPD	—	脉冲频率检测	11.4
37	SRET	—	子程序结束	3.6,10.16
38	SUB	DSUB	BIN 减法	3.9
39	SFTL	—	位左移	7.8,11.3
40	TZCP	—	万年历数据区域比较	7.7
41	WDT	—	逾时监视定时器	3.7
42	WAND	DAND	逻辑与(AND)运算	3.3
43	WOR	DOR	逻辑或(OR)运算	3.3
44	WXOR	DXOR	逻辑异或(XOR)运算	3.3
45	ZCP	DZCP	区间比较	3.7,3.8
46	ZRST	—	批次复位	2.15,7.8

附录 1　ES/EX/SS 机种装置编号一览表

类别	装置	项目			范围		功能
继电器位型态	X	外部输入继电器			X0～X177，128 点，8 进制编码	合计 256 点	对应至外部的输入点
	Y	外部输出继电器			Y0～Y177，128 点，8 进制编码		对应至外部的输出点
	M	辅助继电器	一般用		M0～M511，M768～M999，744 点	合计 1280 点	接点可于程序内做 On/Off 切换
			停电保持用*		M512 ～ M767，256 点		
			特殊用		M1000 ～ M1279，280 点（部分为停电保持）		
	T	定时器	100ms 定时器		T0～T63，64 点	合计 128 点	TMR 指令所指定的定时器，若计时到达则此同编号 T 的接点将会 On
			10ms 定时器（M1028＝On）		T64 ～ T126，63 点（M1028 ＝ Off 为 100ms）		
			1ms 定时器		T127，1 点		
	C	计数器	16 位上数一般用		C0～C111，112 点	合计 128 点	CNT（DCNT）指令所指定的计数器，若计数到达则此同编号 C 的接点将会 On
			16 位上数停电保持用*		C112～C127，16 点		
			32 位上下数高速计数器停电保持用*	1 相 1 输入	C235～C238、C241、C242、C244，7 点	合计 13 点	
				1 相 2 输入	C246、C247、C249，3 点		
				2 相 2 输入	C251、C252、C254，3 点		
	S	步进点	初始步进点停电保持用*		S0～S9，10 点	合计 128 点	步进梯形图（SFC）使用装置
			原点回归用停电保持用*		S10～S19，10 点（搭配 IST 指令使用）		
			停电保持用*		S20～S127，108 点		

续表

<table>
<tr><th>类别</th><th>装置</th><th colspan="2">项　目</th><th colspan="2">范　围</th><th>功　能</th></tr>
<tr><td rowspan="6">寄存器
字数据</td><td>T</td><td colspan="2">定时器现在值</td><td colspan="2">T0～T127,128 点</td><td>计时到达时,接点导通</td></tr>
<tr><td>C</td><td colspan="2">计数器现在值</td><td colspan="2">C0～C127,16 位计数器 128 点
C235～C254,32 位计数器 13 点</td><td>计数到达时,该计数器接点导通</td></tr>
<tr><td rowspan="4">D</td><td rowspan="4">数据寄存器</td><td>一般用</td><td>D0 ～ D407,408 点</td><td rowspan="2">合计 600 点</td><td rowspan="4">作为数据储存的内存区域,E、F 可作为间接寻址的特殊用途</td></tr>
<tr><td>停电保持用*</td><td>D408 ～ D599,192 点</td></tr>
<tr><td>特殊用</td><td>D1000 ～ D1311,312 点</td><td rowspan="2">合计 312 点</td></tr>
<tr><td>变址用</td><td>E、F,2 点</td></tr>
<tr><td rowspan="5">指针</td><td>N</td><td colspan="2">主控回路用</td><td colspan="2">N0～N7,8 点</td><td>主控回路控制点</td></tr>
<tr><td>P</td><td colspan="2">CJ,CALL 指令用</td><td colspan="2">P0～P63,64 点</td><td>CJ,CALL 的位置指针</td></tr>
<tr><td rowspan="3">I</td><td rowspan="3">中断用</td><td>外部中断插入</td><td colspan="2">I001、I101、I201、I301,4 点</td><td rowspan="3">中断子程序的位置指针</td></tr>
<tr><td>定时中断插入</td><td colspan="2">I6□□,1 点(□□＝10～99,时基＝1ms)V5.7 以上(含)支持</td></tr>
<tr><td>通讯中断插入</td><td colspan="2">I150,1 点</td></tr>
<tr><td rowspan="2">常数</td><td>K</td><td colspan="2">10 进制</td><td colspan="3">K-32,768 ～ K32,767(16 位运算)
K-2,147,483,648 ～ K2,147,483,647(32 位运算)</td></tr>
<tr><td>H</td><td colspan="2">16 进制</td><td colspan="3">H0000 ～ HFFFF(16 位运算)
H00000000 ～ HFFFFFFFF(32 位运算)</td></tr>
<tr><td>备注</td><td colspan="6">* 停电保持用区域为固定区域,不可变更。</td></tr>
</table>

附录 2 SA/SX/SC 机种装置编号一览表

类别	装置	项目		范围		功能
继电器（位元型态）	X	外部输入继电器		X0～X177,128 点,8 进制编码	合计 256 点	对应至外部的输入点
	Y	外部输出继电器		Y0～Y177,128 点,8 进制编码		对应至外部的输出点
	M	辅助继电器	一般用	M0～M511,512 点(* 1)	合计 4096 点	接点可于程序内做 On/Off 切换
			停电保持用	M512～M999,488 点(* 3) M2000～M4095,2096 点(* 3)		
			特殊用	M1000～M1999,1000 点(部分为停电保持)		
	T	定时器	100ms	T0～T199,200 点 (* 1) T192～T199 为子程序用 T250～T255,6 点累计型 (* 4)	合计 256 点	TMR 指令所指定的定时器,若计时到达则此同编号 T 的接点将会 On
			10ms	T200～T239,40 点 (* 1) T240～T245,6 点累计型 (* 4)		
			1ms	T246～T249,4 点累计型 (* 4)		
	C	计数器	16 位上数	C0～C95,96 点 (* 1) C96～C199,104 点 (* 3)	合计 235 点	CNT (DCNT)指令所指定的计数器,若计数到达则此同编号 C 的接点将会 On
			32 位上下数	C200～C215,16 点 (* 1) C216～C234,19 点 (* 3)		
			SA/SX 机种,32 位高速计数器	C235～C244,1 相 1 输入,9 点 (* 3) C246～C249,1 相 2 输入,3 点 (* 3) C251～C254,2 相 2 输入,4 点 (* 3)	合计 16 点	
			SC 机种,32 位高速计数器	C235～C245,1 相 1 输入,11 点 (* 3) C246～C250,1 相 2 输入,4 点 (* 3) C251～C255,2 相 2 输入,4 点 (* 3)	合计 19 点	
	S	步进点	初始步进点	S0～S9,10 点 (* 1)	合计 1024 点	步进梯形图(SFC)使用装置
			原点回归用	S10～S19,10 点(搭配 IST 使用)(* 1)		
			一般用	S20～S511,492 点 (* 1)		
			停电保持用	S512～S895,384 点 (* 3)		
			警报用	S896～S1023,128 点 (* 3)		

续表

<table>
<tr><th>类别</th><th>装置</th><th colspan="2">项　目</th><th colspan="2">范围</th><th>功能</th></tr>
<tr><td rowspan="7">寄存器
字元组资料</td><td>T</td><td colspan="2">定时器现在值</td><td colspan="2">T0～T255,256 点</td><td>计时到达时,该定时器接点导通</td></tr>
<tr><td>C</td><td colspan="2">计数器现在值</td><td colspan="2">C0～C199,16 位计数器 200 点
C200～C254,32 位计数器 50 点,(SC 机种:53 点)</td><td>计数到达时,该计数器接点导通</td></tr>
<tr><td rowspan="4">D</td><td rowspan="4">数据寄存器</td><td>一般用</td><td>D0～D199,200 点,(*1)</td><td rowspan="4">合计
5000 点</td><td rowspan="4">作为数据储存的内存区域,E、F 可作为间接寻址的特殊用途</td></tr>
<tr><td>停电保持用</td><td>D200～D999,800 点(*3)
D2000～D4999,3000 点(*3)</td></tr>
<tr><td>特殊用</td><td>D1000～D1999,1000 点</td></tr>
<tr><td>变址用</td><td>E0～E3,F0～F3,8 点(*1)</td></tr>
<tr><td>无</td><td colspan="2">文件寄存器</td><td colspan="2">K0～K1,599(1600 点)(*4)</td><td>作数据储存的扩展寄存器</td></tr>
<tr><td rowspan="6">指针</td><td>N</td><td colspan="2">主控回路用</td><td colspan="2">N0～N7,8 点</td><td>主控回路控制点</td></tr>
<tr><td>P</td><td colspan="2">CJ,CALL 指令用</td><td colspan="2">P0～P255,256 点</td><td>CJ,CALL 的位置指针</td></tr>
<tr><td rowspan="4">I</td><td rowspan="4">中断用</td><td>外部中断插入</td><td colspan="2">I001、I101、I201、I301、I401、I501,共 6 点</td><td rowspan="4">中断子程序位置指针</td></tr>
<tr><td>定时中断插入</td><td colspan="2">I6□□,I7□□,2 点(□□=1～99,时基=1ms)</td></tr>
<tr><td>高速计数到达中断插入</td><td colspan="2">I010、I020、I030、I040、I050、I060,共 6 点</td></tr>
<tr><td>通信中断插入</td><td colspan="2">I150,1 点</td></tr>
<tr><td rowspan="2">常数</td><td>K</td><td colspan="2">10 进制</td><td colspan="3">K-32768 ～ K32767(16 位运算)
K-2147483648 ～ K2147483647(32 位运算)</td></tr>
<tr><td>H</td><td colspan="2">16 进制</td><td colspan="3">H0000 ～ HFFFF(16 位运算),H00000000 ～ HFFFFFFFF(32 位运算)</td></tr>
<tr><td>备注</td><td colspan="6">*1. 非停电保持区域,不可变更。*2. 非停电保持区域,可使用参数设置变更成停电保持区域。*3. 停电保持区域,可使用参数设置变更成非停电保持区域。*4. 停电保持固定区域,不可变更。</td></tr>
</table>

附录 3 EH/EH2/SV 机种常用装置编号一览表

类别	装置	项目		范围		功能
继电器位型态	X	外部输入继电器		X0 ～ X377256 点，8 进制编码	合计 512 点	对应至外部输入点
	Y	外部输出继电器		Y0 ～ Y377，256 点，8 进制编码		对应至外部输出点
	M	辅助继电器	一般用	M0～M499，500 点（*2）	合计 4096 点	接点可于程序内做 On/Off 切换
			停电保持用	M500～M999，500 点（*3） M2000 ～ M4095，2096 点（*3）		
			特殊用	M1000 ～ M1999，1000 点（部分为停电保持）		
	T	定时器	100ms	T0～T199，200 点（*2） T192～T199 为子程序用 T250 ～ T255，6 点累计型（*4）	合计 256 点	TMR 指令所指定的定时器，若计时到达则此同编号 T 的接点将会 On
			10ms	T200～T239，40 点（*2） T240 ～ T245，6 累计型点（*4）		
			1ms	T246 ～ T249，4 点累计型（*4）		
	C	计数器	16 位上数	C0 ～ C99，100 点（*2）；C100～C199，100 点（*3）	合计 253 点	CNT（DCNT）指令所指定的计数器，若计数到达则此同编号 C 的接点将会 On
			32 位上下数	C200 ～ C219，20 点（*2）；C220～C234，15 点（*3）		
			32 位高速计数器	C235～C244，1 相 1 输入，10 点（*3） C246～C249，1 相 2 输入，4 点（*3） C251～C254，2 相 2 输入，4 点（*3）		
	S	步进点	初始步进点	S0～S9，10 点（*2）	合计 1024 点	步进梯形图（SFC）使用装置
			原点回归用	S10～S19，10 点（搭配 IST 指令使用）（*2）		
			一般用	S20～S499，480 点（*2）		
			停电保持用	S500～S899，400 点（*3）		
			警报用	S900～S1023，124 点（*3）		

续表

类别	装置	项目		范围		功能
寄存器（字数据）	T	定时器现在值		T0～T255，256 点		计时到达时，该定时器接点导通
	C	计数器现在值		C0～C199，16 位计数器 200 点 C200～C254，32 位计数器 53 点		计数到达时，该计数器接点导通
	D	数据寄存器	一般用	D0～D199，200 点（* 2）	合计 10000 点	作为数据储存的内存区域，E、F 可作为间接寻址的特殊用途
			停电保持用	D200～D999，800 点（* 3） D2000～D9999，8，000 点（* 3）		
			特殊用	D1000 ～ D1999，1，000 点		
			变址用	E0～E7，F0～F7，16 点（* 1）		
	无	文件寄存器		K0～K9，999，10，000 点（* 4）		数据储存扩展寄存器
指针	N	主控回路用		N0～N7，8 点		主控回路控制点
	P	CJ，CALL 指令用		P0～P255，256 点		CJ，CALL 位置指针
	I	中断用	外部中断插入	I00□（X0），I10□（X1），I20□（X2），I30□（X3）I40□（X4），I50□（X5），6 点（□＝1，上升沿触发↱，□＝0，下降沿触发↴）		中断子程序的位置指针
			定时中断插入	I6□□，I7□□，2 点（□□＝1～99，时基＝1ms）I8□□，1 点（□□＝1～99，时基＝0.1ms）		
			高速计数到达中断插入	I010、I020、I030、I040、I050、I060，6 点		
			脉冲中断插入	I110、I120、I130、I140，4 点		
			通讯中断插入	I150、I160、I170，3 点		
			测频卡中断插入	I180，1 点		
常数	K	10 进制		K-32，768 ～ K32，767（16 位运算） K-2，147，483，648 ～ K2，147，483，647（32 位运算）		
	H	16 进制		H0000 ～ HFFFF（16 位运算），H00000000 ～ HFFFFFFFF（32 位运算）		
备注	* 1. 非停电保持区域，不可变更。* 2. 非停电保持区域，可使用参数设置变更成停电保持区域。* 3. 停电保持区域，可使用参数设置变更成非停电保持区域。* 4. 停电保持固定区域，不可变更。					

附录 4 部分常用特殊辅助继电器一览表

特 M	功能说明	ES EX SS	SA SX SC	EH EH2 SV	Off ↓ On	STOP ↓ RUN	RUN ↓ STOP	属性	停电保持	出厂值
M1000	运行监视常开接点(A 接点)	○	○	○	Off	On	Off	R	否	Off
M1001	运行监视常闭接点(B 接点)	○	○	○	On	Off	On	R	否	On
M1002	启始正向(RUN 的瞬间 'On')脉冲	○	○	○	Off	On	Off	R	否	Off
M1003	启始负向(RUN 的瞬间 'Off')脉冲	○	○	○	On	Off	On	R	否	On
M1004	语法检查错误发生	○	○	○	Off	Off	—	R	否	Off
M1005	数据备份存储卡与主机密码比对错误	×	×	○	Off	—	—	R	否	Off
M1006	数据备份存储卡未被初始化	×	×	○	Off	—	—	R	否	Off
M1007	数据备份存储卡程序区数据不存在	×	×	○	Off	—	—	R	否	Off
M1008	扫描逾时定时器(WDT) On	○	○	○	Off	Off	—	R	否	Off
M1009	24VDC 供应不足,LV 信号曾发生过记录	○	○	○	Off	—	—	R	否	Off
M1011	10ms 时钟脉冲,5ms On/5ms Off	○	○	○	Off	—	—	R	否	Off
M1012	100ms 时钟脉冲,50ms On / 50ms Off	○	○	○	Off	—	—	R	否	Off
M1013	1s 时钟脉冲,0.5s On / 0.5s Off	○	○	○	Off	—	—	R	否	Off
M1014	1min 时钟脉冲,30s On / 30s Off	○	○	○	Off	—	—	R	否	Off
M1020	零标志(Zero flag)	○	○	○	Off	—	—	R	否	Off
M1021	借位标志(Borrow flag)	○	○	○	Off	—	—	R	否	Off
M1022	进位标志(Carry flag)	○	○	○	Off	—	—	R	否	Off
M1023	PLSY Y1 模式选择,On 时连续输出	○	○	×	Off	—	—	R/W	否	Off
M1031	非停电保持区域全部清除	○	○	○	Off	—	—	R/W	否	Off

续表

特 M	功能说明	ES EX SS	SA SX SC	EH EH2 SV	Off ↓ On	STOP ↓ RUN	RUN ↓ STOP	属性	停电保持	出厂值
M1032	停电保持区域全部清除	○	○	○	Off	—	—	R/W	否	Off
M1034	Y 输出全部禁止	○	○	○	Off	—	—	R/W	否	Off
M1040	步进禁止	○	○	○	Off	—	—	R/W	否	Off
M1041	步进开始	○	○	○	Off	—	Off	R/W	否	Off
M1042	启动脉冲	○	○	○	Off	—	—	R/W	否	Off
M1043	原点回归完毕	○	○	○	Off	—	Off	R/W	否	Off

◆ 全部特殊辅助继电器一览，请参阅本书所配光盘内容《台达 DLC 应用技术手册-程序与指令》页码：2-38～2-53。

◆ 全部特殊数据寄存器一览，请参阅本书所配光盘内容《台达 DLC 应用技术手册-程序与指令》页码：2-54～2-67。

◆ 特殊辅助继电器及特殊数据寄存器群组功能说明及举例请参阅《台达 DLC 应用技术手册-程序与指令》，页码：2-68～2-126。

附录 5　台达 PLC 基本指令及步进梯形指令一览表

一般指令

序号	助记符	功能	操作数
1	LD	A 接点逻辑运算开始	X、Y、M、S、T、C
2	LDI	B 接点逻辑运算开始	X、Y、M、S、T、C
3	AND	串联 A 接点	X、Y、M、S、T、C
4	ANI	串联 B 接点	X、Y、M、S、T、C
5	OR	并联 A 接点	X、Y、M、S、T、C
6	ORI	并联 B 接点	X、Y、M、S、T、C
7	ANB	串联回路方块	无
8	ORB	并联回路方块	无
9	MPS	存入堆栈	无
10	MRD	堆栈读取(指针不动)	无
11	MPP	读出堆栈	无

输出指令

序号	助记符	功能	操作数
1	OUT	驱动线圈	Y、S、M
2	SET	动作保持(ON)	Y、S、M
3	RST	接点或寄存器清除	Y、M、S、T、C、D、E、F

定时器、计数器

序号	助记符	功能	操作数
1	TMR	16 位定时器	T-K 或 T-D
2	CNT	16 位定时器	C-K 或 C-D(16 位)
3	DCNT	32 位计数器	C-K 或 C-D(32 位)

主控指令

序号	助记符	功能	操作符
1	MC	公共串联接点的连接	N0～N7
2	MCR	公共串联接点的接除	N0～N7

接点上升沿/下降沿检出指令

序号	助记符	功能	操作符
1	LDP	上升沿检出动作开始	S、X、Y、M、T、C
2	LDF	下降沿检出动作开始	S、X、Y、M、T、C
3	ANDP	上升沿检出串联连接	S、X、Y、M、T、C
4	ANDF	下降沿检出串联连接	S、X、Y、M、T、C
5	ORP	上升沿检出并联连接	S、X、Y、M、T、C
6	ORF	下降沿检出并联连接	S、X、Y、M、T、C

脉冲输出指令

序号	助记符	功能	操作符
1	PLS	上升沿检出	Y、M
2	PLF	下降沿检出	Y、M

结束指令

序号	助记符	功能	操作符
1	END	程序结束	无

其他指令

序号	助记符	功能	操作符
1	NOP	无动作	无
2	INV	运算结果反相	无
3	P	指针	P0～P255
4	I	中断插入指针	I□□□

步进梯形指令

序号	助记符	功能	操作符
1	STL	程序跳至副母线	S
2	RET	程序返回主母线	无

◆ 详细应用说明及举例请参阅本书所配光盘内容《台达 PLC 应用技术手册-程序与指令》页码 3-3～4-22。

附录 6　台达 PLC 应用指令一览表

● 指令按字母排列

序号	指令码		功　能
	16 位	32 位	
1	ADD	DADD	BIN 加法
2	ANS	—	信号警报器置位
3	ANR	—	信号警报器复位
4	ABSD	DABSD	绝对方式凸轮控制
5	ALT	—	On/Off 交替输出
6	ARWS	—	方向开关控制
7	ASC	—	ASCII 码变换
8	ASCI	—	HEX 转为 ASCII
9	ABS	DABS	绝对值运算
10	—	DASIN	二进制浮点数 ASIN 运算
11	—	DACOS	二进制浮点数 ACOS 运算
12	—	DATAN	二进制浮点数 ATAN 运算
13	—	DABSR	ABS 现在值读出
14	—	DADDR	浮点数值加法
15	AND&	DAND&	S1 & S2
16	AND|	DAND|	S1	S2
17	AND^	DAND^	S1^ S2
18	AND=	DAND=	S1=S2
19	AND>	DAND>	S1>S2
20	AND<	DAND<	S1<S2
21	AND<>	DAND<>	S1≠S2
22	AND<=	DAND<=	S1 ≦ S2
23	AND>=	DAND>=	S1 ≧ S2
24	BMOV	—	全部传送
25	BCD	DBCD	BIN→BCD 变换
26	BIN	DBIN	BCD→BIN 变换
27	BON	DBON	On 位判断
28	CJ	—	条件转移
29	CALL	—	调用子程序
30	CMP	DCMP	比较设定输出
31	CML	DCML	反转传送
32	CCD	—	校验码
33	CRC	—	CRC 校验码计算

续表

序号	指令码		功　能
	16 位	32 位	
34	—	DCOS	二进制浮点数 COS 运算
35	—	DCOSH	二进制浮点数 COSH 运算
36	CVM	—	阀位控制
37	—	DCIMR	双轴相对位置圆弧插补
38	—	DCIMA	双轴绝对位置圆弧插补
39	—	DCLLM	闭回路定位控制
40	DI	—	中断禁止
41	DIV	DDIV	BIN 除法
42	DEC	DDEC	BIN 减 1
43	DECO	—	译码
44	DSW	—	数字开关
45	—	DDEG	径度→弧度
46	DELAY	—	延迟指令
47	DRVI	DDRVI	相对定位
48	DRVA	DDRVA	绝对定位
49	—	DDIVR	浮点数值除法
50	EI	—	中断允许
51	ENCO	—	编码
52	—	DECMP	二进制浮点数比较
53	—	DEZCP	二进制浮点数区间比较
54	—	DEBCD	二进制浮点数→十进制浮点数
55	—	DEBIN	十进制浮点数→二进制浮点数
56	—	DEADD	二进制浮点数加法
57	—	DESUB	二进制浮点数减法
58	—	DEMUL	二进制浮点数乘法
59	—	DEDIV	二进制浮点数除法
60	—	DEXP	二进制浮点数取指数
61	—	DESQR	二进浮点数开平方
62	FEND	—	主程序结束
63	FOR	—	循环范围开始
64	FMOV	DFMOV	多点传送
65	FLT	DFLT	BIN 整数→二进制浮点数变换
66	FROM	DFROM	扩展模块 CR 数据读出
67	FWD	—	VFD-A 变频器正转指令
68	FTC	—	模糊化温度控制
69	GPWM	—	一般用脉冲波宽调

续表

序号	指令码		功　能
	16 位	32 位	
70	GRY	DGRY	格雷码变换(BIN→GRY)
71	GBIN	DGBIN	格雷码逆变换(GRY→BIN)
72	—	DHSCS	矩阵与(AND)运算
73	—	DHSCR	矩阵或(OR)运算
74	—	DHSZ	矩阵异或(XOR)运算
75	HKY	DHKY	十六键键盘输入
76	HEX	—	ASCII 转为 HEX
77	HOUR	DHOUR	计时仪
78	HST	—	高速定时器
79	IRET	—	中断返回
80	INC	DINC	BIN 加 1
81	IST	—	手动/自动控制
82	INCD	—	相对方式凸轮控制
83	INT	DINT	二进制浮点数→BIN 整数
84	LRC	—	LRC 校验码计算
85	—	DLN	二进制浮点数取自然对数
86	—	DLOG	二进制浮点数取对数
87	LD&	DLD&	S1 & S2
88	LD|	DLD|	S1 | S2
89	LD^	DLD^	S1 ^ S2
90	LD=	DLD=	S1=S2
91	LD>	DLD>	S1>S2
92	LD<	DLD<	S1<S2
93	LD<>	DLD<>	S1≠S2
94	LD<=	DLD<=	S1 ≦ S2
95	LD>=	DLD>=	S1 ≧ S2
96	MOV	DMOV	数据传送
97	MUL	DMUL	BIN 乘法
98	MEAN	DMEAN	平均值
99	MTR	—	矩阵分时输入
100	MODRD	—	MODBUS 数据读取
101	MODWR	—	MODBUS 数据写入
102	—	DMOVR	浮点数值数据传送
103	MEMR	DMEMR	文件寄存器数据读出
104	MEMW	DMEMW	文件寄存器数据写入
105	MODRW	—	MODBUS 数据读写

续表

序号	指令码		功　能
	16 位	32 位	
106	—	DMULR	浮点数值乘法
107	MMOV	—	放大传送
108	MAND	—	矩阵与(AND)运算
109	MOR	—	矩阵或(OR)运算
110	MXOR	—	矩阵异或(XOR)运算
111	MXNR	—	矩阵同或(XNR)运算
112	MINV	—	矩阵反相
113	MCMP	—	矩阵比较
114	MBRD	—	矩阵位读出
115	MBWR	—	矩阵位写入
116	MBS	—	矩阵位移位
117	MBR	—	矩阵位循环移位
118	MBC	—	矩阵位状态计数
119	NEXT	—	循环范围结束
120	NEG	DNEG	求补码
121	OR&	DOR&	S1 & S2
123	OR|	DOR|	S1 | S2
124	OR^	DOR^	S1 ^ S2
125	OR=	DOR=	S1=S2
126	OR>	DOR>	S1>S2
127	OR<	DOR<	S1<S2
128	OR<>	DOR<>	S1≠S2
129	OR<=	DOR<=	S1 ≦ S2
130	OR>=	DOR>=	S1 ≧ S2
131	PLSY	DPLSY	脉冲输出
132	PWM	—	脉冲波宽调制
133	PLSR	DPLSR	附加减速脉冲输出
134	PR	—	ASCII 码打印
135	PRUN	DPRUN	8 进制位传送
136	PID	DPID	PID 运算
137	—	DPOW	二进浮点数乘方
138	PWD	—	输入脉宽检测
139	PLSV	DPLSV	附旋转方向脉冲输出
140	—	DPPMR	双轴相对点对点双轴运动
141	—	DPPMA	双轴绝对点对点运动
142	—	DPTPO	双轴单轴建表式脉冲输出

续表

序号	指令码		功　能
	16 位	32 位	
143	ROR	DROR	右循环移位
144	ROL	DROL	左循环移位
145	RCR	DRCR	附进位标志右循环
146	RCL	DRCL	附进位标志左循环
147	REF	—	I/O 状态即时刷新
148	REFF	—	输入滤波器时间调整
149	RAMP	—	斜坡信号
150	RS	—	串行数据传输
151	REV	—	VFD-A 变频器反转指令
152	RDST	—	VFD-A 变频器状态读取
153	RSTEF	—	VFD-A 变频器异常复位
154	—	DRAD	角度→弧度
155	RTMU	—	中断子程序执行时间测量开始
156	RTMD	—	中断子程序执行时间测量结束
157	RAND	—	随机数值产生
158	SRET	—	子程序结束
159	SMOV	—	移位传送
160	SUB	DSUB	BIN 减法
161	SFTR	—	位右移
162	SFTL	—	位左移
163	SFWR	—	移位写入
164	SFRD	—	移位读出
165	—	DSUBR	浮点数值减算
166	SCAL	—	比例值运算
167	SCLP	—	参数型比例值运算
168	SUM	DSUM	On 位数量
169	SQR	DSQR	BIN 开平方
170	SPD	—	脉冲频率检测
171	SER	DSER	数据检索
172	STMR	—	特殊定时器
173	SORT	—	数据整理排序
174	SEGD	—	七段显示器译码
175	SEGL	—	七段显示器分时显示
176	STOP	—	VFD-A 变频器停止指令
177	SWRD	—	数字开关数据读取
178	—	DSIN	二进制浮点数 SIN 运算

续表

序号	指令码		功能
	16位	32位	
179	—	DSINH	二进制浮点数 SINH 运算
180	SWAP	DSWAP	上/下字节交换
181	—	DSUBR	浮点数值减算
182	SCAL	—	比例值运算
183	SCLP	—	参数型比例值运算
184	TTMR	—	示教式定时器
185	TKY	DTKY	十键键盘输入
186	TO	DTO	扩展模块 CR 数据写入
187	—	DTAN	二进制浮点数 TAN 运算
188	—	DTANH	二进制浮点数 TANH 运算
189	TCMP	—	万年历数据比较
190	TZCP	—	万年历数据区域比较
191	TADD	—	万年历数据加法运算
192	TSUB	—	万年历数据减法运算
193	TRD	—	万年历数据读出
194	TWR	—	万年历数据写入
195	VRRD	—	电位器值读出
196	VRSC	—	电位器刻度值读出
197	WDT	—	逾时监视定时器
198	WAND	DAND	逻辑与(AND)运算
199	WOR	DOR	逻辑或(OR)运算
200	WXOR	DXOR	逻辑异或(XOR)运算
201	WSFR	—	字右移
202	WSFL	—	字左移
203	XCH	DXCH	数据交换
204	ZCP	DZCP	区间比较
205	ZRST	—	批次复位
206	ZRN	DZRN	原点回归

◆ 详细应用说明及举例请参阅本书所配光盘内容《台达 PLC 应用技术手册-程序与指令》页码 5-1～10-12。

参 考 文 献

[1] 台达电子工业股份有限公司．台达DVP-PLC编程技巧WPLSoft软件篇（第2版）．北京：中国电力出版社，2012.
[2] 杨后川，张瑞，高建设，曾劲松．西门子S7-200PLC应用100例．北京：电子工业出版社，2009.
[3] 郑凤翼．三菱FX_{2N}系列PLC应用100例．北京：电子工业出版社，2013.
[4] 王阿根．西门子S7-200PLC编程实例精解．北京：电子工业出版社，2011.
[5] 肖峰，贺哲荣．PLC编程100例．北京：中国电子出版社，2009.